古典的解析幾何学入門

座標幾何学

竹内伸子・泉屋周一・村山光孝　［著］

日科技連

序文：幾何学の歴史と座標

幾何学の歴史は古代エジプトの**測量**から始まると言われています．古代エジプトでは，ナイル河が毎年氾濫するために，土地の測量技術が発達しました．時の為政者にとって，土地測量は税金の徴収等のためには非常に重要な技術であったと思われます．土地の区画分けにおいて，もっとも簡単な分け方は**長方形**に土地を分割することであろうと思われます．実際長方形の面積は辺の長さの積で表されるからです．さらに長方形を作るためには，**直角**を作る方法が重要です．古代エジプトではすでに3辺の比が3：4：5の3角形は**直角3角形**である事が知られていたと言われています．長さは縄を使えば計ることができるので，この

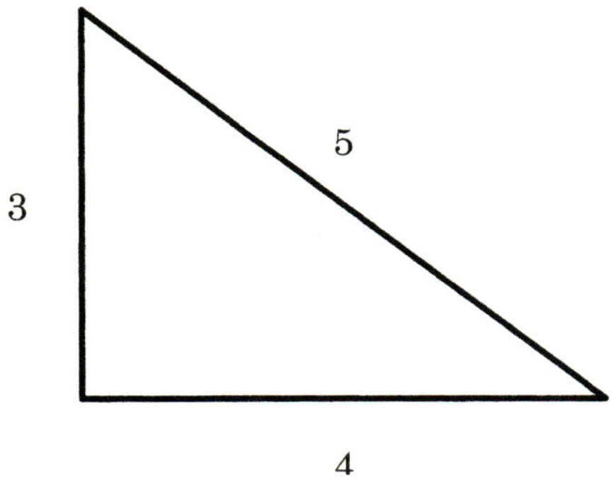

図　3辺の比が3：4：5の直角3角形

事実を用いれば直角を容易に作ることができるわけです．ここで重要なことは，実際の土地の区画（形と面積）を紙（パピルス？）の上に記述する必要があったので，**比**の概念とそれに伴う**相似**の概念もすでに存在していたと思われることです．このようにして，土地区画を紙の上で正確に描く必要性から古代エジプト時代に幾何学と呼ぶべきものの萌芽が見られます．しかし，古代エジプトの幾

何学はあくまで, 測量のための幾何学でありそれ以上のものではありませんでした. この古代エジプトの測量のための幾何学が真の意味での幾何学（数学としての幾何学）に発展したのは次の時代である古代ギリシャ時代になってからです. 古代ギリシャの人達は, エジプトで発見された幾何学上の経験的事実を, 証明すべきことと考え, そのために**公理系**を導入しました. 公理とは証明をするための共通の約束ごとであり, 幾何学（数学）における基本的な決めごとです. ユークリッドに代表される古代ギリシャの人々はこの公理から論理的に導きだされる結論を定理や命題として述べました. 実際, 平面幾何学の有名な**ピタゴラスの定理**は古代エジプト時代の直角 3 角形を作る方法の論理的保証を与えたものです. しかし, 古代エジプトの測量学者にピタゴラスの定理の説明をしても, おそらく「そのような事実は周知の事実だ」と答えると思われます. 実際, 事実としては成り立っているのだから, なにも証明する必要はないと言う考え方もあるでしょう. しかし, この「公理系から論理的帰結を導く」と言うことは幾何学（数学）における革命的な進化であり, この「経験的事実からそれを抽象化し, 公理系を構成する」と言う手順は現代においても数学の根幹をなす方法です. そして, 公理化することにより, 数学においてもっとも重要な**汎用性**を持つ事になります. たとえば現代において, ロボットの設計を行うときも古代ギリシャ時代とおなじユークリッド幾何学が用いられています. しかし, 古代エジプトの人たちに「ロボットの設計に直角を作る方法を用いてもよいか？」と聞いても, おそらく答えることはできないと思われます. 古代エジプトの時代にあっては幾何学は測量のために発達したため現代に古代エジプト人をつれてきて「測量に使えるか？」という質問をしたら, 「どうぞ使ってください」と答えることができますが, それ以外の目的には使用できるかどうかは保障されていないわけです. しかし古代ギリシャの時代を経て, 幾何学が公理化されたため, 測量で使う幾何学もロボットの設計に使う幾何学も同じ公理をみたしているので, 同じく直角をつくることができることが保障されています. この幾何学の公理化は幾何学（数学）の歴史の中での最初の転換点であるということができるでしょう. そして第二の転換点と言ってよいのが, 本書の主題である**座標**の導入です. 座標の概念はフェルマー，デカルトなどにより独立して導入されたと言われていますが，座標を導入することにより，ギリシャ以来の幾何学とアラビア起源の代数学が結びつくことになります．そればかりか，座標の概念がなければニュートンやライプニッツの微積分などをはじめとする現代の数学は存在しえません．座標幾何学の主な特徴は，平面や空間内の図形が座標を持ちいることにより**方程式**で記述できることになり，その方程式の性質を扱う代数学を適用できることです．この考えをそのまま一般化すると現代数学の最先端の分野である**代数幾何学**へとつながりますが，代数幾何学では現代の抽象代数の様々な結果が使われるのに対し，本書であつかう**座標幾何学**は大学 1 年程度で履修する線形代数のみを用いる幾何学であると言ってよいでしょう．一方，本書の内容は従来**解析幾何学**と呼ばれてきました．その由来は創始者デカルトの方法序説のなかにみることができます．現代では，解析学は微積分から始まる無限小解析およびその親戚であると考えられますが，デカルトの時代では，いわゆる解析学は存在せずギリシャ時代の幾何学が「幾何解析」と呼ばれていました．この幾何解析は，現代では「初等幾何学」と呼ばれ，図形の性質を研究するために図形を直接紙の上に描いて，その図形自身を直接取り扱うと言う方法で「総合的方法」とも呼ばれています．それゆえ「幾何解析」＝「初等幾何学」は「総合幾何学」とも呼ばれています．方法序説には当時彼が学んだ数学の 3 つの主要な分野である論理学，幾何解析，代数学のうち幾何解析は方法論が確立されていない曖昧な分野であるような印象で書かれています．デカルトは幾何学を「解析可能」な分野とするために座標を導入し，代数学を適用しようとしました．このような方法を「解析的方法」と呼びます．それ故，後世ではこの内容の幾何学が解析幾何学と呼ばれるようになったと思われます．一方，現代では，解析幾何学と言う呼び方は，現代数学の分野の一つである**（複素）解析幾何学**と混同される恐れがあります．このような誤解を避けるために本書の題名として**座標幾何学**を採用しました．

幾何学はデカルトの解析幾何学（座標幾何学）の発見以降も大きく発展しています．とくに，19 世紀のガウス，ボヤイ，ロバチェフスキーによる**非ユークリッド幾何学**の発見は，ユークリッドの公理系のみが唯一絶対とは限らないという，当時の常識を覆す人類文化史上の大発見であるといえます．この発見以降，幾何学は図形の数学という面のみならず，空間の性質も研究する数学と言う面も有するようになりました．その帰結が 20 世紀初頭のアインシュタインの**相対性理論**であり，現代に続く物理学の統一理論の試みであると言えます．19 世紀末には，クラインは，発見されてまだ半世紀ほどの**群**と言う概念が様々な幾何学の特徴付けを可能とすることに気が付いて**エルランゲン目録**を発表し，幾何学の概念を大きく広げました．その結果，図形や空間を伸ばしたり縮めたり自由に変形できる，あたかも理想的なゴムで出来た対象であるとみなして研究する**位相幾何学（トポロジー）**も幾何学の範疇に入って来ました．この位相幾何学ではもはや，コーヒーカップとドーナツ（ベーグル）の形を区別しないこととなります．最近この位相幾何学における 100 年の大問題であったポアンカレ予想が解決されたことは記憶に新しいことです．

本書は，この大きな幾何学の流れのなかの座標幾何学に的を絞って執筆されています．近年の小学校から高等学校の教程において，図形に関連した単元の数は少ないのが現状であり，それ故それ以降の大学における図形に関係した事実を用いた教育に障害をもたらしています．大学の教程においても，線形代数や微積分はよく教えられていますが，座標幾何学に関する教育は近年ほとんど行われておりません．実際，本書を執筆するにあたり参考文献 [3, 4, 5, 6] を参照しましたが，これらの本以外の「解析幾何学」の教科書は，現在はなかなか手に入れることが出来ません．しかし，数学を専攻する理学部数学科や教育学部数学科のみならず，工科系学部などにおいても図形に対する基本的認識が欠如すると，機械や建築の設計，コンピュータビジョン等，およそ図形や「かたち」の関係する様々な分野での障害になると思われます．本書は，このギャップを埋め，図形に対する感覚やその数式化の技術を身につけてもらうことを目標に書かれています．このように，本書の内容は，現代におけるすべての**空間や図形に関する数学（幾何学）**の基礎となる概念の説明と言うことが出来ます．ここから，読者の皆様が**夢いっぱいの幾何学の旅**へ出発していただく為の旅先案内人となれれば著者一同望外の幸せです．

最後になりますが, 本書の企画を強くお勧めくださり, その後も遅々として進まない執筆状況にたいして, 呆れもせずに著者達を叱咤激励していただいた, 日科技連出版社の佐藤雅明氏と編集作業に携わってくださった戸羽節文氏にはこの場を借りて深い感謝の意を表したく思います. また, 本書は日科技連出版社社長 田中　健様のご就任に合わせて出版させていただくという栄誉にあずかり, 著者一同感謝の念に堪えないものがあります.

そして, 本書の出版にかかわったすべての方と読者の皆様

出版を記念して, 美味しいシャンパンで乾杯!!

2008 年 5 月 著者一同

目　次

第1章
座標とベクトル

座標幾何学においては直線や平面上, あるいは空間内の点の位置を実数や実数の組を用いて表す. その仕組みを座標系といい, 定まった実数や実数の組をその点の座標と呼ぶ. この章ではまず一般的な斜交座標系について述べ, 続いてよく使われる直交座標系について述べる.

1.1　斜交座標系

1.1.1　直線上の座標

直線 ℓ 上の点 P の位置を表すには, まず ℓ 上に**原点**と呼ばれる点 O と **単位点**と呼ばれる他の点 E を任意に定める. 次に, 線分 OE の長さ $\overline{\mathrm{OE}}$ を単位として OP の長さ $\overline{\mathrm{OP}}$ を測り, この数 $\overline{\mathrm{OP}}$ に P が原点 O に関して単位点 E と同じ側にあるとき正, 反対側にあるとき負の符号をつけた数 x を点 P に対応させる. すなわち

$$x = \begin{cases} \overline{\mathrm{OP}} & \text{P が O に関して E と同じ側にあるとき} \\ -\overline{\mathrm{OP}} & \text{P が O に関して E と反対側にあるとき} \end{cases} \tag{1.1}$$

であり, x の絶対値 $|x|$ は $\overline{\mathrm{OP}}$ である. この実数 x を点 P の **デカルト座標**, または単に **座標** といい, P(x) と表す. このとき O(0), E(1) であり, A(-1), B(2) は次の様に図示される.

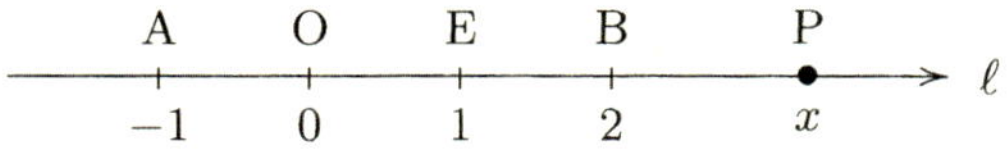

図 1.1　数直線

この方法により直線 ℓ 上の 1 点は唯 1 つの実数に対応し, 逆に実数 x を与えれば x は直線上の 1 点に対応する. すなわち 直線上の点全体と実数全体 $\mathbb{R}$ が 1 対 1 に対応する. この対応を **デカルト座標系** または単に **座標系** という.

座標系は原点 O と単位点 E の組によって定まるので, この座標系を $\{\mathrm{O};\mathrm{E}\}$ で表す. 座標系が与えられた直線を **数直線** または **座標直線** という. 尚, 原点と単位点はまとめて **基礎点** といわれる. 座標系を取り替えると座標も変化するが, 詳細は第 2 章で述べる.

直線 ℓ には O から E に向かう方向, 負から正の方に向かう方向に向きを付け, これを ℓ の **正の向き**という. 図示するときは左から右に向かう方向を正の向きとして矢印を付け, 原点 O は明示し, 単位点は省略されることが多い.

1.1.2　平面上の斜交座標

平面上に座標系を定めるためには, 1 点で交わる 2 直線 ℓ_1, ℓ_2 をとって 交点 O を **原点** とし, ℓ_1, ℓ_2 上に O と異なる **単位点** E_1, E_2 をとる. $\overline{\mathrm{OE}}_1$ と $\overline{\mathrm{OE}}_2$ は等しい必要はない. このとき ℓ_1, ℓ_2 上に座標系 $\{\mathrm{O};\mathrm{E}_1\}$, $\{\mathrm{O};\mathrm{E}_2\}$ が定まる.

平面上の点 P の座標を定めるには P を通り ℓ_1, ℓ_2 に平行な直線 ℓ_1', ℓ_2' を引き, ℓ_1 と ℓ_2' の交点 P_1 の ℓ_1 上の座標を x, ℓ_2 と ℓ_1' の交点 P_2 の ℓ_2 上の座標を y とする. この様にして定まった実数の組 (x,y) を点 P の**デカルト座標**, または単に **座標** といい, $\mathrm{P}(x,y)$ と表す. このとき $\mathrm{OP}_1\mathrm{PP}_2$ は一般には平行 4 辺形になり, これらの座標は $\mathrm{O}(0,0)$, $\mathrm{P}_1(x,0)$, $\mathrm{P}_2(0,y)$ である.

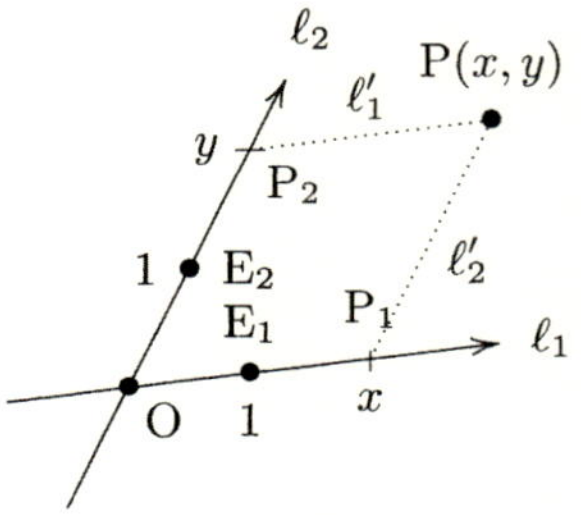

図 1.2　斜交座標

この様に点 P を与えれば座標 (x,y) が唯 1 つ定まるが, 逆に実数の 対(つい) (x,y) を与えればこれを座標とする点 P が唯 1 つ定まる. すなわち 平面上の点全体と実数の対全体 $\mathbb{R}^2$ が 1 対 1 に対応する. この仕組みをデカルトの **斜交座標系** または**平行座標系** といい, この斜交座標系を **基礎点** $\mathrm{O}, \mathrm{E}_1, \mathrm{E}_2$ を用いて $\{\mathrm{O};\ \mathrm{E}_1,\ \mathrm{E}_2\}$ と表す. また, 座標系が与えられた平面を **座標平面** という. 直線 ℓ_1 を $\boldsymbol{x}$ **軸** または**第 1 軸**, 直線 ℓ_2 を $\boldsymbol{y}$ **軸** または**第 2 軸**といい, これらを総称して **座標軸** という. x 軸上の点については $y=0$, y 軸上の点については $x=0$ である. なお, 斜交座標系というのは座標軸が一般には直交していないことに由来する. 点 P の座標が (x,y) であるとき, x を $\boldsymbol{x}$ **座標**または **第 1 座標** といい, y を $\boldsymbol{y}$ **座標**または **第 2 座標** という.

また, 点 P を点 P_1 に対応させる対応を x 軸への y 軸方向の **(平行) 射影** または**第 1 射影** といい, P_1 を P の射影による **像** という. 同様に P を P_2 に対応させる対応を y 軸への x 軸方向の**射影** または**第 2 射影** といい, P_2 を P の射影による像という. このとき線分の射影による像は線分になっている. 図 1.2 において線分 P_2P, E_2P の x 軸への y 軸方向の射影による像はともに OP_1 である.

なお, 射影による像自体も射影であると言う事がある. 例えば, P_1 は P の射影である, の様に言う.

座標平面は x 軸と y 軸により 4 つの部分に分けられるが
$x>0,\ y>0$ の部分を第 1 象限,
$x<0,\ y>0$ の部分を第 2 象限,
$x<0,\ y<0$ の部分を第 3 象限,
$x>0,\ y<0$ の部分を第 4 象限
という.

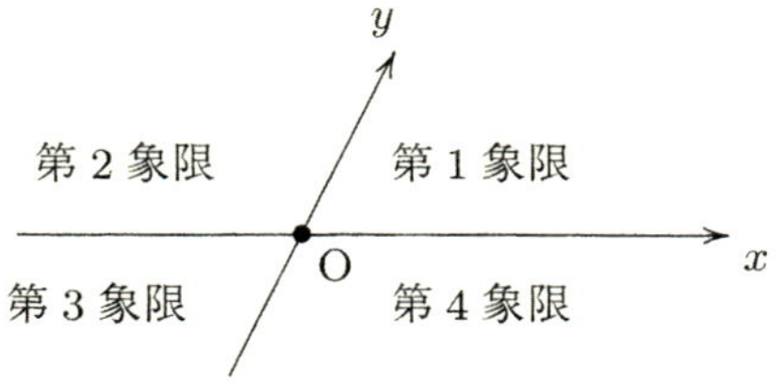

図 1.3　象限

座標系の向き　上の図の様に, 通常 x 軸を原点 O のまわりに時計の針の回る向きと反対の向きに回転 (= 正方向の回転 = 反時計回り = 左回り) して y 軸に初めて重なる様にしたとき, x 軸の正の部分が y 軸の正の部分に重なる様に座標系を定めるが, この座標系を **左回り**の座標系と呼ぶことにする. 空間の座標系の向きにならって**右手系**と呼ばれることもある.

図 1.4　右回り

そうでないとき, すなわち右の図の様に x 軸を原点 O のまわりに右回りに回転して x 軸の正の部分が y 軸の

正の部分に重なるとき, この座標系を **右回り**の座標系と呼ぶことにする. また, **左手系** と呼ばれることもある. 座標系の左回り, 右回りは総称して座標系の **向き**, あるいは座標平面の **向き** といわれる. また, 2 つの座標系がともに左回り, あるいは右回りのときは同じ **向き** であるといい, そうでないときは **逆向き** である, あるいは **向きが異なる** という.

1.1.3　空間の斜交座標

空間に座標系を定めるためには, 1 点 O で交わる同一平面上にない 3 直線 ℓ_1, ℓ_2, ℓ_3 をとって交点 O を **原点** とし, ℓ_1, ℓ_2, ℓ_3 上に O と異なる点 E_1, E_2, E_3 をとって **単位点** とする. このとき 3 直線 ℓ_1, ℓ_2, ℓ_3 上に座標系 $\{O; E_1\}$, $\{O; E_2\}$, $\{O; E_3\}$ が定まる. これらの数直線 ℓ_1, ℓ_2, ℓ_3 をそれぞれ $\boldsymbol{x}$ **軸**, $\boldsymbol{y}$ **軸**, $\boldsymbol{z}$ **軸**または **第 1 軸**, **第 2 軸**, **第 3 軸** といい, これらを総称して **座標軸** という. また, 2 つの座標軸は座標平面を定めるが, x 軸と y 軸の定める座標平面を $\boldsymbol{xy}$ **平面**, y 軸と z 軸の定める座標平面を $\boldsymbol{yz}$ **平面**, z 軸と x 軸の定める座標平面を $\boldsymbol{zx}$ **平面** という.

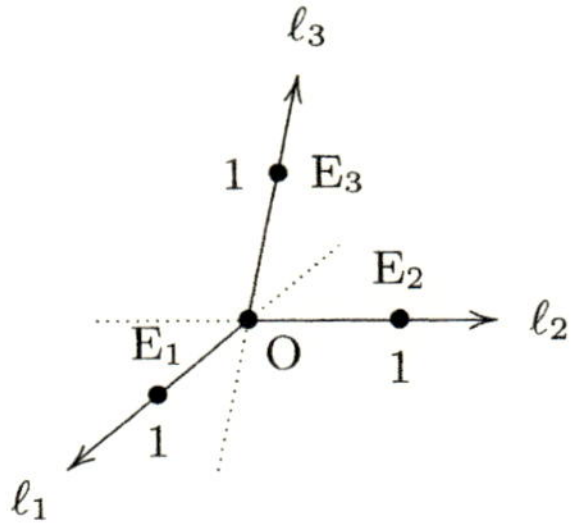

図 1.5　空間座標系の基礎点

空間内の点 P の位置を斜交座標で表すには, P を通り各座標平面に平行な平面をつくり, それらと x 軸, y 軸, z 軸との交点 P_1, P_2, P_3 の各軸における座標を x, y, z とする. このときその 3 つの実数の組 (x, y, z) を点 P の **デカルト座標**, または単に **座標** といい, $P(x, y, z)$ と表す.

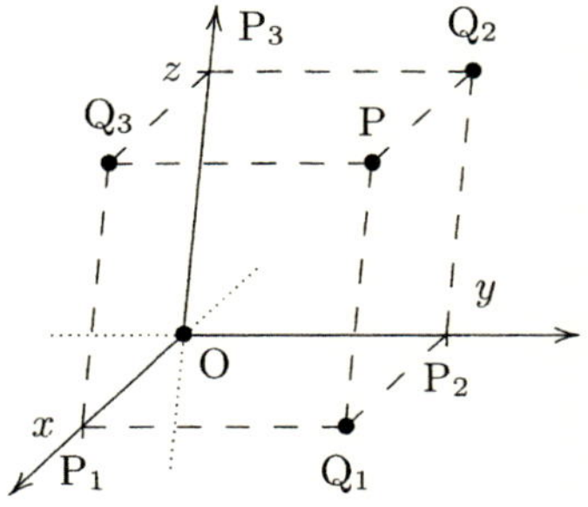

図 1.6　空間座標

この様にして空間内の点 P と 3 つの実数の組 (x, y, z) が 1 対 1 に対応する, すなわち 空間の点全体と実数の 3 つ組全体 $\mathbb{R}^3$ が 1 対 1 に対応する. この仕

組みをデカルトの **斜交座標系** または**平行座標系** といい, 座標系が与えられた空間を **座標空間** という. また, この座標系を **基礎点** $\mathrm{O}, \mathrm{E}_1, \mathrm{E}_2, \mathrm{E}_3$ を用いて $\{\mathrm{O};\ \mathrm{E}_1, \mathrm{E}_2, \mathrm{E}_3\}$ と表す. このとき,

$$\mathrm{O}(0,0,0),\quad \mathrm{E}_1(1,0,0),\quad \mathrm{E}_2(0,1,0),\quad \mathrm{E}_3(0,0,1),$$
$$\mathrm{P}(x,y,z),\quad \mathrm{P}_1(x,0,0),\quad \mathrm{P}_2(0,y,0),\quad \mathrm{P}_3(0,0,z)$$

である. また, P を通る各座標軸に平行な直線と xy, yz, zx 平面との交点をそれぞれ $\mathrm{Q}_1, \mathrm{Q}_2, \mathrm{Q}_3$ とすると, その座標は

$$\mathrm{Q}_1(x,y,0),\quad \mathrm{Q}_2(0,y,z),\quad \mathrm{Q}_3(x,0,z)$$

であり, O, P, P_i, Q_i $(i=1,2,3)$ は P を通り各座標平面に平行な 3 つの平面と 3 つの座標平面の作る平行 6 面体の頂点になっている.

点 P の座標が (x,y,z) であるとき, x を $\boldsymbol{x}$ **座標** または **第 1 座標**, y を $\boldsymbol{y}$ **座標** または **第 2 座標**, z を $\boldsymbol{z}$ **座標** または **第 3 座標**という.

P から P_1 への対応を P の x 軸への **(平行) 射影** といい, 他も同様である. また, P から P_1, P_2, P_3 への対応をそれぞれ P の 第 1 射影, 第 2 射影, 第 3 射影ともいう. Q_1 への対応を P の xy 平面への z 軸方向の **(平行) 射影** といい, 他も同様である. なお, 平面のときと同様, 射影による像 P_1, Q_1 等も P の射影であると言う事がある.

座標系の向き　図 1.6 の様に, x 軸, y 軸, z 軸の正の方向が, それぞれ右手の親指, 人差し指, 中指の向きになっている座標系を **右手系** といい, 右の図の様に z 軸の正方向がこれとは逆で, 左手の親指, 人差し指, 中指の向きになっているとき **左手系** という. 右手系は xy 平面で分けられる空間の 2 つの側のうち, x 軸の正方向から y 軸の正方向へ右ねじを回したときに進む側に z 軸の正方向が向いており, 左手系は z 軸の正方向がその逆側に向いている.

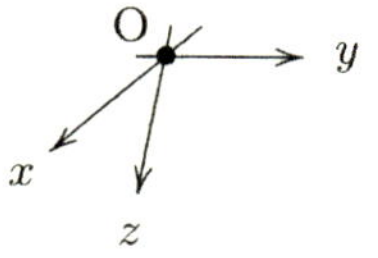

図 1.7　左手系

右手系, 左手系は総称して座標系の **向き**, あるいは座標空間の **向き** といわれる. 2 つの座標系がともに右手系, あるいは左手系のときは **同じ向き** であると

いい, そうでないときは **逆向き** である, あるいは **向きが異なる** という. 座標系の向きはどちらにしても数学的には同等であるが, 慣習により, 空間においては右手系, 平面においては左回りの座標系が使われることが多い.

1.2　直交座標系

平面や空間の斜交座標系において, 特に各座標軸が互いに直交し, 各座標軸上の単位の長さが平面や空間の長さの単位に等しいとき, この座標系を **直交座標系** といい, その座標を **直交座標** という. また, (平行) 射影は直交座標系においては **直交射影**, または **正射影** といわれる.

直交座標系においては 2 点間の距離が座標を用いて表され, 平面や空間の座標系としては直交座標系が用いられることが多い.

1.2.1　平面上の直交座標

平面上の直交座標においては点 $P(x, y)$, 原点 O, $P_1(x, 0)$, $P_2(0, y)$ は一般には長方形を作る.

直交座標を用いると平面上の 2 点 $P(x_1, y_1)$, $Q(x_2, y_2)$ の間の距離 $d = \overline{PQ}$ が座標を用いて次の様に表される. 図の様に $R(x_2, y_1)$ をとれば $\triangle PQR$ は直角 3 角形となり

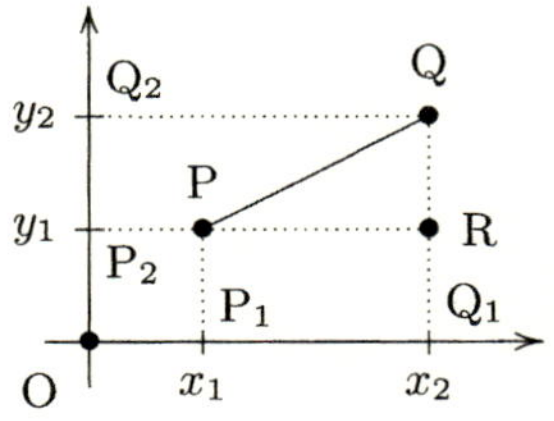

図 1.8　直交座標系

$$\overline{PR} = \overline{P_1Q_1} = |x_2 - x_1|, \qquad \overline{QR} = \overline{P_2Q_2} = |y_2 - y_1|$$

だからピタゴラスの定理 (3 平方の定理) より $d^2 = \overline{PQ}^2 = \overline{PR}^2 + \overline{QR}^2$. 従って

$$d = \overline{PQ} = \sqrt{(x_2 - x_1)^2 + (y_2 - y_1)^2} \tag{1.2}$$

を得る. 特に, 原点 O と点 $P(x_1, y_1)$ の距離は

$$\overline{OP} = \sqrt{x_1^2 + y_1^2} \tag{1.3}$$

なお, 点 P_1, P_2 はそれぞれ, 点 P から x 軸および y 軸に下ろした **垂線の足** といわれる.

1.2.2 空間の直交座標

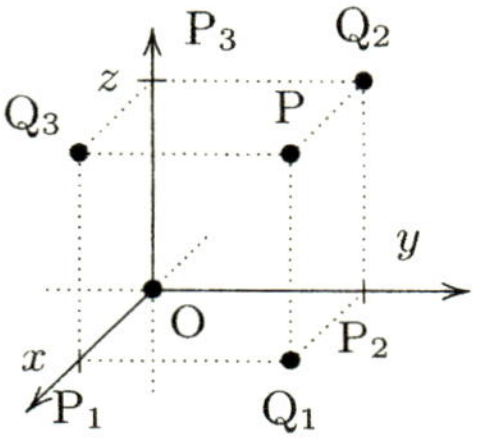

図 1.9 直交座標系

空間の直交座標系においては 3 つの座標平面も互いに垂直であり, 点 P を通って座標平面に平行な平面とともに一般には直方体を作る. P の直交射影による像は各座標軸や座標平面に下ろした**垂線の足**といわれる.

空間内の 2 点 $P(x_1, y_1, z_1)$, $Q(x_2, y_2, z_2)$ の間の距離 $d = \overline{PQ}$ は座標を用いて次の様に求まる. P を通り各座標平面に平行な 3 つの平面と, Q を通り各座標平面に平行な 3 つの平面でできる直方体を考える.

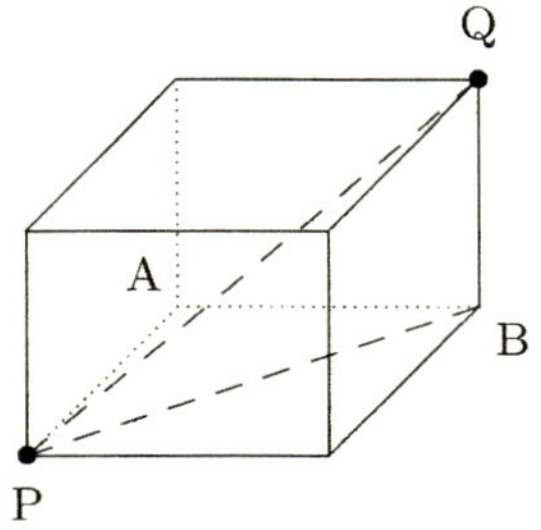

図 1.10 距離

このとき図 1.10 において

$A(x_2, y_1, z_1)$, $B(x_2, y_2, z_1)$,

$\overline{PA} = |x_2 - x_1|$, $\overline{AB} = |y_2 - y_1|$, $\overline{BQ} = |z_2 - z_1|$

であり, PA と AB , PB と BQ は直交するので △PAB, △PBQ は直角 3 角形になる. よって 3 平方の定理より

$$(\overline{PA}^2 + \overline{AB}^2) + \overline{BQ}^2 = \overline{PB}^2 + \overline{BQ}^2 = \overline{PQ}^2$$

だから $P(x_1, y_1, z_1)$, $Q(x_2, y_2, z_2)$ 間の距離 $\overline{PQ}$ について

$$\overline{PQ} = \sqrt{(x_2 - x_1)^2 + (y_2 - y_1)^2 + (z_2 - z_1)^2} \tag{1.4}$$

が成り立つ. 特に原点 $O(0, 0, 0)$ と $P(x_1, y_1, z_1)$ の距離は

$$\overline{OP} = \sqrt{x_1^2 + y_1^2 + z_1^2} \tag{1.5}$$

1.3　ベクトル

1.3.1　有向線分とベクトル

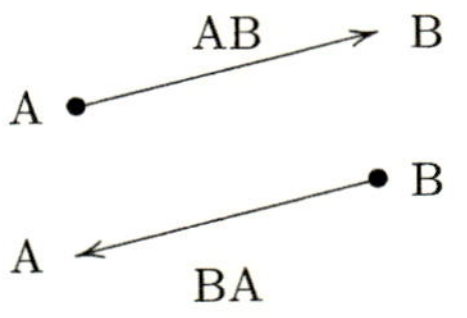

図 1.11　有向線分

有向線分と幾何ベクトル　直線, 平面上あるいは空間内の 2 点 A,B を結ぶ線分 AB に向き (あるいは方向) を付けて考えるとき, その線分 AB を **有向線分**という. 向きは A から B に向かう方向に付いているものとし, A を **始点**, B を **終点** という. 図示するときは終点に向かう矢印を付ける. また, 逆向きの線分は BA と表す.

有向線分 AB は始点 A, 長さ $\overline{\mathrm{AB}}$ および向きにより定まるが, その位置を無視して **長さ** と**向き** だけで決まる量を**幾何ベクトル**, または単に**ベクトル** といい, 有向線分 AB の表す幾何ベクトルを $\overrightarrow{\mathrm{AB}}$ と書く. またベクトルは $\boldsymbol{a}$ や $\vec{a}$ の様に表すことが多い. なお, ベクトルの長さは **大きさ** や **ノルム** とも言われる.

有向線分の始点と終点が一致するとき $\overrightarrow{\mathrm{AA}}$ は長さが 0 のベクトルと考えて**零ベクトル** といい, $\mathbf{0}$ で表す. 零ベクトルの向きは考えない.

$\boldsymbol{a} = \overrightarrow{\mathrm{AB}}$ と長さが同じで逆向きのベクトルを**逆ベクトル** といい $-\boldsymbol{a}$ あるいは $-\overrightarrow{\mathrm{AB}}$ と表す. $\overrightarrow{\mathrm{BA}} = -\overrightarrow{\mathrm{AB}}$ である.

ベクトル $\overrightarrow{\mathrm{AB}}$, $\boldsymbol{a}$ の長さを, それぞれ $\|\overrightarrow{\mathrm{AB}}\|$, $\|\boldsymbol{a}\|$ と表す. $\boldsymbol{a} = \overrightarrow{\mathrm{AB}}$ のとき, これらは線分の長さ $\overline{\mathrm{AB}}$ に等しい. すなわち

$$\|\boldsymbol{a}\| = \|-\boldsymbol{a}\| = \|\overrightarrow{\mathrm{AB}}\| = \overline{\mathrm{AB}} \tag{1.6}$$

であり, これは 2 点 A, B 間の距離でもある.

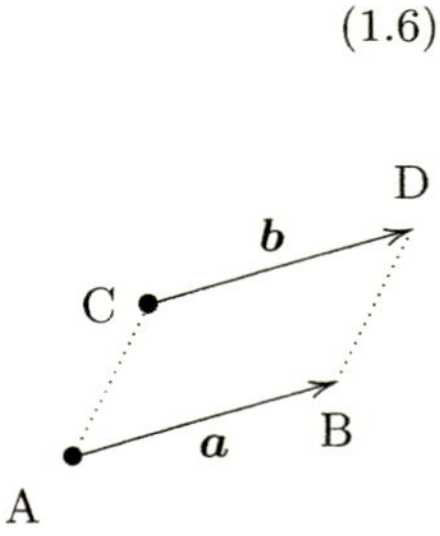

図 1.12　相等 (1)

ベクトルの相等　ベクトル $\boldsymbol{a}$, $\boldsymbol{b}$ について, 向きと長さ (大きさ) が等しいとき $\boldsymbol{a}$ と $\boldsymbol{b}$ は **等しい** といい

$$\boldsymbol{a} = \boldsymbol{b}$$

と表す. 従って AB と位置は違うが長さと向きが同じ有向線分 CD はベクトルとしては同じものを表しており,（1）ABDC が平行 4 辺形になっているとき (図 1.12), または（2）AB, CD が同一直線上にある場合 (図 1.13), この直線上にない第 3 の有向線分 EF があって ABFE および CDFE が平行 4 辺形になっているとき $\overrightarrow{\mathrm{AB}} = \overrightarrow{\mathrm{CD}}$ $(= \overrightarrow{\mathrm{EF}})$.

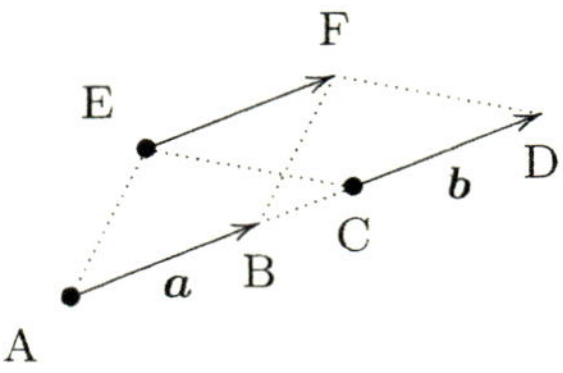

図 1.13　相等 (2)

逆に, ベクトル $\boldsymbol{a} = \overrightarrow{\mathrm{AB}}$ と点 C が与えられたとき, 平行 4 辺形を描くことにより $\boldsymbol{a} = \overrightarrow{\mathrm{CD}}$ となる有向線分 CD が得られる. すなわち **平行移動** で移りあう 2 つの有向線分は同じベクトルを表している.

位置ベクトル　1 点 O を固定して考えるとき, 点 P の位置は幾何ベクトル $\boldsymbol{p} = \overrightarrow{\mathrm{OP}}$ によって定められる. このとき, $\boldsymbol{p}$ を点 O に関する点 P の **位置ベクトル** という. また, 任意のベクトル $\boldsymbol{p}$ は点 O を始点とする有向線分 OP により $\boldsymbol{p} = \overrightarrow{\mathrm{OP}}$ と表せるから, ベクトルと点は 1 対 1 に対応する. 位置ベクトルが $\boldsymbol{p}$ である点 P を $\mathrm{P}(\boldsymbol{p})$ と表すことがある.

注意 1　2 点 A, B について, 記号 AB は有向線分または向きを考えない線分を表したが, その他にも線分の長さ $\overline{\mathrm{AB}}$, ベクトル $\overrightarrow{\mathrm{AB}}$ 等の意味で使われることがある.

1.3.2　ベクトルの演算

(1)　ベクトルの和

ベクトル $\boldsymbol{a}, \boldsymbol{b}$ の和 $\boldsymbol{a}+\boldsymbol{b}$ は $\boldsymbol{a} = \overrightarrow{\mathrm{AB}}$,　$\boldsymbol{b} = \overrightarrow{\mathrm{BC}}$ となる $\boldsymbol{a}$ の終点と $\boldsymbol{b}$ の始点が一致する様な有向線分 AB, BC を取り

$$\boldsymbol{a} + \boldsymbol{b} = \overrightarrow{\mathrm{AC}} \quad (\overrightarrow{\mathrm{AC}} = \overrightarrow{\mathrm{AB}} + \overrightarrow{\mathrm{BC}}) \qquad (1.7)$$

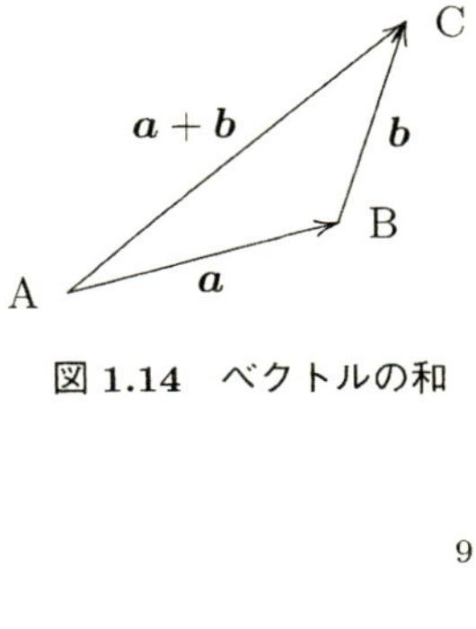

図 1.14　ベクトルの和

と定める. このとき, 零ベクトル, 逆ベクトルの和については
$\boldsymbol{a}+\boldsymbol{0}=\overrightarrow{\mathrm{AB}}+\overrightarrow{\mathrm{BB}}=\overrightarrow{\mathrm{AB}}=\boldsymbol{a}, \quad \boldsymbol{a}+(-\boldsymbol{a})=\overrightarrow{\mathrm{AB}}+\overrightarrow{\mathrm{BA}}=\overrightarrow{\mathrm{AA}}=\boldsymbol{0}$ より

$$\boldsymbol{a}+\boldsymbol{0}=\boldsymbol{a},\ \ \boldsymbol{a}+(-\boldsymbol{a})=\boldsymbol{0} \tag{1.8}$$

また図 1.15 の様に $\boldsymbol{a}=\overrightarrow{\mathrm{AB}}$, $\boldsymbol{b}=\overrightarrow{\mathrm{BC}}=\overrightarrow{\mathrm{AD}}$ となる様に A, B, C, D をとれば ABCD は平行 4 辺形になり $\boldsymbol{a}=\overrightarrow{\mathrm{DC}}$ となる. このとき

$$\boldsymbol{a}+\boldsymbol{b}=\overrightarrow{\mathrm{AB}}+\overrightarrow{\mathrm{BC}}=\overrightarrow{\mathrm{AC}}, \quad \boldsymbol{b}+\boldsymbol{a}=\overrightarrow{\mathrm{AD}}+\overrightarrow{\mathrm{DC}}=\overrightarrow{\mathrm{AC}}$$

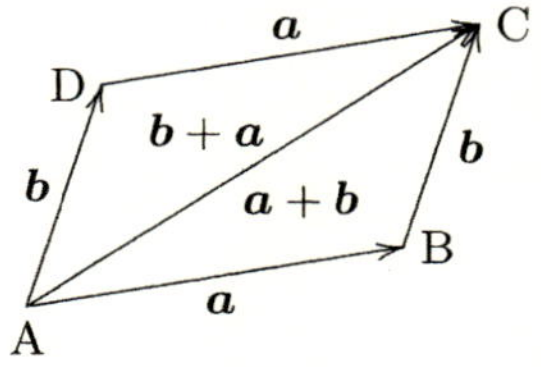

図 1.15　交換法則

より

$$\boldsymbol{a}+\boldsymbol{b}=\boldsymbol{b}+\boldsymbol{a} \tag{1.9}$$

また, $(\boldsymbol{a}+\boldsymbol{b})+\boldsymbol{c}=\boldsymbol{a}+(\boldsymbol{b}+\boldsymbol{c})$ は図 1.16 の様に $\boldsymbol{a}=\overrightarrow{\mathrm{AB}}$, $\boldsymbol{b}=\overrightarrow{\mathrm{BC}}$, $\boldsymbol{c}=\overrightarrow{\mathrm{CD}}$ ととれば
$\boldsymbol{a}+\boldsymbol{b}=\overrightarrow{\mathrm{AC}}, \quad \boldsymbol{b}+\boldsymbol{c}=\overrightarrow{\mathrm{BD}},$
$(\boldsymbol{a}+\boldsymbol{b})+\boldsymbol{c}=\overrightarrow{\mathrm{AC}}+\overrightarrow{\mathrm{CD}}=\overrightarrow{\mathrm{AD}},$
$\boldsymbol{a}+(\boldsymbol{b}+\boldsymbol{c})=\overrightarrow{\mathrm{AB}}+\overrightarrow{\mathrm{BD}}=\overrightarrow{\mathrm{AD}}$
よって

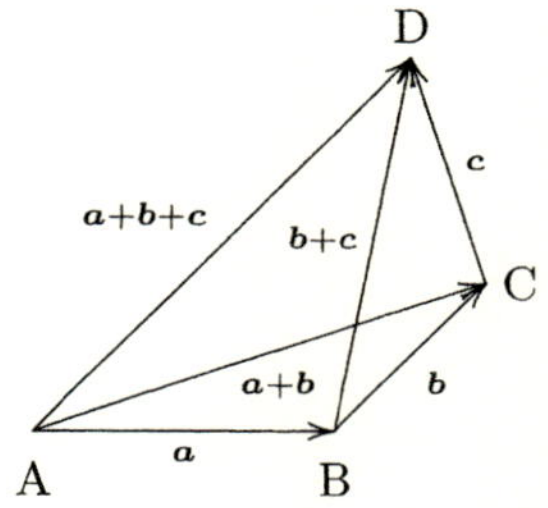

図 1.16　結合法則

$$(\boldsymbol{a}+\boldsymbol{b})+\boldsymbol{c}=\boldsymbol{a}+(\boldsymbol{b}+\boldsymbol{c}) \tag{1.10}$$

以上より数の和と同様の, 次の性質が成り立つことが分かった.

1. (交換法則)　$\boldsymbol{a}+\boldsymbol{b}=\boldsymbol{b}+\boldsymbol{a}$
2. (結合法則)　$(\boldsymbol{a}+\boldsymbol{b})+\boldsymbol{c}=\boldsymbol{a}+(\boldsymbol{b}+\boldsymbol{c})$
3. (零ベクトル)　$\boldsymbol{a}+\boldsymbol{0}=\boldsymbol{a}$
4. (逆ベクトル)　$\boldsymbol{a}+(-\boldsymbol{a})=\boldsymbol{0}$

(1.11)

結合法則が成り立つので 3 つ以上のベクトルの和は簡単に

$$\boldsymbol{a}+\boldsymbol{b}+\boldsymbol{c}, \quad \boldsymbol{a}_1+\boldsymbol{a}_2+\cdots+\boldsymbol{a}_n$$

などと表す. このとき, 例えば次が成り立つ:

$$\overrightarrow{\mathrm{AB}}+\overrightarrow{\mathrm{BC}}+\overrightarrow{\mathrm{CA}}=\overrightarrow{\mathrm{AA}}=\mathbf{0},\quad \overrightarrow{\mathrm{A_1A_2}}+\overrightarrow{\mathrm{A_2A_3}}+\cdots+\overrightarrow{\mathrm{A}_{n-1}\mathrm{A}_n}=\overrightarrow{\mathrm{A_1A}_n}$$

ベクトルの差 $\boldsymbol{a}-\boldsymbol{b}$ は $\boldsymbol{a}$ と, $\boldsymbol{b}$ の逆ベクトル $-\boldsymbol{b}$ の和 $\boldsymbol{a}+(-\boldsymbol{b})$ と定める. すなわち $\boldsymbol{a}-\boldsymbol{b}=\boldsymbol{a}+(-\boldsymbol{b})$ であり, 有向線分を用いて表すと $\boldsymbol{a}=\overrightarrow{\mathrm{AB}}$, $\boldsymbol{b}=\overrightarrow{\mathrm{CB}}$ となる有向線分 AB, CB を取り

$$\boldsymbol{a}-\boldsymbol{b}=\overrightarrow{\mathrm{AB}}-\overrightarrow{\mathrm{CB}}=\overrightarrow{\mathrm{AB}}+\overrightarrow{\mathrm{BC}}=\overrightarrow{\mathrm{AC}}$$

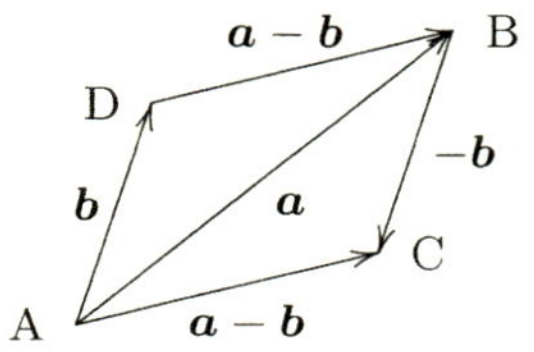

図 1.17　差

とする. このとき $\boldsymbol{b}=\overrightarrow{\mathrm{AD}}$ となる様に点 D を定めれば $\boldsymbol{a}-\boldsymbol{b}=\overrightarrow{\mathrm{DB}}$.

(2) ベクトルのスカラー倍

ベクトル $\boldsymbol{a}$ と実数 t に対し, $\boldsymbol{a}$ の t 倍（スカラー倍）$t\boldsymbol{a}$ を次の様に定める：

$\boldsymbol{a}=\mathbf{0}$ または $t=0$ のときは $t\boldsymbol{a}=\mathbf{0}$ とし,

$\boldsymbol{a}\neq\mathbf{0}$, $t\neq 0$ のとき $t\boldsymbol{a}$ は

$t>0$ のとき $\boldsymbol{a}$ と同じ向きで長さが $\|\boldsymbol{a}\|$ の t 倍

$t<0$ のとき $\boldsymbol{a}$ と逆向きで 長さが $\|\boldsymbol{a}\|$ の $|t|$ 倍

のベクトルとする. 特に

$$1\boldsymbol{a}=\boldsymbol{a},\qquad (-1)\boldsymbol{a}=-\boldsymbol{a}$$

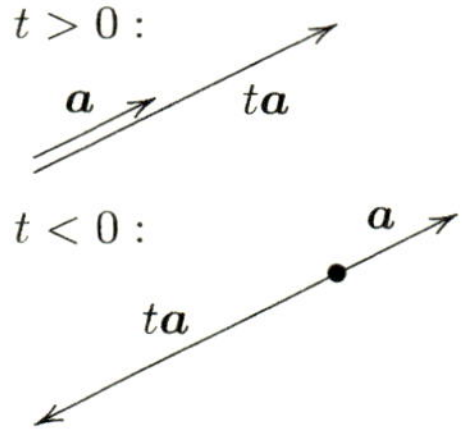

図 1.18　スカラー倍

また, $\boldsymbol{a}t=t\boldsymbol{a}$ と定める.

このとき 定義と図 1.19 の 2 つの 3 角形が相似であることより, 数の積と同様に, 実数 s,t とベクトル $\boldsymbol{a},\boldsymbol{b}$ について次が成り立つことが分かる.

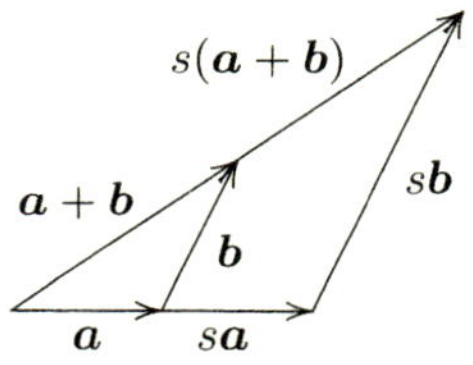

図 1.19　分配法則

1. (結合法則)　　$(st)\boldsymbol{a}=s(t\boldsymbol{a})$
2. (分配法則)　　$(s+t)\boldsymbol{a}=s\boldsymbol{a}+t\boldsymbol{a},$ 　　(1.12)

　　$s(\boldsymbol{a}+\boldsymbol{b})=s\boldsymbol{a}+s\boldsymbol{b}$

ベクトルの組 $\boldsymbol{a}_1, \boldsymbol{a}_2, \ldots, \boldsymbol{a}_n$ が与えられたとき それらから和とスカラー倍を使って作られるベクトル

$$s_1\boldsymbol{a}_1 + s_2\boldsymbol{a}_2 + \cdots + s_n\boldsymbol{a}_n \qquad (s_1, s_2, \ldots, s_n \text{は実数})$$

を $\boldsymbol{a}_1, \boldsymbol{a}_2, \ldots, \boldsymbol{a}_n$ の **1 次結合** または**線形結合** という．また，

$$\boldsymbol{b} = s_1\boldsymbol{a}_1 + s_2\boldsymbol{a}_2 + \cdots + s_n\boldsymbol{a}_n$$

となるとき $\boldsymbol{b}$ は $\boldsymbol{a}_1, \boldsymbol{a}_2, \ldots, \boldsymbol{a}_n$ の **1 次結合**（線形結合）**で表される** という．

ベクトルの演算は性質 (1.11), (1.12) を用いれば文字式と同様に計算できる．例えば次が成り立つことが分かる．

$$\begin{aligned}&(s_1\boldsymbol{a}_1 + s_2\boldsymbol{a}_2 + \cdots + s_n\boldsymbol{a}_n) + (t_1\boldsymbol{a}_1 + t_2\boldsymbol{a}_2 + \cdots + t_n\boldsymbol{a}_n)\\ &\qquad = (s_1 + t_1)\boldsymbol{a}_1 + (s_2 + t_2)\boldsymbol{a}_2 + \cdots + (s_n + t_n)\boldsymbol{a}_n\end{aligned}$$

ベクトルの平行　$\boldsymbol{0}$ でない 2 つのベクトル $\boldsymbol{a}, \boldsymbol{b}$ は向きが同じか反対であるとき **平行** であるといい $\boldsymbol{a} \mathbin{/\!/} \boldsymbol{b}$ と表す．このとき $\boldsymbol{a}, \boldsymbol{b}$ を始点が同じである有向線分を用いて $\boldsymbol{a} = \overrightarrow{\mathrm{OA}}$, $\boldsymbol{b} = \overrightarrow{\mathrm{OB}}$ と表せば O, A, B は同一直線上にある．従ってこの直線上の座標系 $\{\mathrm{O}; \mathrm{A}\}$ に関する B の座標を t とすれば，座標の定義より $\overline{\mathrm{OB}} = |t|\overline{\mathrm{OA}}$ かつ，$t > 0$ のとき B は O に関して A と同じ側，$t < 0$ のとき逆側にある．このときスカラー倍の定義より $\boldsymbol{b} = t\boldsymbol{a}$ となる．(これは $\boldsymbol{b} = \boldsymbol{0}$ のときも成り立つ.) 逆に $\boldsymbol{b} = t\boldsymbol{a}$, $t \neq 0$ ならば $\boldsymbol{a}$ と $\boldsymbol{b}$ は平行である．

1.3.3　ベクトルの成分と斜交座標

(1)　ベクトルの 1 次独立性

$\boldsymbol{0}$ でないベクトルの組 $\{\boldsymbol{a}, \boldsymbol{b}\}$, あるいは $\{\boldsymbol{a}, \boldsymbol{b}, \boldsymbol{c}\}$ について，1 点 O を定めて $\boldsymbol{a} = \overrightarrow{\mathrm{OA}}$, $\boldsymbol{b} = \overrightarrow{\mathrm{OB}}$, $\boldsymbol{c} = \overrightarrow{\mathrm{OC}}$ と表すとき，3 点 O, A, B が同一直線上にないならば $\{\boldsymbol{a}, \boldsymbol{b}\}$ は **1 次独立** であるといい，4 点 O, A, B, C が同一平面上にないならば $\{\boldsymbol{a}, \boldsymbol{b}, \boldsymbol{c}\}$ は **1 次独立** であるという．このとき，O, A, B は 3 角形を

作り, O, A, B, C は 4 面体を作る. 1 つのベクトル (の組) $\boldsymbol{a}$ は $\boldsymbol{0}$ でないとき **1 次独立** であるとする. なお, 1 次独立は **線形独立** ともいわれる. $\{\boldsymbol{a}, \boldsymbol{b}, \boldsymbol{c}\}$ が 1 次独立であるとき, $\{\boldsymbol{a}, \boldsymbol{b}\}$, $\{\boldsymbol{b}, \boldsymbol{c}\}$, $\{\boldsymbol{c}, \boldsymbol{a}\}$, $\boldsymbol{a}$, $\boldsymbol{b}$, $\boldsymbol{c}$ は 1 次独立である.

ベクトルの組は 1 次独立でないとき **1 次従属** (または**線形従属**) であるという. 従って $\boldsymbol{a}$ が 1 次従属とは $\boldsymbol{a} = \boldsymbol{0}$ のことであり, $\{\boldsymbol{a}, \boldsymbol{b}\}$ が 1 次従属とは O, A, B が同一直線上にあるか, または 2 つとも $\boldsymbol{0}$ になるときである. また, $\{\boldsymbol{a}, \boldsymbol{b}, \boldsymbol{c}\}$ が 1 次従属とは O, A, B, C が同一平面上あるいは同一直線上にあるか, または 3 つとも $\boldsymbol{0}$ になるときである. 空間の 4 つ以上の幾何ベクトルは常に 1 次従属である.

(2) ベクトルの分解

1 次独立なベクトルの組 $\{\boldsymbol{a}, \boldsymbol{b}, \boldsymbol{c}\}$ が与えられたとき, 1 点 O を定めて $\boldsymbol{a} = \overrightarrow{\mathrm{OA}}$, $\boldsymbol{b} = \overrightarrow{\mathrm{OB}}$, $\boldsymbol{c} = \overrightarrow{\mathrm{OC}}$ と表すと, 4 点 O, A, B, C は同一平面上にないので, これらを基礎点とする (斜交) 座標系 $\{\mathrm{O}; \mathrm{A}, \mathrm{B}, \mathrm{C}\}$ が定まる.

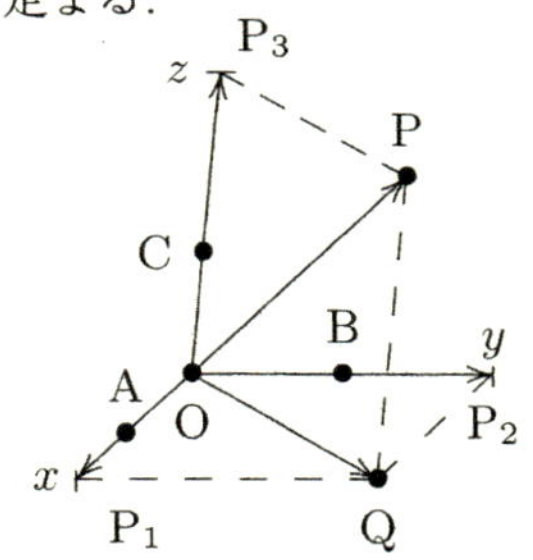

図 1.20 分解

空間の任意のベクトル $\boldsymbol{p}$ に対し, $\boldsymbol{p} = \overrightarrow{\mathrm{OP}}$ となる点 P の この座標系に関する座標を (x, y, z) とすると, 座標の定め方により図 1.20 の様に点 P を通り直線 OC (z 軸) に平行な直線と, 平面 OAB (xy 平面) との交点を Q とし, 点 Q を通り直線 OB (y 軸) に平行な直線と直線 OA (x 軸) との交点を P_1 とするとき, 点 P_1 の座標系 $\{\mathrm{O}; \mathrm{A}\}$ に関する座標が x である. このとき座標とベクトルのスカラー倍の定め方により $\overrightarrow{\mathrm{OP}_1} = x\overrightarrow{\mathrm{OA}} = x\boldsymbol{a}$ が成り立つ. 同様に, 点 Q を通り直線 OA (x 軸) に平行な直線と直線 OB (y 軸) との交点 P_2 の, 座標系 $\{\mathrm{O}; \mathrm{B}\}$ に関する座標が y であって $\overrightarrow{\mathrm{OP}_2} = y\boldsymbol{b}$ が成り立ち, 点 P を通り直線 OQ に平行な直線と直線 OC (z 軸) の交点 P_3 について $\overrightarrow{\mathrm{OP}_3} = z\boldsymbol{c}$ である.

一方, $\overrightarrow{\mathrm{OP}}=\overrightarrow{\mathrm{OQ}}+\overrightarrow{\mathrm{QP}}=\overrightarrow{\mathrm{OP_1}}+\overrightarrow{\mathrm{OP_2}}+\overrightarrow{\mathrm{OP_3}}$ より

$$\boldsymbol{p}=x\boldsymbol{a}+y\boldsymbol{b}+z\boldsymbol{c} \tag{1.13}$$

と $\boldsymbol{a}$, $\boldsymbol{b}$, $\boldsymbol{c}$ の 1 次結合として表せる. 点 O を他の点に取り替えてもこれらの線分が平行移動されるだけで x, y, z の値は変わらない. すなわち O の取り方によらず (x, y, z) はただ一組定まる. (一意的に定まる, という.) この様な表し方を $\boldsymbol{p}$ の $\boldsymbol{a}$, $\boldsymbol{b}$, $\boldsymbol{c}$ 方向への分解という.

平面上でも同様に, 平面上の有向線分として表される 1 次独立なベクトルの組 $\{\boldsymbol{a}, \boldsymbol{b}\}$ とベクトル $\boldsymbol{p}$ に対し,

$$\boldsymbol{p}=x\boldsymbol{a}+y\boldsymbol{b} \tag{1.14}$$

となる実数の組 (x, y) が一意的に定まり, 平面上の点 O を任意に定めるときの (斜交) 座標系 $\{\mathrm{O}; \mathrm{A}, \mathrm{B}\}$ に関する P の座標である. この表し方を $\boldsymbol{p}$ の $\boldsymbol{a}$, $\boldsymbol{b}$ 2 方向への分解という.

(3)　ベクトルの成分と斜交座標系

空間や平面上, あるいは直線上に 1 次独立なベクトルの組 $\{\boldsymbol{a}, \boldsymbol{b}, \boldsymbol{c}\}$ や $\{\boldsymbol{a}, \boldsymbol{b}\}$, あるいは $\boldsymbol{a}$ を固定して考えるとき, これらの組をベクトルの**基底** といい, 各ベクトル $\boldsymbol{a}, \boldsymbol{b}, \boldsymbol{c}$ を**基本ベクトル** という . また, ベクトル $\boldsymbol{p}$ に対し上の様に一意的に定まる実数の組 (x, y, z), (x, y), x をそれぞれ, 基底 $\{\boldsymbol{a}, \boldsymbol{b}, \boldsymbol{c}\}$, $\{\boldsymbol{a}, \boldsymbol{b}\}$, $\boldsymbol{a}$ に関する $\boldsymbol{p}$ の **成分** または **座標** という.

空間においては, 基底 $\{\boldsymbol{a}, \boldsymbol{b}, \boldsymbol{c}\}$ に関する $\mathbf{0}$ の成分は $(0, 0, 0)$, $\boldsymbol{a}$ の成分は $(1, 0, 0)$, $\boldsymbol{b}$ の成分は $(0, 1, 0)$, $\boldsymbol{c}$ の成分は $(0, 0, 1)$ である. 平面上では 基底 $\{\boldsymbol{a}, \boldsymbol{b}\}$ に関する $\mathbf{0}$ の成分は $(0, 0)$, $\boldsymbol{a}$ の成分は $(1, 0)$, $\boldsymbol{b}$ の成分は $(0, 1)$ である.

空間や平面上, あるいは直線上に斜交座標系 $\{\mathrm{O}; \mathrm{E_1}, \mathrm{E_2}, \mathrm{E_3}\}$, $\{\mathrm{O}; \mathrm{E_1}, \mathrm{E_2}\}$, あるいは $\{\mathrm{O}; \mathrm{E}\}$ が与えられたとき, $\boldsymbol{e}_1=\overrightarrow{\mathrm{OE_1}}$, $\boldsymbol{e}_2=\overrightarrow{\mathrm{OE_2}}$, $\boldsymbol{e}_3=\overrightarrow{\mathrm{OE_3}}$, $\boldsymbol{e}=\overrightarrow{\mathrm{OE}}$ とすれば組 $\{\boldsymbol{e}_1, \boldsymbol{e}_2, \boldsymbol{e}_3\}$, $\{\boldsymbol{e}_1, \boldsymbol{e}_2\}$, $\boldsymbol{e}$ は 1 次独立である. これらの組を **座標系の基底** といい, 各ベクトル $\boldsymbol{e}_1, \boldsymbol{e}_2, \boldsymbol{e}_3, \boldsymbol{e}$ を**座標系の 基本ベクトル** という.

空間のベクトル $\boldsymbol{a}$ は 座標空間の基底 $\{\boldsymbol{e}_1, \boldsymbol{e}_2, \boldsymbol{e}_3\}$ に関する成分 $(a_1,\ a_2,\ a_3)$ を用いて

$$\boldsymbol{a} = a_1\,\boldsymbol{e}_1 + a_2\,\boldsymbol{e}_2 + a_3\,\boldsymbol{e}_3$$

と一意的に表される. このとき $a_1,\ a_2,\ a_3$ をそれぞれ $\boldsymbol{a}$ の **$\boldsymbol{x}$-成分**, **$\boldsymbol{y}$-成分**, **$\boldsymbol{z}$-成分**, または **第 1 成分**, **第 2 成分**, **第 3 成分** という.

同様に, 平面上のベクトル $\boldsymbol{a}$ は 座標平面の基底 $\{\boldsymbol{e}_1, \boldsymbol{e}_2\}$ に関する成分 $(a_1,\ a_2)$ を用いて $\boldsymbol{a} = a_1\,\boldsymbol{e}_1 + a_2\,\boldsymbol{e}_2$ と一意的に表され, $a_1,\ a_2$ をそれぞれ $\boldsymbol{a}$ の **$\boldsymbol{x}$-成分**, **$\boldsymbol{y}$-成分**, または **第 1 成分**, **第 2 成分** という.

空間内の点 P に対し $\boldsymbol{p} = \overrightarrow{\mathrm{OP}}$ をその位置ベクトルとするとき, 座標空間の基底 $\{\boldsymbol{e}_1, \boldsymbol{e}_2, \boldsymbol{e}_3\}$ に関する $\boldsymbol{p}$ の成分 (x, y, z) はその定め方により, 座標系 $\{\mathrm{O}; \mathrm{E}_1, \mathrm{E}_2, \mathrm{E}_3\}$ に関する P の座標に一致する. すなわち $\mathrm{P}(x, y, z)$ に対し

$$\overrightarrow{\mathrm{OP}} = x\boldsymbol{e}_1 + y\boldsymbol{e}_2 + z\boldsymbol{e}_3 \tag{1.15}$$

逆に, 空間内の 1 次独立なベクトルの組 $\{\boldsymbol{e}_1, \boldsymbol{e}_2, \boldsymbol{e}_3\}$ と 1 点 O が与えられたとき, $\boldsymbol{e}_1 = \overrightarrow{\mathrm{OE}}_1,\ \boldsymbol{e}_2 = \overrightarrow{\mathrm{OE}}_2,\ \boldsymbol{e}_3 = \overrightarrow{\mathrm{OE}}_3$ となる点 $\mathrm{E}_1,\ \mathrm{E}_2,\ \mathrm{E}_3$ を単位点とすれば座標系 $\{\mathrm{O}; \mathrm{E}_1, \mathrm{E}_2, \mathrm{E}_3\}$ が得られ, 空間に座標系 $\{\mathrm{O}; \mathrm{E}_1, \mathrm{E}_2, \mathrm{E}_3\}$ を与えること, および, 原点と基底 $\{\boldsymbol{e}_1, \boldsymbol{e}_2, \boldsymbol{e}_3\}$ の組 $\{\mathrm{O}; \boldsymbol{e}_1\ \boldsymbol{e}_2\ \boldsymbol{e}_3\}$ を与えることは同等になる. 故に斜交座標系 $\{\mathrm{O}; \mathrm{E}_1, \mathrm{E}_2, \mathrm{E}_3\}$ をまた, $\{\mathrm{O}; \boldsymbol{e}_1, \boldsymbol{e}_2, \boldsymbol{e}_3\}$ で表す.

同様に, 平面上の座標系 $\{\mathrm{O}; \mathrm{E}_1, \mathrm{E}_2\}$ を $\{\mathrm{O}; \boldsymbol{e}_1, \boldsymbol{e}_2\}$, 直線上の座標系 $\{\mathrm{O}; \mathrm{E}\}$ を $\{\mathrm{O}; \boldsymbol{e}\}$ とも表す.

空間のベクトルの基底 $\{\boldsymbol{e}_1, \boldsymbol{e}_2, \boldsymbol{e}_3\}$ は, 原点 O を定めたときに座標系 $\{\mathrm{O}; \boldsymbol{e}_1, \boldsymbol{e}_2, \boldsymbol{e}_3\}$ が右手系になるとき **右手系** であるといい, $\{\mathrm{O}; \boldsymbol{e}_1, \boldsymbol{e}_2, \boldsymbol{e}_3\}$ が左手系になるときは $\{\boldsymbol{e}_1, \boldsymbol{e}_2, \boldsymbol{e}_3\}$ も**左手系**であるという. 座標系 $\{\mathrm{O}; \boldsymbol{e}_1, \boldsymbol{e}_2, \boldsymbol{e}_3\}$ の向きは原点 O のとり方によらずに定まるので, この向きを空間ベクトルの基底の **向き** という.

同様に, 平面上のベクトルの基底 $\{\boldsymbol{e}_1, \boldsymbol{e}_2\}$ に対し, 原点 O を任意に定めたときの 座標系 $\{\mathrm{O}; \boldsymbol{e}_1, \boldsymbol{e}_2\}$ の向きを基底 $\{\boldsymbol{e}_1, \boldsymbol{e}_2\}$ の **向き** という.

(4) ベクトルの演算と成分

空間ベクトルの演算と成分　空間ベクトルに基底 $\{\boldsymbol{e}_1, \boldsymbol{e}_2, \boldsymbol{e}_3\}$ が与えられているとし, ベクトル $\boldsymbol{a}$ を成分 (a_1, a_2, a_3) を用いて表すときは

$$\boldsymbol{a} = (a_1, a_2, a_3)$$

と書く. 例えば $\boldsymbol{0} = (0, 0, 0)$, $\boldsymbol{e}_1 = (1, 0, 0)$, $\boldsymbol{e}_2 = (0, 1, 0)$, $\boldsymbol{e}_3 = (0, 0, 1)$.

また, 2 つのベクトル $\boldsymbol{a} = (a_1, a_2, a_3)$, $\boldsymbol{b} = (b_1, b_2, b_3)$ が等しい為の条件は成分を用いて

$$\boldsymbol{a} = \boldsymbol{b} \iff (a_1, a_2, a_3) = (b_1, b_2, b_3) \iff a_1 = b_1,\ a_2 = b_2,\ a_3 = b_3$$

ベクトル $\boldsymbol{a} = (a_1, a_2, a_3)$, $\boldsymbol{b} = (b_1, b_2, b_3)$ は

$$\boldsymbol{a} = a_1\,\boldsymbol{e}_1 + a_2\,\boldsymbol{e}_2 + a_3\,\boldsymbol{e}_3,\quad \boldsymbol{b} = b_1\,\boldsymbol{e}_1 + b_2\,\boldsymbol{e}_2 + b_3\,\boldsymbol{e}_3$$

と表されるので, これらの和, スカラー倍は, t を実数として

$$\begin{aligned} \boldsymbol{a} + \boldsymbol{b} &= (a_1 + b_1)\boldsymbol{e}_1 + (a_2 + b_2)\boldsymbol{e}_2 + (a_3 + b_3)\boldsymbol{e}_3 \\ &= (a_1 + b_1, a_2 + b_2, a_3 + b_3) \\ t\boldsymbol{a} &= ta_1\,\boldsymbol{e}_1 + ta_2\,\boldsymbol{e}_2 + ta_3\,\boldsymbol{e}_3 = (ta_1, ta_2, ta_3) \end{aligned}$$

従って, 成分によるベクトルの演算は次の様になる:

$$\begin{aligned} (a_1, a_2, a_3) + (b_1, b_2, b_3) &= (a_1 + b_1, a_2 + b_2, a_3 + b_3) \\ t(a_1, a_2, a_3) &= (ta_1, ta_2, ta_3) \end{aligned} \tag{1.16}$$

すなわち成分によるベクトルの演算は x, y, z の各成分ごとに計算すれば良い.

座標空間 $\{\mathrm{O}; \boldsymbol{e}_1, \boldsymbol{e}_2, \boldsymbol{e}_3\}$ においては, 2 点 $\mathrm{A}(a_1, a_2, a_3)$, $\mathrm{B}(b_1, b_2, b_3)$ について, $\overrightarrow{\mathrm{OA}} = (a_1, a_2, a_3)$, $\overrightarrow{\mathrm{OB}} = (b_1, b_2, b_3)$ より

$$\overrightarrow{\mathrm{AB}} = \overrightarrow{\mathrm{OB}} - \overrightarrow{\mathrm{OA}} = (b_1 - a_1, b_2 - a_2, b_3 - a_3) \tag{1.17}$$

平面上のベクトルの演算と成分　平面上でも同様に, 基底 $\{\boldsymbol{e}_1, \boldsymbol{e}_2\}$ が与えられたときに, ベクトル $\boldsymbol{a}$ をその成分 (a_1, a_2) を用いて表すときは

$$\boldsymbol{a} = (a_1, a_2)$$

と書く. 例えば $\boldsymbol{0} = (0, 0)$, $\quad \boldsymbol{e}_1 = (1, 0)$, $\quad \boldsymbol{e}_2 = (0, 1)$.

また, 2 つのベクトル $\boldsymbol{a} = (a_1, a_2)$, $\boldsymbol{b} = (b_1, b_2)$ が等しい為の条件は

$$\boldsymbol{a} = \boldsymbol{b} \iff (a_1, a_2) = (b_1, b_2) \iff a_1 = b_1,\ a_2 = b_2$$

和, スカラー倍は t を実数として

$$(a_1, a_2) + (b_1, b_2) = (a_1 + b_1, a_2 + b_2), \quad t(a_1, a_2) = (ta_1, ta_2) \tag{1.18}$$

座標平面 $\{\mathrm{O}; \boldsymbol{e}_1, \boldsymbol{e}_2\}$ においては, 2 点 $\mathrm{A}(a_1, a_2)$, $\mathrm{B}(b_1, b_2)$ について

$$\overrightarrow{\mathrm{AB}} = \overrightarrow{\mathrm{OB}} - \overrightarrow{\mathrm{OA}} = (b_1 - a_1, b_2 - a_2) \tag{1.19}$$

直線上のベクトルの演算と成分　数直線 $\{\mathrm{O}; \boldsymbol{e}\}$ 上のベクトル $\boldsymbol{p}$ もその成分 x を用いて $\boldsymbol{p} = x$ と表すことがある. この記法では, $\mathrm{A}(a)$, $\mathrm{B}(b)$, $\boldsymbol{a} = a$, $\boldsymbol{b} = b$ と実数 t に対し, 次の様に実数の和, 差, 積として計算される.

$$\boldsymbol{a} + \boldsymbol{b} = a + b, \quad \overrightarrow{\mathrm{AB}} = b - a, \quad t\boldsymbol{a} = ta \tag{1.20}$$

1.3.4　ベクトルの内積と直交座標系

(1)　ベクトルの内積

0 でない 2 つの幾何ベクトル $\boldsymbol{a}$, $\boldsymbol{b}$ のなす角とは, 共通の始点 O を用いて $\boldsymbol{a}$, $\boldsymbol{b}$ を有向線分 $\overrightarrow{\mathrm{OA}}$, $\overrightarrow{\mathrm{OB}}$ で表すとき, それらの線分がなす角 $\theta = \angle\mathrm{AOB}$ のことである. ここで θ は $0 \leqq \theta \leqq \pi$ の範囲で考える.

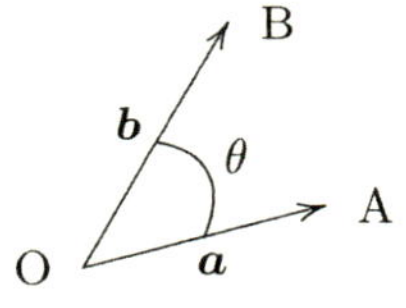

図 1.21　ベクトルのなす角

このとき, 積 $\|\boldsymbol{a}\|\,\|\boldsymbol{b}\|\cos\theta = \overline{\mathrm{OA}}\cdot\overline{\mathrm{OB}}\cdot\cos\theta$ を $\boldsymbol{a}$ と $\boldsymbol{b}$ の **内積**, または **スカラー積** といい, $(\boldsymbol{a},\boldsymbol{b})$, または, $\boldsymbol{a}\cdot\boldsymbol{b}$ と表す. すなわち

$$(\boldsymbol{a},\boldsymbol{b}) = \boldsymbol{a}\cdot\boldsymbol{b} = \|\boldsymbol{a}\|\,\|\boldsymbol{b}\|\cos\theta \tag{1.21}$$

$\boldsymbol{a}=\boldsymbol{0}$, または $\boldsymbol{b}=\boldsymbol{0}$ のときは $(\boldsymbol{a},\boldsymbol{b})=0$ と定める. 従って, 幾何ベクトルの内積は実数である.

内積においては $\cos\theta$ の値のみが問題になるので $0\leqq\theta\leqq\pi$ の範囲では $\cos\theta$ の値 $(-1\leqq\cos\theta\leqq 1)$ を与えれば θ は唯 1 つ定まる.

定義から明らかな様に

$$(\boldsymbol{a},\boldsymbol{b}) = (\boldsymbol{b},\boldsymbol{a}) \tag{1.22}$$

$\boldsymbol{b}=\boldsymbol{a}$ のとき, $\theta=0$, $\cos\theta=1$ より

$$(\boldsymbol{a},\boldsymbol{a}) = \|\boldsymbol{a}\|^2 \geqq 0, \quad \|\boldsymbol{a}\| = \sqrt{(\boldsymbol{a},\boldsymbol{a})}, \quad (\boldsymbol{a},\boldsymbol{a}) = 0 \iff \boldsymbol{a}=\boldsymbol{0} \tag{1.23}$$

長さが 1 の（すなわち, 平面や空間の長さの単位に等しい）ベクトルを **単位ベクトル** という. $\boldsymbol{a}\neq\boldsymbol{0}$ に対し, $\dfrac{1}{\|\boldsymbol{a}\|}\boldsymbol{a}$ は $\boldsymbol{a}$ と同じ向きを持った単位ベクトルであり, **$\boldsymbol{a}$ 方向の単位ベクトル**と呼ばれる. この様に ベクトル $\boldsymbol{a}$ をその長さ $\|\boldsymbol{a}\|$ で割って単位ベクトル $\dfrac{1}{\|\boldsymbol{a}\|}\boldsymbol{a}$ にすることを **正規化** するという.

なお, $\dfrac{1}{\|\boldsymbol{a}\|}\boldsymbol{a}$ は $\dfrac{\boldsymbol{a}}{\|\boldsymbol{a}\|}$ とも表す.

$\boldsymbol{0}$ でない 2 つのベクトル $\boldsymbol{a}=\overrightarrow{\mathrm{OA}}$, $\boldsymbol{b}=\overrightarrow{\mathrm{OB}}$ のなす角を θ とする. 点 B から直線 OA に下ろした垂線の足を B′ とするとき, $\boldsymbol{b}'=\overrightarrow{\mathrm{OB'}}$ を $\boldsymbol{b}$ の $\boldsymbol{a}$ 方向への **直交射影**, または **正射影** という. $\boldsymbol{a}$ 方向の単位ベクトルを $\boldsymbol{e}=\dfrac{1}{\|\boldsymbol{a}\|}\boldsymbol{a}$ とするとき, $\overrightarrow{\mathrm{OB'}}$ は直線 OA 上にあり, $s=\|\boldsymbol{b}\|\cos\theta$ とすれば $\overrightarrow{\mathrm{OB'}}=s\boldsymbol{e}$. $\|\boldsymbol{e}\|=1$ より $s=(\boldsymbol{e},\boldsymbol{b})$. 従って $\boldsymbol{b}$ の $\boldsymbol{a}$ 方向への直交射影 $\boldsymbol{b}'=\overrightarrow{\mathrm{OB'}}$ は

$$\boldsymbol{b}' = (\boldsymbol{e},\boldsymbol{b})\boldsymbol{e} \tag{1.24}$$

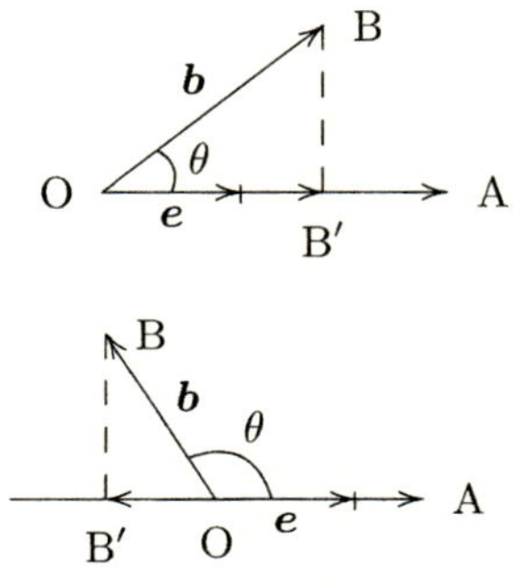

図 1.22　直交射影

と表せる. s の符号および, 内積 $(\boldsymbol{a},\boldsymbol{b}) = \|\boldsymbol{a}\|\,\|\boldsymbol{b}\|\cos\theta = \|\boldsymbol{a}\|s$ の符号は $\cos\theta$ の符号と一致するので $\boldsymbol{a}$, $\boldsymbol{b}$ が平行であるとき $\theta = 0$, π であり,
$\theta = 0 \iff \cos\theta = 1$, $\theta = \pi \iff \cos\theta = -1$ より

$$\boldsymbol{a},\boldsymbol{b} \text{ が平行} \iff (\boldsymbol{a},\boldsymbol{b}) = \pm\|\boldsymbol{a}\|\,\|\boldsymbol{b}\| \tag{1.25}$$

$\theta = \dfrac{\pi}{2}$ のとき $\boldsymbol{a},\boldsymbol{b}$ は直交しているが, 逆に $(\boldsymbol{a},\boldsymbol{b}) = 0$, $\boldsymbol{a} \neq \boldsymbol{0}$, $\boldsymbol{b} \neq \boldsymbol{0}$ のとき $\cos\theta = 0$ となり, 次が成り立つ.

$$\boldsymbol{a},\boldsymbol{b} \text{ が直交} \iff (\boldsymbol{a},\boldsymbol{b}) = 0 \tag{1.26}$$

なお, $\boldsymbol{a},\boldsymbol{b}$ のどちらか, あるいは2つとも $\boldsymbol{0}$ のときも $\boldsymbol{a},\boldsymbol{b}$ は **直交**している, と定める. 従って, 上式 (1.26) は $\boldsymbol{a} \neq \boldsymbol{0}$, $\boldsymbol{b} \neq \boldsymbol{0}$ の条件なしに成り立つ. このとき, $\boldsymbol{a}$ と $\boldsymbol{b}$ は **垂直**であるともいい $\boldsymbol{a} \perp \boldsymbol{b}$ と表す.

$\boldsymbol{b}$ を t 倍するとき, $t\boldsymbol{b}$ の $\boldsymbol{a}$ 方向への直交射影は
$t\boldsymbol{b}' = ts\boldsymbol{e}$ より $(\boldsymbol{a},t\boldsymbol{b}) = \|\boldsymbol{a}\|ts = t(\boldsymbol{a},\boldsymbol{b})$.
式 (1.22) により, $\boldsymbol{a}$ と $\boldsymbol{b}$ を入れ換えても同様に成り立つので次を得る:

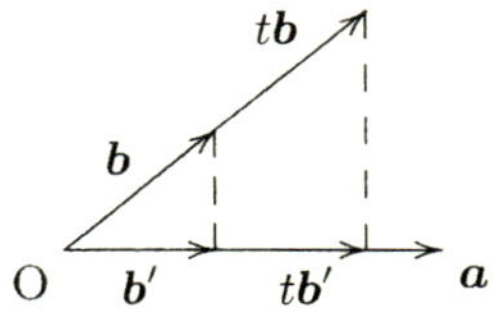

図 1.23 スカラー倍

$$(t\boldsymbol{a},\boldsymbol{b}) = t(\boldsymbol{a},\boldsymbol{b}), \quad (\boldsymbol{a},t\boldsymbol{b}) = t(\boldsymbol{a},\boldsymbol{b}) \tag{1.27}$$

$\boldsymbol{0}$ でないベクトル $\boldsymbol{a}$, $\boldsymbol{b}$, $\boldsymbol{c}$ に対し, $\boldsymbol{b},\boldsymbol{c}$ の $\boldsymbol{a}$ 方向への直交射影をそれぞれ $\boldsymbol{b}',\boldsymbol{c}'$ とし,
$\boldsymbol{b}' = s\boldsymbol{e}$, $\boldsymbol{c}' = t\boldsymbol{e}$ とすると $\boldsymbol{b}+\boldsymbol{c}$ の $\boldsymbol{a}$ 方向への直交射影は $\boldsymbol{b}'+\boldsymbol{c}' = (s+t)\boldsymbol{e}$ なので

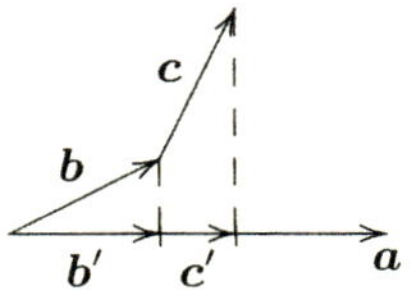

図 1.24 ベクトルの和

$$(\boldsymbol{a},\boldsymbol{b}+\boldsymbol{c}) = (\boldsymbol{a},(s+t)\boldsymbol{e}) = \|\boldsymbol{a}\|(s+t) = \|\boldsymbol{a}\|s + \|\boldsymbol{a}\|t = (\boldsymbol{a},\boldsymbol{b}) + (\boldsymbol{a},\boldsymbol{c})$$

式 (1.22) により, 内積の両辺を入れ換えても同様に成り立つので 次を得る:

$$(\boldsymbol{a}+\boldsymbol{b},\boldsymbol{c}) = (\boldsymbol{a},\boldsymbol{c}) + (\boldsymbol{b},\boldsymbol{c}), \ (\boldsymbol{a},\boldsymbol{b}+\boldsymbol{c}) = (\boldsymbol{a},\boldsymbol{b}) + (\boldsymbol{a},\boldsymbol{c}) \tag{1.28}$$

以上の式 (1.22), (1.23), (1.27), (1.28) は $\boldsymbol{a}, \boldsymbol{b}, \boldsymbol{c}$ の中に $\mathbf{0}$ を含むときも, s や t が 0 のときも成り立つ. これらをまとめると, 内積の性質は次の様になる：

$$\begin{aligned}
&(1)\ (\text{対称性}) && (\boldsymbol{a}, \boldsymbol{b}) = (\boldsymbol{b}, \boldsymbol{a}) \\
&(2)\ (\text{双線形性 } 1) && (\boldsymbol{a}+\boldsymbol{b}, \boldsymbol{c}) = (\boldsymbol{a}, \boldsymbol{c}) + (\boldsymbol{b}, \boldsymbol{c}),\ \ (\boldsymbol{a}, \boldsymbol{b}+\boldsymbol{c}) = (\boldsymbol{a}, \boldsymbol{b}) + (\boldsymbol{a}, \boldsymbol{c}) \\
&(3)\ (\text{双線形性 } 2) && (s\boldsymbol{a}, \boldsymbol{b}) = (\boldsymbol{a}, s\boldsymbol{b}) = s(\boldsymbol{a}, \boldsymbol{b}) \\
&(4)\ (\text{正値性}) && (\boldsymbol{a}, \boldsymbol{a}) = \|\boldsymbol{a}\|^2 \geqq 0,\ \ (\boldsymbol{a}, \boldsymbol{a}) = 0 \iff \boldsymbol{a} = \mathbf{0}
\end{aligned} \tag{1.29}$$

また, 長さの性質は次の様になる:

$$\begin{aligned}
&(5) && \|\boldsymbol{a}\| = \sqrt{(\boldsymbol{a}, \boldsymbol{a})},\ \ \|s\boldsymbol{a}\| = |s|\,\|\boldsymbol{a}\| \\
&(6)\ (\text{Schwarz の不等式}) && |(\boldsymbol{a}, \boldsymbol{b})| \leqq \|\boldsymbol{a}\|\,\|\boldsymbol{b}\| \\
&(7)\ (3\ \text{角不等式}) && \|\boldsymbol{a}+\boldsymbol{b}\| \leqq \|\boldsymbol{a}\| + \|\boldsymbol{b}\|
\end{aligned} \tag{1.30}$$

ここで (5) は (3),(4) より, 不等式 (6) は内積の定義より得られ, **シュヴァルツ (Schwarz) の不等式**といわれる. (7) は 3 角形の 2 辺の和は他の 1 辺より長いことより得られ, **3 角不等式**といわれる.

$\boldsymbol{a}$, $\boldsymbol{b}$ を 1 次結合で表すとき, 内積 $(\boldsymbol{a}, \boldsymbol{b})$ は双線形性により 1 次式の積の様に展開できる. 例えば

$$\begin{aligned}
(s_1\boldsymbol{a}_1 + s_2\boldsymbol{a}_2,\ t_1\boldsymbol{b}_1 + t_2\boldsymbol{b}_2) &\overset{(2)}{=} (s_1\boldsymbol{a}_1,\ t_1\boldsymbol{b}_1 + t_2\boldsymbol{b}_2) + (s_2\boldsymbol{a}_2,\ t_1\boldsymbol{b}_1 + t_2\boldsymbol{b}_2) \\
&\overset{(3)}{=} s_1(\boldsymbol{a}_1,\ t_1\boldsymbol{b}_1 + t_2\boldsymbol{b}_2) + s_2(\boldsymbol{a}_2,\ t_1\boldsymbol{b}_1 + t_2\boldsymbol{b}_2) \qquad (\text{同様にして}) \\
&= s_1t_1(\boldsymbol{a}_1, \boldsymbol{b}_1) + s_1t_2(\boldsymbol{a}_1, \boldsymbol{b}_2) + s_2t_1(\boldsymbol{a}_2, \boldsymbol{b}_1) + s_2t_2(\boldsymbol{a}_2, \boldsymbol{b}_2)
\end{aligned}$$

今後は特に式番号を引用することなくこの性質を使うことにする.

(2)　ベクトルの内積と成分

互いに直交している単位ベクトルの組を**正規直交系**という. また, 正規直交系が平面あるいは空間ベクトルの基底になるとき**正規直交基底**という.

正規直交基底 $\{\boldsymbol{e}_1, \boldsymbol{e}_2, \boldsymbol{e}_3\}$ に対し

$$\begin{aligned}&(\boldsymbol{e}_1, \boldsymbol{e}_2) = (\boldsymbol{e}_2, \boldsymbol{e}_3) = (\boldsymbol{e}_3, \boldsymbol{e}_1) = 0, \quad (\text{直交性}) \\ &(\boldsymbol{e}_1, \boldsymbol{e}_1) = (\boldsymbol{e}_2, \boldsymbol{e}_2) = (\boldsymbol{e}_3, \boldsymbol{e}_3) = 1 \quad (\text{正規性})\end{aligned} \tag{1.31}$$

が成り立つ．ここで記号 δ_{ij} を

$$\delta_{ij} = \begin{cases} 1 & i = j \\ 0 & i \neq j \end{cases}$$

で定義し, これを用いて (1.31) 式を 1 つの式にまとめると

$$(\boldsymbol{e}_i, \boldsymbol{e}_j) = \delta_{ij} \qquad (i, j = 1, 2, 3) \tag{1.31}$$

記号 δ_{ij} を **クロネッカー (Kronecker) のデルタ** という．

平面上のベクトルの内積と成分　平面上のベクトルに正規直交基底 $\{\boldsymbol{e}_1, \boldsymbol{e}_2\}$ が与えられているとする．このとき, 平面上のベクトル $\boldsymbol{a}, \boldsymbol{b}$ は

$\boldsymbol{a} = a_1\boldsymbol{e}_1 + a_2\boldsymbol{e}_2 = (a_1, a_2)$,　$\boldsymbol{b} = b_1\boldsymbol{e}_1 + b_2\boldsymbol{e}_2 = (b_1, b_2)$　と, この基底に関する成分で表された．このとき内積 $(\boldsymbol{a}, \boldsymbol{b})$ を双線形性により展開して

$$\begin{aligned}(\boldsymbol{a}, \boldsymbol{b}) &= (a_1\boldsymbol{e}_1 + a_2\boldsymbol{e}_2, b_1\boldsymbol{e}_1 + b_2\boldsymbol{e}_2) \\ &= a_1b_1(\boldsymbol{e}_1, \boldsymbol{e}_1) + a_1b_2(\boldsymbol{e}_1, \boldsymbol{e}_2) + a_2b_1(\boldsymbol{e}_2, \boldsymbol{e}_1) + a_2b_2(\boldsymbol{e}_2, \boldsymbol{e}_2)\end{aligned}$$

(1.31) 式を代入して次を得る:

$$\boldsymbol{a} = (a_1, a_2),\ \boldsymbol{b} = (b_1, b_2) \implies (\boldsymbol{a}, \boldsymbol{b}) = a_1b_1 + a_2b_2 \tag{1.32}$$

ここで, $\boldsymbol{a} = \boldsymbol{b}$ のとき $\|\boldsymbol{a}\|^2 = (\boldsymbol{a}, \boldsymbol{a})$ より

$$\|\boldsymbol{a}\| = \sqrt{a_1^2 + a_2^2} \tag{1.33}$$

また, $\boldsymbol{a}$, $\boldsymbol{b}$ が $\boldsymbol{0}$ でないとき $(\boldsymbol{a}, \boldsymbol{b}) = \|\boldsymbol{a}\|\,\|\boldsymbol{b}\| \cos\theta$ より

$$\cos\theta = \frac{(\boldsymbol{a}, \boldsymbol{b})}{\|\boldsymbol{a}\|\,\|\boldsymbol{b}\|} = \frac{a_1b_1 + a_2b_2}{\sqrt{a_1^2 + a_2^2}\sqrt{b_1^2 + b_2^2}} \tag{1.34}$$

特に $\boldsymbol{a}$, $\boldsymbol{b}$ が垂直の場合については

$$\boldsymbol{a}, \boldsymbol{b} \text{ が直交} \iff (\boldsymbol{a}, \boldsymbol{b}) = 0 \iff a_1 b_1 + a_2 b_2 = 0 \tag{1.35}$$

$\mathbf{0}$ でないベクトル $\boldsymbol{a}$ の成分 (a_1, a_2) の比 $a_1 : a_2$ を**方向比** という. $\boldsymbol{a}$ 方向の単位ベクトル $\boldsymbol{e}$ の成分を (l, m) とすれば $\boldsymbol{a} = \|\boldsymbol{a}\|\boldsymbol{e}$ より $a_1 : a_2 = l : m$ であり, いずれも $\boldsymbol{a}$ の方向を表している. $\boldsymbol{e}$ (あるいは $\boldsymbol{a}$) と基本ベクトル $\boldsymbol{e}_1$, $\boldsymbol{e}_2$ のなす角をそれぞれ α, β とすれば 内積の定義より

$$l = (\boldsymbol{e}, \boldsymbol{e}_1) = \cos\alpha, \quad m = (\boldsymbol{e}, \boldsymbol{e}_2) = \cos\beta$$

であり, (l, m) をこの方向の **方向余弦** という. これは単位ベクトルの成分であるから

$$l^2 + m^2 = 1 \tag{1.36}$$

空間のベクトルの内積と成分　空間のベクトルに正規直交基底 $\{\boldsymbol{e}_1, \boldsymbol{e}_2, \boldsymbol{e}_3\}$ が与えられているとき, ベクトル $\boldsymbol{a}, \boldsymbol{b}$ は

$$\boldsymbol{a} = a_1\boldsymbol{e}_1 + a_2\boldsymbol{e}_2 + a_3\boldsymbol{e}_3 = (a_1, a_2, a_3), \quad \boldsymbol{b} = b_1\boldsymbol{e}_1 + b_2\boldsymbol{e}_2 + b_3\boldsymbol{e}_3 = (b_1, b_2, b_3)$$

と成分で表される. このとき内積 $(\boldsymbol{a}, \boldsymbol{b})$ を, 平面のときと同様に双線形性を用いて計算することにより, 次を得る:

$$(\boldsymbol{a}, \boldsymbol{b}) = a_1 b_1 + a_2 b_2 + a_3 b_3 \tag{1.37}$$

また, $(\boldsymbol{a}, \boldsymbol{a}) = \|\boldsymbol{a}\|^2$ より $\boldsymbol{a}$ の長さ $\|\boldsymbol{a}\|$ は

$$\|\boldsymbol{a}\| = \sqrt{a_1^2 + a_2^2 + a_3^2} \tag{1.38}$$

$\boldsymbol{a}$, $\boldsymbol{b}$ が $\mathbf{0}$ でないとき

$$\cos\theta = \frac{(\boldsymbol{a}, \boldsymbol{b})}{\|\boldsymbol{a}\|\,\|\boldsymbol{b}\|} = \frac{a_1 b_1 + a_2 b_2 + a_3 b_3}{\sqrt{a_1^2 + a_2^2 + a_3^2}\sqrt{b_1^2 + b_2^2 + b_3^2}} \tag{1.39}$$

特に $\boldsymbol{a}$, $\boldsymbol{b}$ が垂直の場合については

$$\boldsymbol{a}, \boldsymbol{b} \text{ が直交} \iff (\boldsymbol{a}, \boldsymbol{b}) = 0 \iff a_1 b_1 + a_2 b_2 + a_3 b_3 = 0 \tag{1.40}$$

$\mathbf{0}$ でないベクトル $\boldsymbol{a}$ の成分 (a_1, a_2, a_3) の比 $a_1 : a_2 : a_3$ を **方向比** という.

ここで一般に, 実数の組 $(m_1, m_2, \ldots, m_k)$ $(\neq (0, 0, \ldots, 0))$ と $(n_1, n_2, \ldots, n_k)$ $(\neq (0, 0, \ldots, 0))$ について, 0 でない実数 t があって

$$m_1 = tn_1,\ \ m_2 = tn_2,\ \ \ldots,\ \ \ m_k = tn_k \qquad (t \neq 0)$$

となるとき **比** $m_1 : m_2 : \cdots : m_k$ と $n_1 : n_2 : \cdots : n_k$ **が等しい** といい,

$$m_1 : m_2 : \cdots : m_k = n_1 : n_2 : \cdots : n_k$$

と表す. このとき $m_1 \neq 0, \ldots, m_k \neq 0$ ならば $n_1 \neq 0, \ldots, n_k \neq 0$ であり, $t = \dfrac{m_1}{n_1} = \cdots = \dfrac{m_k}{n_k}$. また, $m_1 = \cdots = m_k = 0$ でなければ $m_1, \ldots, m_k$ の中に 0 が含まれていても良い. 例えば $0 : 1 = 0 : 2$, $0 : 1 : 2 = 0 : 4 : 8$.

2 数の比については $a : b = c : d$ ならば $ad = bc$ である.

$\boldsymbol{a}$ 方向の単位ベクトル $\boldsymbol{e}$ の成分を (l, m, n) とすれば $\boldsymbol{a} = \|\boldsymbol{a}\|\boldsymbol{e}$ より $a_1 : a_2 : a_3 = l : m : n$ であり, いずれも空間内での $\boldsymbol{a}$ の方向を表している.

$\boldsymbol{e}$ (あるいは $\boldsymbol{a}$) と基本ベクトル $\boldsymbol{e}_1$, $\boldsymbol{e}_2$, $\boldsymbol{e}_3$ のなす角を α, β, γ とすれば

$$l = (\boldsymbol{e}, \boldsymbol{e}_1) = \cos\alpha, \quad m = (\boldsymbol{e}, \boldsymbol{e}_2) = \cos\beta, \quad n = (\boldsymbol{e}, \boldsymbol{e}_3) = \cos\gamma$$

であり, (l, m, n) をこの方向の **方向余弦** という. これは単位ベクトルの成分であるから

$$l^2 + m^2 + n^2 = 1 \tag{1.41}$$

直線上のベクトルの内積と成分　直線上に単位ベクトルである基底 $\boldsymbol{e}$ が与えられているとき, 直線上のベクトル $\boldsymbol{a}, \boldsymbol{b}$ は $\boldsymbol{a} = a\boldsymbol{e} = a$, $\boldsymbol{b} = b\boldsymbol{e} = b$ と表され, 内積 $(\boldsymbol{a}, \boldsymbol{b})$ は

$$(\boldsymbol{a}, \boldsymbol{b}) = (a\boldsymbol{e}, b\boldsymbol{e}) = ab(\boldsymbol{e}, \boldsymbol{e}) = ab \tag{1.42}$$

により, 成分の積で与えられる.

直交座標系と正規直交基底　空間に直交座標系 $\{\mathrm{O}; \mathrm{E}_1, \mathrm{E}_2, \mathrm{E}_3\}$ が与えられたとき, 基本ベクトル $\boldsymbol{e}_1 = \overrightarrow{\mathrm{OE}_1}$, $\boldsymbol{e}_2 = \overrightarrow{\mathrm{OE}_2}$, $\boldsymbol{e}_3 = \overrightarrow{\mathrm{OE}_3}$ は互いに直交していて 長さが 1 であるので, 基底 $\{\boldsymbol{e}_1, \boldsymbol{e}_2, \boldsymbol{e}_3\}$ は正規直交基底である.

逆に, 1 点 O と正規直交基底 $\{\boldsymbol{e}_1, \boldsymbol{e}_2, \boldsymbol{e}_3\}$ が与えられたとき, O を原点とし, $\overrightarrow{\mathrm{OE}_1} = \boldsymbol{e}_1$, $\overrightarrow{\mathrm{OE}_2} = \boldsymbol{e}_2$, $\overrightarrow{\mathrm{OE}_3} = \boldsymbol{e}_3$ となる点 E_1, E_2, E_3 を単位点とする直交座標系 $\{\mathrm{O}; \mathrm{E}_1, \mathrm{E}_2, \mathrm{E}_3\}$ が定まる. これ故に直交座標系 $\{\mathrm{O}; \mathrm{E}_1, \mathrm{E}_2, \mathrm{E}_3\}$ は正規直交基底を用いて $\{\mathrm{O}; \boldsymbol{e}_1, \boldsymbol{e}_2, \boldsymbol{e}_3\}$ とも表す.

平面上でも同様に 直交座標系 $\{\mathrm{O}; \mathrm{E}_1, \mathrm{E}_2\}$ を正規直交基底 $\{\boldsymbol{e}_1, \boldsymbol{e}_2\}$ を用いて $\{\mathrm{O}; \boldsymbol{e}_1, \boldsymbol{e}_2\}$ とも表す.

1.3.5　行列式と空間ベクトルの外積

この節では, 平面や空間には右手系の直交座標系 $\{\mathrm{O}; \boldsymbol{e}_1, \boldsymbol{e}_2\}$, $\{\mathrm{O}; \boldsymbol{e}_1, \boldsymbol{e}_2, \boldsymbol{e}_3\}$ が定められているとする. また, 幾何ベクトルはこの座標系に関する成分で表されるものとし, 図形的には原点 O を始点とする有向線分として図示される.

(1)　行列式

一般に, 数や文字を長方形状に並べた配列を **行列** という. 特に n^2 個の数や文字を正方形状に並べた配列を n 次正方行列といい, 以下に定義する n 次正方行列の行列式を n 次の行列式という. なお, 1 次正方行列 $A = (a)$ は a そのものとみなされ, その行列式も a とする.

2 次の行列式　2 次正方行列 $A = \begin{pmatrix} a & b \\ c & d \end{pmatrix}$ に対し, $\begin{pmatrix} a \\ c \end{pmatrix}$, $\begin{pmatrix} b \\ d \end{pmatrix}$ を A の**列ベクトル**といい, $(a\ b)$, $(c\ d)$ を A の**行ベクトル** という. これらは総称して**数ベクトル**といわれる.

平面上のベクトル $\boldsymbol{a} = (a, c)$, $\boldsymbol{b} = (b, d)$ はまた, $\boldsymbol{a} = \begin{pmatrix} a \\ c \end{pmatrix}$, $\boldsymbol{b} = \begin{pmatrix} b \\ d \end{pmatrix}$ の様に列ベクトルとして表示され, A はこれらを並べた行列 $(\boldsymbol{a}\ \boldsymbol{b})$ とみなされる.

行列 A に対し，$ad-bc$ を A の **行列式** (determinant) といい，

$$\begin{vmatrix} a & b \\ c & d \end{vmatrix}, \quad |A|, \quad \det A, \quad |\boldsymbol{a}\ \boldsymbol{b}|, \quad \det(\boldsymbol{a}\ \boldsymbol{b})$$

などと表す．

行列式 $\det(\boldsymbol{a}\ \boldsymbol{b}) = ad-bc$ の絶対値が $\boldsymbol{a}, \boldsymbol{b}$ を 2 辺とする平行 4 辺形の面積 S になることは色々な方法で確かめられる．例えば，$\boldsymbol{a}, \boldsymbol{b}$ のなす角を θ として，

$$\begin{aligned} S^2 &= \|\boldsymbol{a}\|^2\|\boldsymbol{b}\|^2\sin^2\theta = \|\boldsymbol{a}\|^2\|\boldsymbol{b}\|^2(1-\cos^2\theta) = \|\boldsymbol{a}\|^2\|\boldsymbol{b}\|^2 - (\boldsymbol{a},\boldsymbol{b})^2 \\ &= (a^2+c^2)(b^2+d^2) - (ab+cd)^2 = (ad-bc)^2 \end{aligned} \tag{1.43}$$

$$\therefore \quad S = |ad-bc|$$

従って，2 次の行列式の値は $\boldsymbol{a}, \boldsymbol{b}$ を 2 辺とする平行 4 辺形の **符号付き面積** を表している．符号は，角 θ を $-\pi < \theta \leqq \pi$ の範囲で考え，$\boldsymbol{a}$ から $\boldsymbol{b}$ に向かって回るとき，正回転（＝左回り）なら θ には正の符号を，負回転（＝右回り）なら θ には負の符号を付ける．このとき図 1.25 の様に，

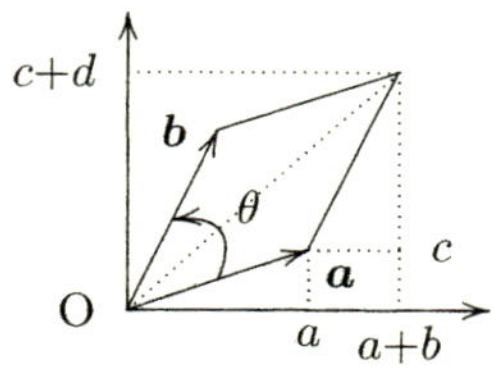

図 1.25 符号付き面積

平行 4 辺形の符号付き面積 $= (a+b)(c+d) - ac - bd - 2bc = ad - bc$

となり，次が成り立つ:

$$\det A = ad - bc = \|\boldsymbol{a}\|\|\boldsymbol{b}\|\sin\theta \tag{1.44}$$

そこで，$\boldsymbol{a}, \boldsymbol{b}$ を 2 辺とする平行 4 辺形には向きが付いていると考え，行列式が正のときは表向きで面積も正，負のときは裏向きで負の面積を持つ，と定めることにする．

また $\boldsymbol{a}, \boldsymbol{b}$ が 1 次従属のときは，これらは同一直線上にあるので面積および行列式の値は 0 になる．従って，2 次の行列式について次が成り立つ:

行列式 $\neq 0 \iff$ 2 つの列ベクトル（行ベクトル）が 1 次独立

行列式 $= 0 \iff$ 2 つの列ベクトル（行ベクトル）が 1 次従属 (1.45)

$\det A \neq 0$ で, $\boldsymbol{a}, \boldsymbol{b}$ が 1 次独立のとき, $\{\boldsymbol{a}, \boldsymbol{b}\}$ は平面のベクトルの基底となるが, (1.44) 式より $\det A > 0\ (\theta > 0)$ のときは左回り, $\det A < 0\ (\theta < 0)$ のときは右回りの基底になる.

なお, 元の基底 $\{\boldsymbol{e}_1, \boldsymbol{e}_2\}$ が右回りのときは, $\boldsymbol{a}, \boldsymbol{b}$ の向きが $\det A > 0$ のときは右回り, $\det A < 0$ のときは左回りの基底になる. すなわち, $\{\boldsymbol{e}_1, \boldsymbol{e}_2\}$ と $\{\boldsymbol{a}, \boldsymbol{b}\}$ の向きは $\det A > 0$ のときは一致し, $\det A < 0$ のときは逆になる. 特に,

単位行列 $E = (\boldsymbol{e}_1\ \boldsymbol{e}_2) = \begin{pmatrix} 1 & 0 \\ 0 & 1 \end{pmatrix}$ に対し, $|E| = |\,\boldsymbol{e}_1\ \boldsymbol{e}_2\,| = \begin{vmatrix} 1 & 0 \\ 0 & 1 \end{vmatrix} = 1$

3 次の行列式　3 次正方行列

$A = \begin{pmatrix} a_1 & b_1 & c_1 \\ a_2 & b_2 & c_2 \\ a_3 & b_3 & c_3 \end{pmatrix}$ の列ベクトル $\begin{pmatrix} a_1 \\ a_2 \\ a_3 \end{pmatrix}$, $\begin{pmatrix} b_1 \\ b_2 \\ b_3 \end{pmatrix}$, $\begin{pmatrix} c_1 \\ c_2 \\ c_3 \end{pmatrix}$ は 2 次のときと同様, 空間ベクトル $\boldsymbol{a} = (a_1, a_2, a_3)$, $\boldsymbol{b} = (b_1, b_2, b_3)$, $\boldsymbol{c} = (c_1, c_2, c_3)$ とみなされ, 行列 A は $A = (\boldsymbol{a}\ \boldsymbol{b}\ \boldsymbol{c})$ とみなされる.

A の行列式 $|A|$ は

$$\begin{aligned} |A| &= \begin{vmatrix} a_1 & b_1 & c_1 \\ a_2 & b_2 & c_2 \\ a_3 & b_3 & c_3 \end{vmatrix} = a_1 \begin{vmatrix} b_2 & c_2 \\ b_3 & c_3 \end{vmatrix} - a_2 \begin{vmatrix} b_1 & c_1 \\ b_3 & c_3 \end{vmatrix} + a_3 \begin{vmatrix} b_1 & c_1 \\ b_2 & c_2 \end{vmatrix} \\ &= a_1 \begin{vmatrix} b_2 & c_2 \\ b_3 & c_3 \end{vmatrix} + a_2 \begin{vmatrix} b_3 & c_3 \\ b_1 & c_1 \end{vmatrix} + a_3 \begin{vmatrix} b_1 & c_1 \\ b_2 & c_2 \end{vmatrix} \\ &= a_1 b_2 c_3 - a_1 b_3 c_2 + a_2 b_3 c_1 - a_2 b_1 c_3 + a_3 b_1 c_2 - a_3 b_2 c_1 \end{aligned} \tag{1.46}$$

で定義され, $\det A$, $|\boldsymbol{a}\ \boldsymbol{b}\ \boldsymbol{c}|$, $\det(\boldsymbol{a}\ \boldsymbol{b}\ \boldsymbol{c})$ などとも表される. 特に, **単位行列**

$E = (\boldsymbol{e}_1\ \boldsymbol{e}_2\ \boldsymbol{e}_3) = \begin{pmatrix} 1 & 0 & 0 \\ 0 & 1 & 0 \\ 0 & 0 & 1 \end{pmatrix}$ に対し, $|E| = |\boldsymbol{e}_1\ \boldsymbol{e}_2\ \boldsymbol{e}_3| = \begin{vmatrix} 1 & 0 & 0 \\ 0 & 1 & 0 \\ 0 & 0 & 1 \end{vmatrix} = 1$

4 次の行列式　4 次の行列式も次の様に帰納的に定義できる:

$$|A| = \begin{vmatrix} a_1 & b_1 & c_1 & d_1 \\ a_2 & b_2 & c_2 & d_2 \\ a_3 & b_3 & c_3 & d_3 \\ a_4 & b_4 & c_4 & d_4 \end{vmatrix}$$

$$= a_1 \begin{vmatrix} b_2 & c_2 & d_2 \\ b_3 & c_3 & d_3 \\ b_4 & c_4 & d_4 \end{vmatrix} - a_2 \begin{vmatrix} b_1 & c_1 & d_1 \\ b_3 & c_3 & d_3 \\ b_4 & c_4 & d_4 \end{vmatrix} + a_3 \begin{vmatrix} b_1 & c_1 & d_1 \\ b_2 & c_2 & d_2 \\ b_4 & c_4 & d_4 \end{vmatrix} - a_4 \begin{vmatrix} b_1 & c_1 & d_1 \\ b_2 & c_2 & d_2 \\ b_3 & c_3 & d_3 \end{vmatrix} \tag{1.47}$$

5 次以上の行列式も同様に定義することもできるが, 一般の行列式の定義は, 行列式の性質とともに第 6 章の行列式の項で述べる.

(2) 空間ベクトルの外積と行列式

外積の定義と性質　空間の 2 つのベクトル $\boldsymbol{a}$, $\boldsymbol{b}$ に対し, これらの **外積**, または **ベクトル積** といわれるベクトル $\boldsymbol{a} \times \boldsymbol{b}$ が成分を用いて次の様に定められる:
$\boldsymbol{a} = (a_1, a_2, a_3)$, $\boldsymbol{b} = (b_1, b_2, b_3)$ とするとき

$$\begin{aligned} \boldsymbol{a} \times \boldsymbol{b} &= (a_2 b_3 - a_3 b_2,\ a_3 b_1 - a_1 b_3,\ a_1 b_2 - a_2 b_1) \\ &= \left(\begin{vmatrix} a_2 & b_2 \\ a_3 & b_3 \end{vmatrix}, \begin{vmatrix} a_3 & b_3 \\ a_1 & b_1 \end{vmatrix}, \begin{vmatrix} a_1 & b_1 \\ a_2 & b_2 \end{vmatrix} \right) = \boldsymbol{e}_1 \begin{vmatrix} a_2 & b_2 \\ a_3 & b_3 \end{vmatrix} + \boldsymbol{e}_2 \begin{vmatrix} a_3 & b_3 \\ a_1 & b_1 \end{vmatrix} + \boldsymbol{e}_3 \begin{vmatrix} a_1 & b_1 \\ a_2 & b_2 \end{vmatrix} \end{aligned} \tag{1.48}$$

である. これを行列式の表示をまねて形式的に次のように表すこともある.

$$\boldsymbol{a} \times \boldsymbol{b} = \begin{vmatrix} \boldsymbol{e}_1 & a_1 & b_1 \\ \boldsymbol{e}_2 & a_2 & b_2 \\ \boldsymbol{e}_3 & a_3 & b_3 \end{vmatrix}$$

この定義から直接計算することにより, もしくは行列式の性質を用いること

により次の外積の性質が得られる:

$$
\begin{array}{lll}
1.\ (\text{交代性}) & \boldsymbol{b}\times\boldsymbol{a} = -\boldsymbol{a}\times\boldsymbol{b}, & \boldsymbol{a}\times\boldsymbol{a} = \boldsymbol{0} \\
2.\ (\text{双線形性 } 1) & t(\boldsymbol{a}\times\boldsymbol{b}) = (t\boldsymbol{a})\times\boldsymbol{b} = \boldsymbol{a}\times(t\boldsymbol{b}) & \\
2.\ (\text{双線形性 } 2) & \boldsymbol{a}\times(\boldsymbol{b}+\boldsymbol{c}) = \boldsymbol{a}\times\boldsymbol{b}+\boldsymbol{a}\times\boldsymbol{c} & \\
3.\ (\text{双線形性 } 3) & (\boldsymbol{a}+\boldsymbol{b})\times\boldsymbol{c} = \boldsymbol{a}\times\boldsymbol{c}+\boldsymbol{b}\times\boldsymbol{c} &
\end{array}
\tag{1.49}
$$

スカラー 3 重積と 3 次の行列式　$\boldsymbol{c} = (c_1, c_2, c_3)$ とするとき, 3 次の行列式の定義式 (1.46) の 2 行目は $\boldsymbol{a}$ と $\boldsymbol{b}\times\boldsymbol{c}$ の内積を成分で表したものとなる, すなわち

$$
|A| = \begin{vmatrix} a_1 & b_1 & c_1 \\ a_2 & b_2 & c_2 \\ a_3 & b_3 & c_3 \end{vmatrix} = a_1 \begin{vmatrix} b_2 & c_2 \\ b_3 & c_3 \end{vmatrix} + a_2 \begin{vmatrix} b_3 & c_3 \\ b_1 & c_1 \end{vmatrix} + a_3 \begin{vmatrix} b_1 & c_1 \\ b_2 & c_2 \end{vmatrix} = (\boldsymbol{a}, \boldsymbol{b}\times\boldsymbol{c}) \tag{1.50}
$$

この右辺 $(\boldsymbol{a}, \boldsymbol{b}\times\boldsymbol{c})$ を $\boldsymbol{a}$, $\boldsymbol{b}$, $\boldsymbol{c}$ の **スカラー 3 重積** という. スカラー 3 重積は, この式と外積および内積の性質より, 次の性質をもつことが分かる:

$$
\begin{array}{ll}
(1) & (\boldsymbol{a}, \boldsymbol{b}\times\boldsymbol{c}) = |\,\boldsymbol{a}\ \boldsymbol{b}\ \boldsymbol{c}\,| = (\boldsymbol{a}\times\boldsymbol{b}, \boldsymbol{c}) \\
(2) & (\boldsymbol{a}, \boldsymbol{b}\times\boldsymbol{c}) = (\boldsymbol{b}\times\boldsymbol{c}, \boldsymbol{a}) \\
(3) & (\boldsymbol{a}, \boldsymbol{b}\times\boldsymbol{c}) = -(\boldsymbol{a}, \boldsymbol{c}\times\boldsymbol{b}) \\
(4) & (\boldsymbol{a}, \boldsymbol{a}\times\boldsymbol{b}) = (\boldsymbol{b}, \boldsymbol{a}\times\boldsymbol{b}) = 0
\end{array}
\tag{1.51}
$$

(1) は $|A|$ の定義式を c_1, c_2, c_3 についてまとめれば出る. (2) は内積の対称性, (3) は外積の交代性より出る. (4) は外積の交代性と (1) より出る.

外積の幾何的性質　空間ベクトル $\boldsymbol{a}$, $\boldsymbol{b}$ の外積 $\boldsymbol{a}\times\boldsymbol{b}$ の第 3 成分 (z 成分) は, $\boldsymbol{a}$, $\boldsymbol{b}$ を 2 辺とする平行 4 辺形を xy 平面に直交射影した平行 4 辺形の符号付きの面積に等しいことが 次の様に分かる. $\boldsymbol{a} = (a_1, a_2, a_3)$, $\boldsymbol{b} = (b_1, b_2, b_3)$ を xy 平面に直交射影すると, $(a_1, a_2, 0)$, $(b_1, b_2, 0)$ になる. これら

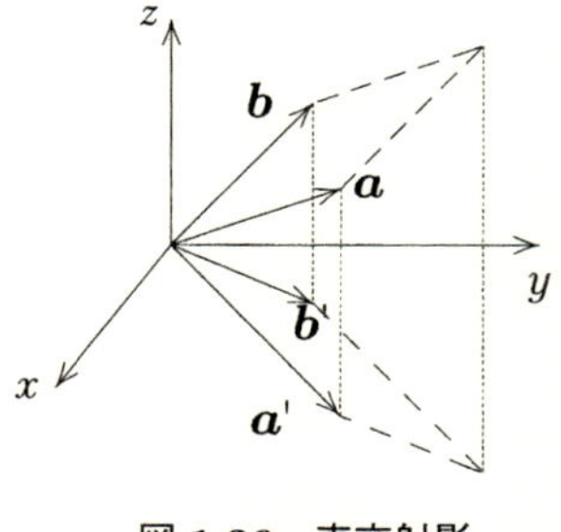

図 1.26　直交射影

を xy 平面上のベクトルとみなしたものを $\boldsymbol{a}' = (a_1, a_2)$, $\boldsymbol{b}' = (b_1, b_2)$ とすると, $\boldsymbol{a}', \boldsymbol{b}'$ の作る平行 4 辺形の符号付き面積は行列式 $a_1b_2 - a_2b_1$ で, これは $\boldsymbol{a} \times \boldsymbol{b}$ の第 3 成分に等しい. これは他の成分についても同様に成り立つ.

特に $\boldsymbol{a}, \boldsymbol{b}$ が $\boldsymbol{e}_1, \boldsymbol{e}_2$ の張る平面（xy-平面）上にあるとき, $a_3 = b_3 = 0$ より

$$(a_1, a_2, 0) \times (b_1, b_2, 0) = \left(0,\ 0,\ \begin{vmatrix} a_1 & a_2 \\ b_1 & b_2 \end{vmatrix}\right)$$

$\boldsymbol{a}, \boldsymbol{b}$ は xy 平面上のベクトル $\boldsymbol{a}', \boldsymbol{b}'$ を空間ベクトルとみなしたものであり, $\boldsymbol{a} \times \boldsymbol{b}$ の長さ $\|\boldsymbol{a} \times \boldsymbol{b}\| = |a_1b_2 - a_2b_1|$ は $\boldsymbol{a}', \boldsymbol{b}'$ を 2 辺とする平行 4 辺形の面積である. また, 行列式の符号は $\boldsymbol{a} \times \boldsymbol{b}$ が $\boldsymbol{e}_3$ 方向 (z 軸の正方向) を向くか負方向を向くかを定めている. 従って, $\{\boldsymbol{a}, \boldsymbol{b}\}$ が, $\{\boldsymbol{e}_1, \boldsymbol{e}_2\}$ と同じ向きのとき $\boldsymbol{e}_3$ 方向を向き, 逆向きのときは $-\boldsymbol{e}_3$ 方向を向く. 言い換えると $\{\boldsymbol{a}, \boldsymbol{b}, \boldsymbol{a} \times \boldsymbol{b}\}$ は右手系をなし, $\boldsymbol{a} \times \boldsymbol{b}$ は $\boldsymbol{a}$ から $\boldsymbol{b}$ に右ねじを回したときに進む方向を向いている.

一般にもこのことが成り立ち, $\{\boldsymbol{a}, \boldsymbol{b}\}$ が 1 次独立のとき,

(1) $\boldsymbol{a} \times \boldsymbol{b}$ は $\boldsymbol{a}, \boldsymbol{b}$ に直交し,

(2) $\{\boldsymbol{a}, \boldsymbol{b}, \boldsymbol{a} \times \boldsymbol{b}\}$ は右手系をなし,

(3) 長さは $\boldsymbol{a}, \boldsymbol{b}$ を 2 辺とする平行 4 辺形の面積に等しい

ことが次の様に示せる.

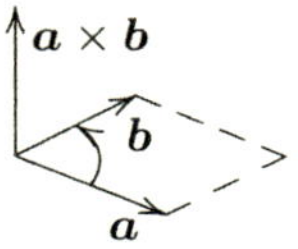

図 1.27 外積

(1): $(\boldsymbol{a}, \boldsymbol{a} \times \boldsymbol{b}) = 0,\ (\boldsymbol{b}, \boldsymbol{a} \times \boldsymbol{b}) = 0$ より成り立つ.

(2): 基底 $\{\boldsymbol{e}_1, \boldsymbol{e}_2, \boldsymbol{e}_3\}$ を回転して, $\{\boldsymbol{e}_1, \boldsymbol{e}_2\}$ が $\{\boldsymbol{a}, \boldsymbol{b}\}$ と同一平面上にあって同じ向きになるようにすると, 上述のことより右手系になる.

(3): $\boldsymbol{a}, \boldsymbol{b}$ を 2 辺とする平行 4 辺形の面積 S の 2 乗は (1.43) 式より

$$S^2 = \|\boldsymbol{a}\|^2\|\boldsymbol{b}\|^2 \sin^2\theta = \|\boldsymbol{a}\|^2\|\boldsymbol{b}\|^2 - (\boldsymbol{a}, \boldsymbol{b})^2$$

一方, $\boldsymbol{a} \times \boldsymbol{b}$ の長さの 2 乗は

$$\|\boldsymbol{a} \times \boldsymbol{b}\|^2 = (a_2b_3 - a_3b_2)^2 + (a_3b_1 - a_1b_3)^2 + (a_1b_2 - a_2b_1)^2$$
$$= (a_1^2 + a_2^2 + a_3^2)(b_1^2 + b_2^2 + b_3^2) - (a_1b_1 + a_2b_2 + a_3b_3)^2$$
$$= \|\boldsymbol{a}\|^2\|\boldsymbol{b}\|^2 - (\boldsymbol{a}, \boldsymbol{b})^2 = S^2 \quad \therefore\ \|\boldsymbol{a} \times \boldsymbol{b}\| = S$$

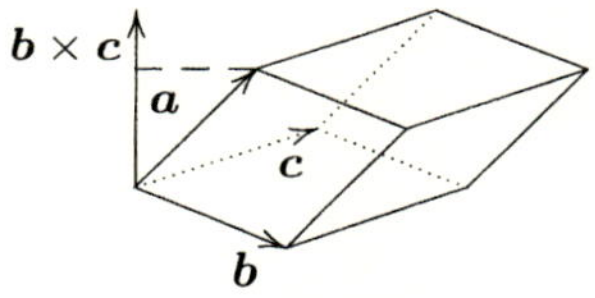

図 1.28　平行 6 面体

3 つの空間ベクトル $\boldsymbol{a}, \boldsymbol{b}, \boldsymbol{c}$ は 1 次独立のときに平行 6 面体を作り, $\boldsymbol{b}, \boldsymbol{c}$ の作る平行 4 辺形を底面と考えるとき, $(\boldsymbol{a}, \boldsymbol{b} \times \boldsymbol{c})$ の絶対値は底面の平行 4 辺形の面積に, $\boldsymbol{b}, \boldsymbol{c}$ に垂直な直線への $\boldsymbol{a}$ の正射影の長さ, すなわち $\boldsymbol{a}$ の高さを掛けたものになる.

従って, スカラー 3 重積 $(\boldsymbol{a}, \boldsymbol{b} \times \boldsymbol{c})$ ＝ 3 次の行列式 $|\boldsymbol{a}\,\boldsymbol{b}\,\boldsymbol{c}|$ は $\boldsymbol{a}, \boldsymbol{b}, \boldsymbol{c}$ の作る平行 6 面体の**符号付き体積**を表している. その符号は $\boldsymbol{a}, \boldsymbol{b}, \boldsymbol{c}$ が右手系のとき正, 左手系のとき負である.
また, $\boldsymbol{a}, \boldsymbol{b}, \boldsymbol{c}$ が 1 次従属のときは, これらは同一平面上にあって平行 6 面体を作らず, 体積 $= (\boldsymbol{a}, \boldsymbol{b} \times \boldsymbol{c}) = \det A = 0$ となる. 従って, 3 次の行列式について次が成り立つ.

$$\begin{aligned} &\text{行列式} \neq 0 \iff 3\text{ つの列ベクトルが }1\text{ 次独立} \\ &\text{行列式} = 0 \iff 3\text{ つの列ベクトルが }1\text{ 次従属} \end{aligned} \tag{1.52}$$

ベクトル 3 重積　ベクトル $\boldsymbol{a}, \boldsymbol{b}, \boldsymbol{c}$ について, $\boldsymbol{a} \times (\boldsymbol{b} \times \boldsymbol{c})$ は **ベクトル 3 重積** といわれる. これについては,

$$\boldsymbol{a} \times (\boldsymbol{b} \times \boldsymbol{c}) = (\boldsymbol{a}, \boldsymbol{c})\boldsymbol{b} - (\boldsymbol{a}, \boldsymbol{b})\boldsymbol{c}$$

が成り立つことが各成分を計算することにより分かる. また, 一般には結合法則をみたさないことが次の式より分かる:

$$(\boldsymbol{a} \times \boldsymbol{b}) \times \boldsymbol{c} = -\boldsymbol{c} \times (\boldsymbol{a} \times \boldsymbol{b}) = -(\boldsymbol{c}, \boldsymbol{b})\boldsymbol{a} + (\boldsymbol{c}, \boldsymbol{a})\boldsymbol{b}$$

1.3.6　内分点, 外分点とその座標

(1)　内分点, 外分点のベクトル表示

実数 $m, n\ (m + n \neq 0)$ に対し 2 点 A, B を結ぶ線分 AB を $m : n$ の比に **分ける点** P とは

$$n\overrightarrow{\mathrm{AP}} = m\overrightarrow{\mathrm{PB}} \quad \text{すなわち} \quad \overrightarrow{\mathrm{AP}} : \overrightarrow{\mathrm{PB}} = m : n \tag{1.53}$$

が成り立つ点 P のことをいう．このとき, P は A と B を結ぶ直線上にある．

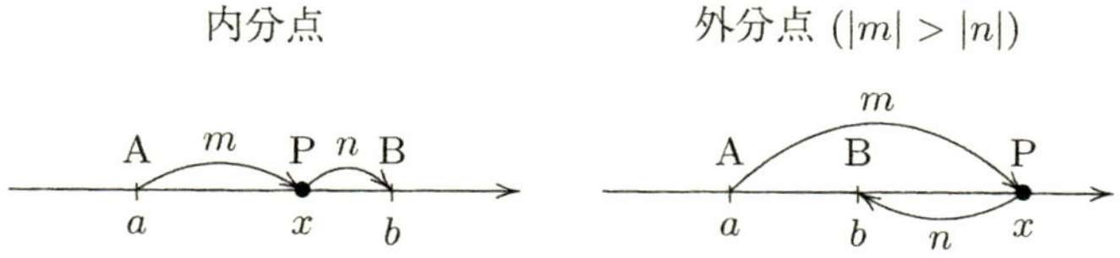

$m:n = -m:-n$ だから 図の様に m と n が同符号のとき P は A と B の間にあり, P は AB を **内分**するという．また, m と n が異符号のとき P は線分 AB を延長した直線上にあり, P は AB を**外分**するという．

($m+n=0$ のときは, $m:-m=1:-1$ より $\overrightarrow{\mathrm{AP}} = -\overrightarrow{\mathrm{PB}} = \overrightarrow{\mathrm{BP}}$．従って, $\mathrm{A} \neq \mathrm{B}$ のときは P は無限遠点であり，$\mathrm{A}=\mathrm{B}$ のときは P は任意の点となる.)

1 点 O を定め, O に対する A, B の位置ベクトルをそれぞれ $\boldsymbol{a}$, $\boldsymbol{b}$ とするとき AB を $m:n$ に分ける点 P の位置ベクトル $\boldsymbol{p}$ を求めてみよう．

$$\overrightarrow{\mathrm{AP}} = \boldsymbol{p} - \boldsymbol{a}, \quad \overrightarrow{\mathrm{PB}} = \boldsymbol{b} - \boldsymbol{p}, \quad n\overrightarrow{\mathrm{AP}} = m\overrightarrow{\mathrm{PB}}$$

より $n(\boldsymbol{p}-\boldsymbol{a}) = m(\boldsymbol{b}-\boldsymbol{p})$．よって $(m+n)\boldsymbol{p} = n\boldsymbol{a} + m\boldsymbol{b}$．$m+n \neq 0$ より

$$\boldsymbol{p} = \frac{n\boldsymbol{a} + m\boldsymbol{b}}{m+n} \tag{1.54}$$

が成り立つ．

これより, $m=0$ のときは $\mathrm{P}=\mathrm{A}$ であり, $n=0$ のときは $\mathrm{P}=\mathrm{B}$ である．$m=n$ のときは $m:n=1:1$ より P は AB の中点であり, その位置ベクトルは

$$\boldsymbol{p} = \frac{\boldsymbol{a} + \boldsymbol{b}}{2} \tag{1.55}$$

(1.54) 式において $\dfrac{m}{m+n} = t = t_1, \quad \dfrac{n}{m+n} = 1 - t = t_0$ とおけば

$$\boldsymbol{p} = t_0\boldsymbol{a} + t_1\boldsymbol{b} = (1-t)\boldsymbol{a} + t\boldsymbol{b} \quad (t_0 + t_1 = 1) \tag{1.56}$$

と表される．(t_0, t_1) を $\mathrm{P}(\boldsymbol{p})$ の **重心座標** という．

この右辺を変形して $\boldsymbol{d} = \boldsymbol{b} - \boldsymbol{a} = \overrightarrow{\mathrm{AB}}$ とおいて

$$\overrightarrow{\mathrm{OP}} = \boldsymbol{a} + t(\boldsymbol{b} - \boldsymbol{a}) = \overrightarrow{\mathrm{OA}} + t\,\overrightarrow{\mathrm{AB}}, \qquad \boldsymbol{p} = \boldsymbol{a} + t\boldsymbol{d} \tag{1.57}$$

と表せば P は $0 \leq t \leq 1$ のとき **線分** AB 上にあり, $1 < t$ のとき AB を B 側に延長した直線上にあり, $t < 0$ のとき AB を A 側に延長した直線上にあることが分かる．この式 (1.57) は直線 AB の**ベクトル表示**, **パラメータ（媒介変数）表示**, あるいは **直線 AB のベクトル方程式**といわれる．また, ベクトル $\boldsymbol{d}$ を直線 AB の**方向ベクトル** という．

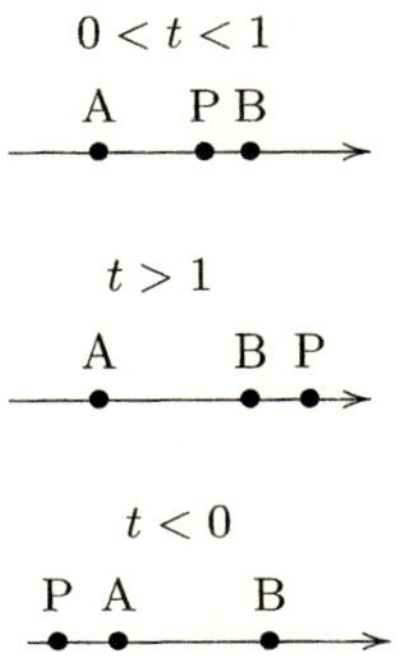

図 1.29　P の位置

正の実数 m, n が与えられたとき, 点 P が AB を $m : n$ に**内分**する点であるとは P が AB を $m : n$ の比に分ける点のことであり, P が AB を $m : n$ に **外分** する点であるとは P が AB を $m : -n$ ($= -m : n$) の比に分ける点のことである．この用語では, 内分点は上式 (1.54) で与えられ, 外分点は $m \neq n$ のとき, 次式で与えられる．

$$\boldsymbol{p} = \frac{-n\boldsymbol{a} + m\boldsymbol{b}}{m - n} = \frac{n\boldsymbol{a} - m\boldsymbol{b}}{-m + n} \tag{1.58}$$

(2)　内分点, 外分点の座標

2 点 A($\boldsymbol{a}$), B($\boldsymbol{b}$) を $m : n$ に分ける点の座標は上式 (1.54)

$$\boldsymbol{p} = \frac{n\boldsymbol{a} + m\boldsymbol{b}}{m + n}$$

に成分を代入すれば得られる．成分による和, スカラー倍の演算は式 (1.20), (1.18), (1.16) により, 成分ごとに計算すれば良い．これらは一般に斜交座標系で成り立つ．中点の座標や, m, n が正で $m \neq n$ のときの外分点の座標も上式 (1.55), (1.58) を用いて同様に計算され, 次を得る．

直線上の内分点, 外分点の座標　直線上に座標系 {O; E} が与えられ, A(a), B(b) とするとき AB を $m : n$ に分ける点 P の座標 x は

$$x = \frac{na + mb}{m + n} \tag{1.59}$$

中点の座標は

$$x = \frac{a+b}{2} \tag{1.60}$$

m, n が正で $m \neq n$ のとき 外分点の座標は

$$x = \frac{-na+mb}{m-n} = \frac{na-mb}{-m+n} \tag{1.61}$$

平面上の内分点, 外分点の座標　平面上の斜交座標系による 2 点 A, B の座標を $\mathrm{A}(a_1, a_2)$, $\mathrm{B}(b_1, b_2)$ とするとき, AB を $m:n$ に分ける点 P の座標 (x, y) は

$$x = \frac{na_1+mb_1}{m+n}, \quad y = \frac{na_2+mb_2}{m+n} \tag{1.62}$$

中点の座標 (x, y) は

$$x = \frac{a_1+b_1}{2}, \quad y = \frac{a_2+b_2}{2} \tag{1.63}$$

m, n が正で $m \neq n$ のとき 外分点の座標 (x, y) は

$$x = \frac{-na_1+mb_1}{m-n} = \frac{na_1-mb_1}{-m+n}, \quad y = \frac{-na_2+mb_2}{m-n} = \frac{na_2-mb_2}{-m+n} \tag{1.64}$$

空間内の内分点, 外分点の座標　空間に斜交座標系が与えられたとき, 2 点 $\mathrm{A}(a_1, a_2, a_3)$, $\mathrm{B}(b_1, b_2, b_3)$ を $m:n$ に分ける点 P の座標 (x, y, z) は

$$x = \frac{na_1+mb_1}{m+n}, \quad y = \frac{na_2+mb_2}{m+n}, \quad z = \frac{na_3+mb_3}{m+n} \tag{1.65}$$

中点の座標 (x, y, z) は

$$x = \frac{a_1+b_1}{2}, \quad y = \frac{a_2+b_2}{2}, \quad z = \frac{a_3+b_3}{2} \tag{1.66}$$

m, n が正で $m \neq n$ のとき 外分点の座標 (x, y, z) は

$$x = \frac{-na_1+mb_1}{m-n}, \quad y = \frac{-na_2+mb_2}{m-n}, \quad z = \frac{-na_3+mb_3}{m-n} \tag{1.67}$$

調和点列　直線上の異なる 4 点 A, B, P, Q について, P が AB を $m:n$ に内分し, Q が AB を同じ比に外分するとき, A, B, P, Q を **調和点列** といい, P, Q は A, B を **調和に分ける** という. また, 2 点 P, Q は 2 点 A, B について **調和共役** な点であるという. ただし, $m, n > 0,\ m \neq n$ とする.

直線上のベクトルの基底 $\boldsymbol{e}$ をとり, $\overrightarrow{\mathrm{AP}}, \overrightarrow{\mathrm{PB}}$ などの成分を AP, PB などと表す. このとき, これらは 0 でない実数だから

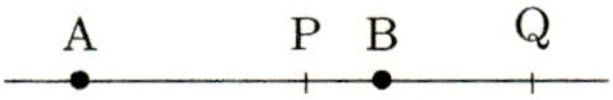

図 1.30　調和点列

$\mathrm{AP}:\mathrm{PB} = m:n, \quad \mathrm{AQ}:\mathrm{QB} = m:-n$ より

$$\frac{\mathrm{PB}}{\mathrm{AP}} = \frac{n}{m} = \frac{-\mathrm{QB}}{\mathrm{AQ}}$$

また, $\mathrm{PB} = \mathrm{AB} - \mathrm{AP},\ \mathrm{QB} = \mathrm{AB} - \mathrm{AQ}$ より

$$0 = \frac{\mathrm{PB}}{\mathrm{AP}} + \frac{\mathrm{QB}}{\mathrm{AQ}} = \frac{\mathrm{AB}-\mathrm{AP}}{\mathrm{AP}} + \frac{\mathrm{AB}-\mathrm{AQ}}{\mathrm{AQ}} = \mathrm{AB}\left(\frac{1}{\mathrm{AP}} + \frac{1}{\mathrm{AQ}}\right) - 2$$

従って

$$\frac{1}{2}\left(\frac{1}{\mathrm{AP}} + \frac{1}{\mathrm{AQ}}\right) = \frac{1}{\mathrm{AB}} \tag{1.68}$$

となり AB は AP と AQ の**調和平均** (逆数同士が相加平均の関係) となる.

逆に, AB が AP と AQ の調和平均であるとき, 上の式を逆にたどれば $\mathrm{AP}:\mathrm{PB} = \mathrm{AQ}:-\mathrm{QB}$ となり, 4 点 A, B, P, Q は調和点列となる.

このとき, $\mathrm{PB}\cdot\mathrm{AQ} = -\mathrm{AP}\cdot\mathrm{QB}$ と $\mathrm{PA} = -\mathrm{AP},\ \mathrm{BQ} = -\mathrm{QB}$ より $\mathrm{PB}:\mathrm{BQ} = -\mathrm{PA}:\mathrm{AQ}$ となり, A, B は P, Q を調和に分けている.

注意 2　直線上の異なる 4 点 A, B, P, Q について,

$$\frac{\mathrm{AP}}{\mathrm{PB}} : \frac{\mathrm{AQ}}{\mathrm{QB}} \quad \left(\text{または } \frac{\mathrm{AP}}{\mathrm{PB}} \Big/ \frac{\mathrm{AQ}}{\mathrm{QB}}\right) \quad \text{を} \quad (\mathrm{AB}, \mathrm{PQ}) \tag{1.69}$$

で表し, 4 点 A, B, P, Q の **複比**, または, **非調和比** という.

$$(\mathrm{AB}, \mathrm{PQ}) = -1$$

のとき, この 4 点は調和点列になる.

1.4　その他の座標系

デカルト座標系以外によく用いられる座標系として極座標系がある．ここでは平面の極座標, 空間の極座標, および平面極座標と直交座標の折衷である空間の円柱座標について述べる．

1.4.1　平面の極座標

平面上に 1 点 O と O を端点とする半直線 ℓ を定めると, 平面上の点 P は, OP の長さ r と半直線 ℓ から OP に向かって計った角 θ の対 (r,θ) により定まる．この対 (r,θ) を点 P の **極座標**, 対 (r,θ) と平面上の点 P の対応を **極座標系** といい, r を **動径**, θ を **偏角**, 定点 O を **極**, 半直線 ℓ を **始線**, または **基線** という．なお, 極 O の極座標は θ を任意の実数として $(0,\theta)$ と定める．

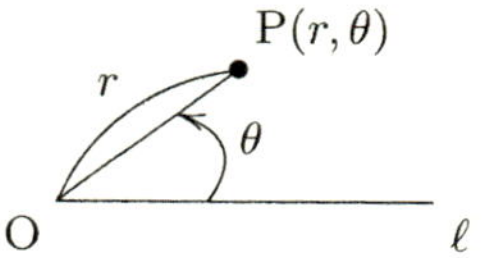

図 1.31　平面極座標

偏角は弧度法で表し,

$$r \geqq 0, \quad -\infty < \theta < \infty \tag{1.70}$$

の範囲で考える．この場合, 極座標 (r,θ) を与えれば点 P は定まるが, (r,θ), $(r,\theta \pm 2\pi)$, $(r,\theta \pm 4\pi), \ldots$ はすべて同じ点を表す．しかし θ の範囲を制限し,

$$r \geqq 0, \quad 0 \leqq \theta < 2\pi$$

に限れば 点 P は唯 1 つに定まる．にも拘らず, $-\infty < \theta < \infty$ の範囲で考えておくと便利なことが多い．

平面上に直交座標系が与えられた場合, 極 O を原点, 始線 ℓ を x 軸の正の部分とすると, 点 P の直交座標 (x,y) と極座標 (r,θ) には次の関係がある．

$$x = r\cos\theta, \quad y = r\sin\theta \tag{1.71}$$

$$r = \sqrt{x^2+y^2}, \quad r \neq 0 \text{ のとき } \cos\theta = \frac{x}{r},\ \sin\theta = \frac{y}{r} \ \left(\tan\theta = \frac{y}{x}\right) \tag{1.72}$$

1.4.2　空間の円柱座標

空間の直交座標 (x, y, z) において, xy 平面上の座標を極座標に置き換えたものが円柱座標であり, (r, θ, z) で表される. すなわち, P の xy 平面への直交射影を Q とし, 原点 O と点 Q の距離 $\overline{\mathrm{OQ}}$ を r, x 軸と OQ のなす角 $\angle x\mathrm{OQ}$ を θ とする. r, θ, z のとる値の範囲は

$$r \geqq 0, \quad 0 \leqq \theta < 2\pi, \quad -\infty < z < \infty$$

直交座標 (x, y, z) との関係は

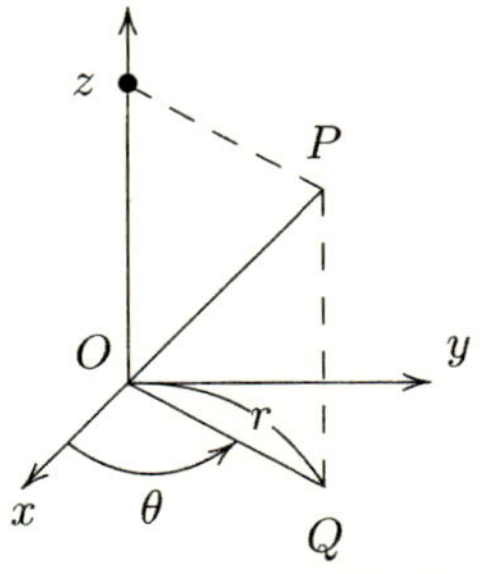

図 1.32　円柱座標

$$x = r\cos\theta, \quad y = r\sin\theta, \quad z \text{ は共通} \tag{1.73}$$

1.4.3　空間極座標

空間の 1 点 P の極座標は, まず直交座標系を定め P の xy 平面への直交射影を Q とする. このとき, 原点 O と点 P の距離 $r = \overline{\mathrm{OP}}$, z 軸と線分 OP のなす角 $\theta = \angle z\mathrm{OP}$, x 軸と OQ のなす角 $\phi = \angle x\mathrm{OQ}$ の組 (r, θ, ϕ) を点 P の極座標という. r を **動径**, θ を **天頂角**, ϕ を **方位角** という. 通常これらの値のとる範囲は

$$r \geqq 0, \ 0 \leqq \theta \leqq \pi, \ -\pi \leqq \phi \leqq \pi, \text{ または } 0 \leqq \phi \leqq 2\pi$$

直交座標 (x, y, z) との関係は

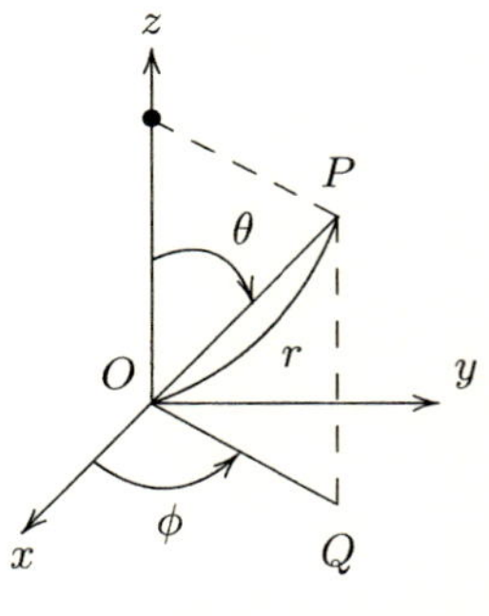

図 1.33　空間極座標

$$x = r\sin\theta\cos\phi, \quad y = r\sin\theta\sin\phi, \quad z = r\cos\theta \tag{1.74}$$

第2章
座標変換と点変換

2.1　座標変換

座標幾何学において図形はその点の座標に関する方程式や不等式で表される．ある座標系で与えられた方程式が他の座標系を用いると簡単になり，従って 図形の性質を調べ易くなることも少なくない．この様に座標をかえることを **座標変換** という．これは与えられた図形をなるべく簡潔な式で表せる様に座標系を設定することに相当する．

この節ではまず一般的な斜交座標系の変換について述べ，次いでよく用いられる直交座標系の変換について述べる．なお，この章では行列や行列式を多用するので第 1 章 1.3.5 節や第 6 章を適宜参考にして頂きたい．

2.1.1　斜交座標系の変換

斜交座標系の座標変換を考える上では 座標系は原点とベクトルの基底の組 $\{\mathrm{O}; \boldsymbol{e}_1, \boldsymbol{e}_2, \boldsymbol{e}_3\}$，$\{\mathrm{O}'; \boldsymbol{e}'_1, \boldsymbol{e}'_2, \boldsymbol{e}'_3\}$ などとして表す．また，点の座標やベクトルの成分 (a_1, a_2) や (x, y, z) などは列ベクトルとして表示して

$$\boldsymbol{a} = \begin{pmatrix} a_1 \\ a_2 \end{pmatrix}, \qquad \boldsymbol{x} = \begin{pmatrix} x \\ y \\ z \end{pmatrix}$$

などとも表す．

原点 O, O′ と点 P について次のベクトルの関係がある:

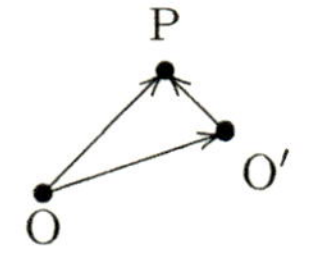

図 **2.1**　座標変換

$$\overrightarrow{\mathrm{OP}} = \overrightarrow{\mathrm{OO'}} + \overrightarrow{\mathrm{O'P}} = \overrightarrow{\mathrm{O'P}} + \overrightarrow{\mathrm{OO'}} \tag{2.1}$$

この式を 2 つの座標系の基底に関する成分で表して比較すれば座標変換の式が得られる.

(1)　平面上の斜交座標系の変換

平面上の斜交座標系 $\{\mathrm{O}; \boldsymbol{e}_1, \boldsymbol{e}_2\}$ から斜交座標系 $\{\mathrm{O}'; \boldsymbol{e}'_1, \boldsymbol{e}'_2\}$ への変換は, 原点の移動

$$\{\mathrm{O}; \boldsymbol{e}_1, \boldsymbol{e}_2\} \quad \text{から} \quad \{\mathrm{O}'; \boldsymbol{e}_1, \boldsymbol{e}_2\}$$

と ベクトルの基底の変換

$$\{\mathrm{O}'; \boldsymbol{e}_1, \boldsymbol{e}_2\} \quad \text{から} \quad \{\mathrm{O}'; \boldsymbol{e}'_1, \boldsymbol{e}'_2\}$$

とに分解して考える.

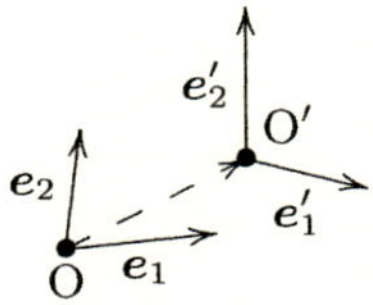

図 2.2　座標変換 2

平行移動　座標系の基底を変えず, 原点のみ移動する変換を**平行移動**という.

このとき (2.1) 式　$\overrightarrow{\mathrm{OP}} = \overrightarrow{\mathrm{O'P}} + \overrightarrow{\mathrm{OO'}}$　を 1 つの基底 $\{\boldsymbol{e}_1, \boldsymbol{e}_2\}$ に関して成分で表せばよい.

従って, $\overrightarrow{\mathrm{OO'}}$ を $\{\boldsymbol{e}_1, \boldsymbol{e}_2\}$ で表して,

$$\overrightarrow{\mathrm{OO'}} = d_1\boldsymbol{e}_1 + d_2\boldsymbol{e}_2 = (d_1, d_2)$$

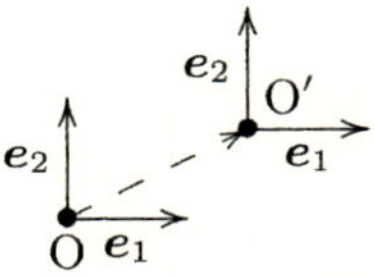

図 2.3　平行移動

とし, 点 P の 2 つの座標系に関する座標をそれぞれ (x, y), (x', y') とすると,

$$\overrightarrow{\mathrm{OP}} = x\boldsymbol{e}_1 + y\boldsymbol{e}_2, \quad \overrightarrow{\mathrm{O'P}} = x'\boldsymbol{e}_1 + y'\boldsymbol{e}_2, \quad \overrightarrow{\mathrm{OP}} = \overrightarrow{\mathrm{O'P}} + \overrightarrow{\mathrm{OO'}} \quad \text{より}$$

$$x\boldsymbol{e}_1 + y\boldsymbol{e}_2 = (x' + d_1)\boldsymbol{e}_1 + (y' + d_2)\boldsymbol{e}_2$$

両辺のベクトルの $\boldsymbol{e}_1, \boldsymbol{e}_2$ に関する成分はそれぞれ等しいので, 両辺を比較して

$$\left\{\begin{array}{rcl} x &=& x' + d_1 \\ y &=& y' + d_2 \end{array}\right. \qquad \begin{pmatrix} x \\ y \end{pmatrix} = \begin{pmatrix} x' \\ y' \end{pmatrix} + \begin{pmatrix} d_1 \\ d_2 \end{pmatrix} \tag{2.2}$$

を得る. これらは次の様にも表せる:

$$\boldsymbol{x} = \begin{pmatrix} x \\ y \end{pmatrix}, \quad \boldsymbol{x}' = \begin{pmatrix} x' \\ y' \end{pmatrix}, \quad \boldsymbol{d} = \begin{pmatrix} d_1 \\ d_2 \end{pmatrix} \quad \text{として} \quad \boldsymbol{x} = \boldsymbol{x}' + \boldsymbol{d} \tag{2.3}$$

平面上の基底の変換　次に基底の変換式を求める．

基底 $\{\boldsymbol{e}'_1, \boldsymbol{e}'_2\}$ を基底 $\{\boldsymbol{e}_1, \boldsymbol{e}_2\}$ で表して，行列の積の形に表すと

$$\begin{cases} \boldsymbol{e}'_1 = a_1\boldsymbol{e}_1 + b_1\boldsymbol{e}_2 \\ \boldsymbol{e}'_2 = a_2\boldsymbol{e}_1 + b_2\boldsymbol{e}_2 \end{cases}, \quad (\boldsymbol{e}'_1\ \boldsymbol{e}'_2) = (\boldsymbol{e}_1\ \boldsymbol{e}_2)\begin{pmatrix} a_1 & a_2 \\ b_1 & b_2 \end{pmatrix} \tag{2.4}$$

$$A = \begin{pmatrix} a_1 & a_2 \\ b_1 & b_2 \end{pmatrix} \quad \text{とおくと} \quad (\boldsymbol{e}'_1\ \boldsymbol{e}'_2) = (\boldsymbol{e}_1\ \boldsymbol{e}_2)A \tag{2.5}$$

と表せる．この行列 A を **基底 $\{\boldsymbol{e}_1, \boldsymbol{e}_2\}$ から $\{\boldsymbol{e}'_1, \boldsymbol{e}'_2\}$ への変換行列**，**基底変換の行列**，あるいは **基底の取替え行列** という．変換行列 A は基底 $\{\boldsymbol{e}_1, \boldsymbol{e}_2\}$ に関して $\boldsymbol{e}'_1, \boldsymbol{e}'_2$ を列ベクトルとして成分表示したものである．すなわち

$$\boldsymbol{e}'_1 = \begin{pmatrix} a_1 \\ b_1 \end{pmatrix}, \ \boldsymbol{e}'_2 = \begin{pmatrix} a_2 \\ b_2 \end{pmatrix}, \quad (\boldsymbol{e}'_1\ \boldsymbol{e}'_2) = \begin{pmatrix} a_1 & a_2 \\ b_1 & b_2 \end{pmatrix} = A$$

この行列 A の行列式 $|A|$ を **座標変換の行列式** とよぶ．$\{\boldsymbol{e}'_1, \boldsymbol{e}'_2\}$ は 1 次独立なので $|A|$ は 0 でない．$|A| > 0$ のときは $\{\boldsymbol{e}_1, \boldsymbol{e}_2\}$ と $\{\boldsymbol{e}'_1, \boldsymbol{e}'_2\}$ の向きは同じであり，$|A| < 0$ のときは逆になる．(1.3.5 節 (1).)

逆変換も同様に，基底 $\{\boldsymbol{e}_1, \boldsymbol{e}_2\}$ を基底 $\{\boldsymbol{e}'_1, \boldsymbol{e}'_2\}$ で表して，

$$\boldsymbol{e}_1 = a'_1\boldsymbol{e}'_1 + b'_1\boldsymbol{e}'_2, \quad \boldsymbol{e}_2 = a'_2\boldsymbol{e}'_1 + b'_2\boldsymbol{e}'_2 \tag{2.6}$$

これらを成分で表して行列を用いて表示すると

$$(\boldsymbol{e}_1\ \boldsymbol{e}_2) = (\boldsymbol{e}'_1\ \boldsymbol{e}'_2)A', \quad A' = \begin{pmatrix} a'_1 & a'_2 \\ b'_1 & b'_2 \end{pmatrix} \tag{2.7}$$

A と A' の関係は (2.6) 式に (2.4) 式を代入することにより，

$$\begin{aligned} a'_1a_1 + b'_1a_2 &= 1, & a'_2a_1 + b'_2a_2 &= 0, \\ a'_1b_1 + b'_1b_2 &= 0, & a'_2b_1 + b'_2b_2 &= 1. \end{aligned}$$

これらを行列表示すると右辺は単位行列 E, 左辺は行列の積で表せて

$$\begin{pmatrix} a_1'a_1 + b_1'a_2 & a_2'a_1 + b_2'a_2 \\ a_1'b_1 + b_1'b_2 & a_2'b_1 + b_2'b_2 \end{pmatrix} = \begin{pmatrix} a_1 & a_2 \\ b_1 & b_2 \end{pmatrix}\begin{pmatrix} a_1' & a_2' \\ b_1' & b_2' \end{pmatrix} = AA' \tag{2.8}$$

よって，　$AA' = E$.　同様に　$A'A = E$　を得る．一般にこの関係が成り立つとき, A は **正則行列** であるという．また, A' は A の **逆行列** であるといい，A' を A^{-1} と表す．すなわち $A' = A^{-1}$. なお, A' の逆行列は A である．

平面上の斜交座標系の変換　平面上の斜交座標系 $\{\mathrm{O}; \boldsymbol{e}_1, \boldsymbol{e}_2\}$ から $\{\mathrm{O}'; \boldsymbol{e}_1', \boldsymbol{e}_2'\}$ への変換は, ベクトルの基底の変換と原点の平行移動を合わせて行えばよい．

$\overrightarrow{\mathrm{OO'}}$ を $\{\boldsymbol{e}_1, \boldsymbol{e}_2\}$ で表して，　$\overrightarrow{\mathrm{OO'}} = d_1\boldsymbol{e}_1 + d_2\boldsymbol{e}_2$

点 P の 2 つの座標系に関する座標をそれぞれ (x, y), (x', y') とすると,

$$\overrightarrow{\mathrm{OP}} = x\boldsymbol{e}_1 + y\boldsymbol{e}_2, \quad \overrightarrow{\mathrm{O'P}} = x'\boldsymbol{e}_1' + y'\boldsymbol{e}_2'$$

(2.1) 式　$\overrightarrow{\mathrm{OP}} = \overrightarrow{\mathrm{O'P}} + \overrightarrow{\mathrm{OO'}}$　に代入して

$$\begin{aligned} x\boldsymbol{e}_1 + y\boldsymbol{e}_2 &= d_1\boldsymbol{e}_1 + d_2\boldsymbol{e}_2 + x'(a_1\boldsymbol{e}_1 + b_1\boldsymbol{e}_2) + y'(a_2\boldsymbol{e}_1 + b_2\boldsymbol{e}_2) \\ &= (a_1x' + a_2y' + d_1)\boldsymbol{e}_1 + (b_1x' + b_2y' + d_2)\boldsymbol{e}_2 \end{aligned}$$

両辺を比較して

$$\begin{cases} x = a_1x' + a_2y' + d_1 \\ y = b_1x' + b_2y' + d_2 \end{cases} \tag{2.9}$$

を得る．これを平面上の **座標変換の式** という．これは

$$\boldsymbol{x} = A\boldsymbol{x}' + \boldsymbol{d} \tag{2.10}$$

とも表せる．ここで A は前述の基底変換の行列である．

逆変換の式は, $\overrightarrow{\mathrm{O'O}}$ の $\{\boldsymbol{e}_1', \boldsymbol{e}_2'\}$ に関する成分を列ベクトル $\boldsymbol{d}'$ で表せば, $\boldsymbol{x}' = A'\boldsymbol{x} + \boldsymbol{d}'$ が得られ, (2.10) 式に左から逆行列 $A' = A^{-1}$ を掛ければ

$$\boldsymbol{d}' = -A^{-1}\boldsymbol{d}, \qquad \boldsymbol{x}' = A^{-1}\boldsymbol{x} - A^{-1}\boldsymbol{d} \tag{2.11}$$

なお, 直線上の座標系 $\{\mathrm{O}; \boldsymbol{e}\}$, $\{\mathrm{O}'; \boldsymbol{e}_1'\}$ の間の変換も $\boldsymbol{e}_1' = a\boldsymbol{e}$, $\overrightarrow{\mathrm{OO}}' = d\boldsymbol{e}$, $\overrightarrow{\mathrm{OP}} = x\boldsymbol{e}$, $\overrightarrow{\mathrm{O'P}} = x'\boldsymbol{e}'$ とすれば　$x = ax' + d$　と表される．

(2)　空間の斜交座標系の変換

空間の斜交座標系 $\{\mathrm{O}; \boldsymbol{e}_1, \boldsymbol{e}_2, \boldsymbol{e}_3\}$, $\{\mathrm{O}'; \boldsymbol{e}_1', \boldsymbol{e}_2', \boldsymbol{e}_3'\}$ についても平面の場合と同様に原点の移動とベクトルの基底の変換に分けて考える.

空間の座標系の平行移動　空間の斜交座標系の平行移動は座標系 $\{\mathrm{O}; \boldsymbol{e}_1, \boldsymbol{e}_2, \boldsymbol{e}_3\}$ から $\{\mathrm{O}'; \boldsymbol{e}_1, \boldsymbol{e}_2, \boldsymbol{e}_3\}$ への変換であり, 平面のときと同様にして点 P の 2 つの座標系に関する座標をそれぞれ $\boldsymbol{x} = (x, y, z)$, $\boldsymbol{x}' = (x', y', z')$ とし, $\boldsymbol{d} = \overrightarrow{\mathrm{OO}'}$ を $\{\boldsymbol{e}_1, \boldsymbol{e}_2, \boldsymbol{e}_3\}$ に関する成分で表して $\boldsymbol{d} = \overrightarrow{\mathrm{OO}'} = (d_1, d_2, d_3)$ とすれば $\overrightarrow{\mathrm{OP}} = \overrightarrow{\mathrm{O'P}} + \overrightarrow{\mathrm{OO}'}$ より次の平行移動の式を得る.

$$\left\{\begin{array}{lcl} x &=& x' + d_1, \\ y &=& y' + d_2, \\ z &=& z' + d_3. \end{array}\right. , \quad \begin{pmatrix} x \\ y \\ z \end{pmatrix} = \begin{pmatrix} x' \\ y' \\ z' \end{pmatrix} + \begin{pmatrix} d_1 \\ d_2 \\ d_3 \end{pmatrix} \tag{2.12}$$

この式を列ベクトルで表せば　$\boldsymbol{x} = \boldsymbol{x}' + \boldsymbol{d}$.

空間の基底の変換　基底 $\{\boldsymbol{e}_1', \boldsymbol{e}_2', \boldsymbol{e}_3'\}$ を $\{\boldsymbol{e}_1, \boldsymbol{e}_2, \boldsymbol{e}_3\}$ で表して, 行列表示すると

$$\left\{\begin{array}{lcl} \boldsymbol{e}_1' &=& a_1\boldsymbol{e}_1 + b_1\boldsymbol{e}_2 + c_1\boldsymbol{e}_3 \\ \boldsymbol{e}_2' &=& a_2\boldsymbol{e}_1 + b_2\boldsymbol{e}_2 + c_2\boldsymbol{e}_3 \\ \boldsymbol{e}_3' &=& a_3\boldsymbol{e}_1 + b_3\boldsymbol{e}_2 + c_3\boldsymbol{e}_3 \end{array}\right. , \quad A = \begin{pmatrix} a_1 & a_2 & a_3 \\ b_1 & b_2 & b_3 \\ c_1 & c_2 & c_3 \end{pmatrix} \quad (|A| \neq 0) \tag{2.13}$$

$$(\boldsymbol{e}_1'\ \boldsymbol{e}_2'\ \boldsymbol{e}_3') = (\boldsymbol{e}_1\ \boldsymbol{e}_2\ \boldsymbol{e}_3) \begin{pmatrix} a_1 & a_2 & a_3 \\ b_1 & b_2 & b_3 \\ c_1 & c_2 & c_3 \end{pmatrix} = (\boldsymbol{e}_1\ \boldsymbol{e}_2\ \boldsymbol{e}_3)A \tag{2.14}$$

ここで A は空間の**基底** $\{\boldsymbol{e}_1, \boldsymbol{e}_2, \boldsymbol{e}_3\}$ から $\{\boldsymbol{e}_1', \boldsymbol{e}_2', \boldsymbol{e}_3'\}$ への**基底の変換行列** (**基底変換の行列**) であり, $\boldsymbol{e}_1', \boldsymbol{e}_2', \boldsymbol{e}_3'$ を列ベクトルとして成分表示したものである.

この行列式 $|A|$ も $\{\boldsymbol{e}_1', \boldsymbol{e}_2', \boldsymbol{e}_3'\}$ が 1 次独立であることから 0 でない. $|A| > 0$ のときは 2 つの基底の向きは同じであり, $|A| < 0$ のときは 逆向きになる.

逆変換も平面の場合と同様に, $(\boldsymbol{e}_1\ \boldsymbol{e}_2\ \boldsymbol{e}_3) = (\boldsymbol{e}_1'\ \boldsymbol{e}_2'\ \boldsymbol{e}_3')A'$ と表され, A' は A の逆行列 A^{-1} である.

空間の斜交座標系の変換　点 P の 2 つの座標系に関する座標をそれぞれ $\boldsymbol{x} = (x, y, z)$, $\boldsymbol{x}' = (x', y', z')$ とし, $\overrightarrow{\mathrm{OO'}}$ を $\{\boldsymbol{e}_1, \boldsymbol{e}_2, \boldsymbol{e}_3\}$ で表すと,

$$\begin{array}{lcccccc} \overrightarrow{\mathrm{OP}} & = & x\boldsymbol{e}_1 & + & y\boldsymbol{e}_2 & + & z\boldsymbol{e}_3 \\ \overrightarrow{\mathrm{O'P}} & = & x'\boldsymbol{e}'_1 & + & y'\boldsymbol{e}'_2 & + & z'\boldsymbol{e}'_3 \\ \overrightarrow{\mathrm{OO'}} & = & d_1\boldsymbol{e}_1 & + & d_2\boldsymbol{e}_2 & + & d_3\boldsymbol{e}_3 \end{array} \tag{2.15}$$

これらを $\overrightarrow{\mathrm{OP}} = \overrightarrow{\mathrm{O'P}} + \overrightarrow{\mathrm{OO'}}$ に代入して

$$\begin{aligned} x\boldsymbol{e}_1 + y\boldsymbol{e}_2 + z\boldsymbol{e}_3 &= x'(a_1\boldsymbol{e}_1 + b_1\boldsymbol{e}_2 + c_1\boldsymbol{e}_3) + y'(a_2\boldsymbol{e}_1 + b_2\boldsymbol{e}_2 + c_2\boldsymbol{e}_3) \\ &\quad + z'(a_3\boldsymbol{e}_1 + b_3\boldsymbol{e}_2 + c_3\boldsymbol{e}_3) + d_1\boldsymbol{e}_1 + d_2\boldsymbol{e}_2 + d_3\boldsymbol{e}_3 \end{aligned}$$

両辺のベクトルの $\{\boldsymbol{e}_1, \boldsymbol{e}_2, \boldsymbol{e}_3\}$ についての成分を比較して

$$\left\{\begin{array}{l} x = a_1x' + a_2y' + a_3z' + d_1 \\ y = b_1x' + b_2y' + b_3z' + d_2 \\ z = c_1x' + c_2y' + c_3z' + d_3 \end{array}\right., \quad \begin{pmatrix} x \\ y \\ z \end{pmatrix} = \begin{pmatrix} a_1 & a_2 & a_3 \\ b_1 & b_2 & b_3 \\ c_1 & c_2 & c_3 \end{pmatrix} \begin{pmatrix} x' \\ y' \\ z' \end{pmatrix} + \begin{pmatrix} d_1 \\ d_2 \\ d_3 \end{pmatrix} \tag{2.16}$$

を得る. これを空間の **座標変換の式** という. この式も次の様に表せる:

$$\boldsymbol{x} = A\boldsymbol{x}' + \boldsymbol{d} \tag{2.17}$$

逆変換の式も同様に $\boldsymbol{x}' = A'\boldsymbol{x} + \boldsymbol{d}'$ と表され, $A' = A^{-1}$, $\boldsymbol{d}' = -A^{-1}\boldsymbol{d}$ の関係がある. 従って, $\boldsymbol{x}' = A^{-1}\boldsymbol{x} - A^{-1}\boldsymbol{d}$

2.1.2　直交座標系の変換

(1)　平面上の直交座標系の変換

平面上の直交座標系 $\{\mathrm{O}; \boldsymbol{e}_1, \boldsymbol{e}_2\}$ から直交座標系 $\{\mathrm{O'}; \boldsymbol{e}'_1, \boldsymbol{e}'_2\}$ への変換は前項により $\boldsymbol{x} = A\boldsymbol{x}' + \boldsymbol{d}$ で与えられた. ここで, (2.4), (2.5) 式によって

$$\left\{\begin{array}{l} \boldsymbol{e}'_1 = a_1\boldsymbol{e}_1 + b_1\boldsymbol{e}_2 \\ \boldsymbol{e}'_2 = a_2\boldsymbol{e}_1 + b_2\boldsymbol{e}_2 \end{array}\right. \quad \boldsymbol{e}'_1 = \begin{pmatrix} a_1 \\ b_1 \end{pmatrix}, \ \boldsymbol{e}'_2 = \begin{pmatrix} a_2 \\ b_2 \end{pmatrix}, \ A = \begin{pmatrix} a_1 & a_2 \\ b_1 & b_2 \end{pmatrix} \tag{2.18}$$

$\boldsymbol{e}'_1, \boldsymbol{e}'_2$ が正規直交基底, すなわち, $\boldsymbol{e}'_1, \boldsymbol{e}'_2$ の長さが 1 で, 互いに直交しているので成分の間には次の関係がある:

$$a_1^2 + b_1^2 = 1, \quad a_2^2 + b_2^2 = 1, \quad a_1 a_2 + b_1 b_2 = 0 \tag{2.19}$$

転置行列と直交行列　一般に, 行列 A に対し 行列 ${}^tA$ を, A の行と列を入れ換えてできる行列であると定め, A の **転置行列** という. 列ベクトルの転置行列は行ベクトルであり, その逆も成り立つ.

(2.18) 式中の A については ${}^tA = \begin{pmatrix} a_1 & b_1 \\ a_2 & b_2 \end{pmatrix}$ で, 積 ${}^tAA$ は (2.19) 式より

$${}^tAA = \begin{pmatrix} a_1 & b_1 \\ a_2 & b_2 \end{pmatrix} \begin{pmatrix} a_1 & a_2 \\ b_1 & b_2 \end{pmatrix} = \begin{pmatrix} a_1a_1 + b_1b_1 & a_1a_2 + b_1b_2 \\ a_2a_1 + b_2b_1 & a_2a_2 + b_2b_2 \end{pmatrix} = \begin{pmatrix} 1 & 0 \\ 0 & 1 \end{pmatrix} = E$$

$$\therefore \quad {}^tAA = E \tag{2.20}$$

一般に ${}^tAA = E$ が成り立つとき, A は **直交行列** であるという. 従って, 直交座標系の基底の変換行列は直交行列である. $\boldsymbol{e}'_1, \boldsymbol{e}'_2$ を 2 辺とする正方形の面積は 1 なので, 直交行列 A の行列式 $|A|$ は ± 1 である.

行列式が 1 の直交行列を **回転行列** という. このとき, $\{\boldsymbol{e}_1, \boldsymbol{e}_2\}$ と $\{\boldsymbol{e}'_1, \boldsymbol{e}'_2\}$ は同じ向きになっている.

直交座標系の変換　直交行列 A の成分は $a_1^2 + b_1^2 = 1$ より

$$a_1 = \cos\theta, \quad b_1 = \sin\theta \tag{2.21}$$

と表せる. ここで θ は $\boldsymbol{e}_1$ から $\boldsymbol{e}'_1$ に向かってはかった角である. $\boldsymbol{e}'_2$ は $\boldsymbol{e}'_1$ と直交するのでその成分は

$$a_2 = \cos(\theta \pm \frac{\pi}{2}), \quad b_2 = \sin(\theta \pm \frac{\pi}{2}) \quad (\text{複号同順}) \tag{2.22}$$

と表せる. 行列式 $|A| = a_1b_2 - a_2b_1 = b_2a_1 - b_1a_2$ の値は

$$\sin(\theta \pm \frac{\pi}{2})\cos\theta - \cos(\theta \pm \frac{\pi}{2})\sin\theta = \sin(\theta \pm \frac{\pi}{2} - \theta) = \sin \pm\frac{\pi}{2} = \pm 1$$

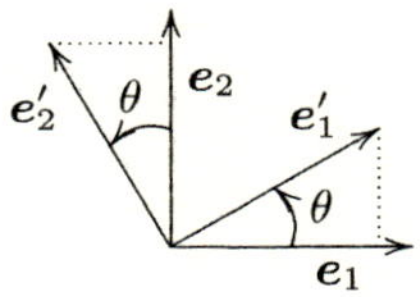

図 2.4　回転

よって $|A|=1$ のとき, すなわち A が回転行列のときは,

$$a_2=\cos(\theta+\frac{\pi}{2})=-\sin\theta,\quad b_2=\sin(\theta+\frac{\pi}{2})=\cos\theta$$

より

$$A=\begin{pmatrix}\cos\theta & -\sin\theta\\ \sin\theta & \cos\theta\end{pmatrix}=R(\theta) \tag{2.23}$$

この行列は座標系の回転を表しており, 以下 $R(\theta)$ と表す. $R(\theta)$ の逆行列は

$$R(\theta)^{-1}={}^tR(\theta)=\begin{pmatrix}\cos\theta & \sin\theta\\ -\sin\theta & \cos\theta\end{pmatrix}=\begin{pmatrix}\cos(-\theta) & -\sin(-\theta)\\ \sin(-\theta) & \cos(-\theta)\end{pmatrix}=R(-\theta) \tag{2.24}$$

であり, 逆回転 ($(-\theta)$ 回転) を表している.

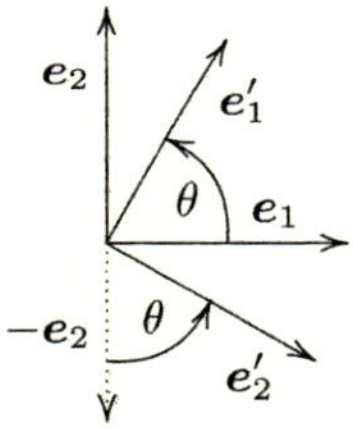

図 2.5　逆向き

$|A|=-1$ のときは, $\boldsymbol{e}_1$ から $\boldsymbol{e}_2$ に向かう回転方向と $\boldsymbol{e}_1'$ から $\boldsymbol{e}_2'$ に向かう回転方向が逆である. すなわち 基底 $\{\boldsymbol{e}_1,\boldsymbol{e}_2\}$ と $\{\boldsymbol{e}_1',\boldsymbol{e}_2'\}$ は逆向きであり,

$$a_2=\cos(\theta-\frac{\pi}{2})=\sin\theta,\quad b_2=\sin(\theta-\frac{\pi}{2})=-\cos\theta,$$

$$A=\begin{pmatrix}\cos\theta & \sin\theta\\ \sin\theta & -\cos\theta\end{pmatrix}=\begin{pmatrix}\cos\theta & -\sin\theta\\ \sin\theta & \cos\theta\end{pmatrix}\begin{pmatrix}1 & 0\\ 0 & -1\end{pmatrix} \tag{2.25}$$

となっている. 従って, $|A|=-1$ の直交行列は回転行列と $\boldsymbol{e}_2$ (y 軸) の向きを逆にする行列 R_y の積 $R(\theta)R_y$ で表される.

従って 直交座標系の座標変換の式 $\boldsymbol{x}=A\boldsymbol{x}'+\boldsymbol{d}$ は,
A が回転行列 ($|A|=1$) のときは

$$\begin{cases}x = x'\cos\theta - y'\sin\theta + d_1\\ y = x'\sin\theta + y'\cos\theta + d_2\end{cases} \tag{2.26}$$

また, $|A|=-1$ の直交行列のときは

$$\begin{cases}x = x'\cos\theta + y'\sin\theta + d_1\\ y = x'\sin\theta - y'\cos\theta + d_2\end{cases} \tag{2.27}$$

(2) 空間の直交座標系の変換

空間の直交座標系 $\{\mathrm{O}; \boldsymbol{e}_1, \boldsymbol{e}_2, \boldsymbol{e}_3\}$ から直交座標系 $\{\mathrm{O}'; \boldsymbol{e}'_1, \boldsymbol{e}'_2, \boldsymbol{e}'_3\}$ への変換も平面上と同様に $\boldsymbol{x} = A\boldsymbol{x}' + \boldsymbol{d}$ で与えられた. ここで, 基底の変換行列 A は

$$\begin{cases} \boldsymbol{e}'_1 = a_1\boldsymbol{e}_1 + b_1\boldsymbol{e}_2 + c_1\boldsymbol{e}_3 \\ \boldsymbol{e}'_2 = a_2\boldsymbol{e}_1 + b_2\boldsymbol{e}_2 + c_2\boldsymbol{e}_3 \\ \boldsymbol{e}'_3 = a_3\boldsymbol{e}_1 + b_3\boldsymbol{e}_2 + c_3\boldsymbol{e}_3 \end{cases} \text{のとき}\quad A = (\boldsymbol{e}'_1\ \boldsymbol{e}'_2\ \boldsymbol{e}'_3) = \begin{pmatrix} a_1 & a_2 & a_3 \\ b_1 & b_2 & b_3 \\ c_1 & c_2 & c_3 \end{pmatrix}$$

${}^tA$ と A との積 ${}^tAA$ の (i,j) 成分 $(i,j=1,2,3)$ は

$$(a_i\ b_i\ c_i)\begin{pmatrix} a_j \\ b_j \\ c_j \end{pmatrix} = a_ia_j + b_ib_j + c_ic_j = (\boldsymbol{e}'_i,\ \boldsymbol{e}'_j)$$

と内積で表される. すなわち,

$${}^tAA = \begin{pmatrix} (\boldsymbol{e}'_1, \boldsymbol{e}'_1) & (\boldsymbol{e}'_1, \boldsymbol{e}'_2) & (\boldsymbol{e}'_1, \boldsymbol{e}'_3) \\ (\boldsymbol{e}'_2, \boldsymbol{e}'_1) & (\boldsymbol{e}'_2, \boldsymbol{e}'_2) & (\boldsymbol{e}'_2, \boldsymbol{e}'_3) \\ (\boldsymbol{e}'_3, \boldsymbol{e}'_1) & (\boldsymbol{e}'_3, \boldsymbol{e}'_2) & (\boldsymbol{e}'_3, \boldsymbol{e}'_3) \end{pmatrix}$$

今, $\{\boldsymbol{e}'_1, \boldsymbol{e}'_2, \boldsymbol{e}'_3\}$ は正規直交基底なので $(\boldsymbol{e}'_i,\ \boldsymbol{e}'_j) = \delta_{ij}$. また $E = (\delta_{ij})$ より

$${}^tAA = E$$

となり, A は直交行列である. すなわち, 正規直交基底の間の基底変換の行列は直交行列になる. この条件を成分を用いて表すと:

$$\begin{cases} a_i^2 + b_i^2 + c_i^2 = 1 & (i = 1,2,3) \\ a_ia_j + b_ib_j + c_ic_j = 0 & (1 \leqq i < j \leqq 3) \end{cases} \tag{2.28}$$

であり, 座標変換の式はこの条件の下に斜交座標系の場合と同じ式

$$\begin{cases} x = a_1x' + a_2y' + a_3z' + d_1 \\ y = b_1x' + b_2y' + b_3z' + d_2 \\ z = c_1x' + c_2y' + c_3z' + d_3 \end{cases}$$

で与えられる.

直交行列 A の行列式 $|A|$ は $\boldsymbol{e}'_1, \boldsymbol{e}'_2, \boldsymbol{e}'_3$ の作る立方体の符号付体積だから $|A| = \pm 1$ である.

$|A| = 1$ のとき, A は回転行列であり, 座標系の向きは変えない.

$|A| = -1$ のときは座標系の向きは逆になる. 例えば z 軸の向きを変える場合

$$\begin{cases} \boldsymbol{e}'_1 &= \boldsymbol{e}_1 \\ \boldsymbol{e}'_2 &= \boldsymbol{e}_2 \\ \boldsymbol{e}'_3 &= -\boldsymbol{e}_3 \end{cases}, \quad R_z = (\boldsymbol{e}'_1\, \boldsymbol{e}'_2\, \boldsymbol{e}'_3) = \begin{pmatrix} 1 & 0 & 0 \\ 0 & 1 & 0 \\ 0 & 0 & -1 \end{pmatrix}$$

は $|R_z| = -1$ であり, 座標系の向きを逆にする. 一般には, $A' = AR_z$ とすると $|A'| = 1$ より A' は回転行列であり, $R_z R_z = E$ より $A = A'R_z$ なので, $|A| = -1$ の直交行列は回転行列と 1 つの座標軸の向きを変える行列の積として表せる. 従って, 主として回転行列を考察すればよい.

3 次の回転行列の典型的例としては次の 3 種がある:

$$\begin{pmatrix} 1 & 0 & 0 \\ 0 & \cos\theta & -\sin\theta \\ 0 & \sin\theta & \cos\theta \end{pmatrix}, \begin{pmatrix} \cos\theta & 0 & \sin\theta \\ 0 & 1 & 0 \\ -\sin\theta & 0 & \cos\theta \end{pmatrix}, \begin{pmatrix} \cos\theta & -\sin\theta & 0 \\ \sin\theta & \cos\theta & 0 \\ 0 & 0 & 1 \end{pmatrix} \tag{2.29}$$

これらを順に $X(\theta)$, $Y(\theta)$, $Z(\theta)$ と表す. $\mathrm{O}' = \mathrm{O}$ とするとき, $X(\theta)$ は x 軸の周りの角 θ の回転であり, 同様に $Y(\theta)$ は y 軸の周りの角 θ の回転, $Z(\theta)$ は z 軸の周りの角 θ の回転である.

一般の 3 次の回転行列 A はこれらの積として与えられることが次の様に示される: $(\boldsymbol{e}'_1\, \boldsymbol{e}'_2\, \boldsymbol{e}'_3) = (\boldsymbol{e}_1\, \boldsymbol{e}_2\, \boldsymbol{e}_3)A$ とし, $\boldsymbol{e}_1, \boldsymbol{e}_2, \boldsymbol{e}_3$ および $\boldsymbol{e}'_1, \boldsymbol{e}'_2, \boldsymbol{e}'_3$ の定める座標軸をそれぞれ x, y, z 軸, x', y', z' 軸と呼ぶことにする. 座標系は右手系とする.

このとき, **オイラーの角** と呼ばれる角の組 (θ, φ, ψ) を次の様に定める:

(1) z 軸と z' 軸 ($\boldsymbol{e}_3$ と $\boldsymbol{e}'_3$) のなす角を θ とする. ($0 \leqq \theta \leqq \pi$).

$\theta \neq 0, \pi$ のとき, xy 平面と $x'y'$ 平面の交線を ℓ とし,

(2) y 軸と ℓ のなす角 (経度) を φ とする．

(3) ℓ と y' 軸のなす角を ψ とする．

$(0 \leqq \varphi,\ \psi < 2\pi)$

(ℓ 上に単位ベクトル $\boldsymbol{v}$ を，$\{\boldsymbol{e}_3, \boldsymbol{e}'_3, \boldsymbol{v}\}$ が右手系になる方に取り，φ を $\boldsymbol{e}_2$ から $\boldsymbol{v}$ に，ψ を $\boldsymbol{v}$ から $\boldsymbol{e}'_2$ に向かって測った角とする.)

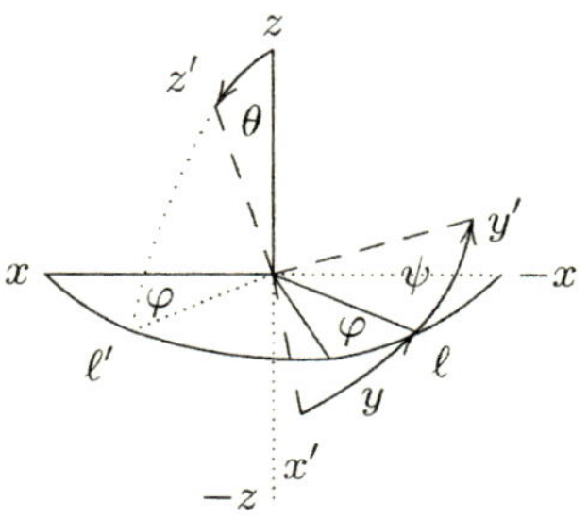

図 2.6 オイラーの角

$\theta = 0$ のときは $\boldsymbol{e}_3 = \boldsymbol{e}'_3$ なので，A は z 軸の周りの回転で，xy 平面上で $\boldsymbol{e}_1$ と $\boldsymbol{e}'_1$ のなす角 ($= \boldsymbol{e}_2$ と $\boldsymbol{e}'_2$ のなす角) を $\alpha\ (= \varphi + \psi)$ とすると $A = Z(\alpha)$ となる．$\theta = \pi$ のときは $\boldsymbol{e}'_3 = -\boldsymbol{e}_3$ で，$\boldsymbol{e}_2$ と $\boldsymbol{e}'_2$ のなす角を $\beta\ (= \varphi - \psi)$ とすると $A = Z(\beta)Y(\pi)$ となる．一般には次の定理が成り立つ．

定理 2.1 (オイラーの角) 3 次の回転行列 A はオイラーの角 (θ, φ, ψ) を用いて次の様に表される．

$$A = Z(\varphi)\,Y(\theta)\,Z(\psi)$$

$$= \begin{pmatrix} \cos\varphi & -\sin\varphi & 0 \\ \sin\varphi & \cos\varphi & 0 \\ 0 & 0 & 1 \end{pmatrix} \begin{pmatrix} \cos\theta & 0 & \sin\theta \\ 0 & 1 & 0 \\ -\sin\theta & 0 & \cos\theta \end{pmatrix} \begin{pmatrix} \cos\psi & -\sin\psi & 0 \\ \sin\psi & \cos\psi & 0 \\ 0 & 0 & 1 \end{pmatrix}$$

$$= \begin{pmatrix} \cos\theta\cos\varphi\cos\psi - \sin\varphi\sin\psi & -\cos\theta\cos\varphi\sin\psi - \sin\varphi\cos\psi & \sin\theta\cos\varphi \\ \cos\theta\sin\varphi\cos\psi + \cos\varphi\sin\psi & -\cos\theta\sin\varphi\sin\psi + \cos\varphi\cos\psi & \sin\theta\sin\varphi \\ -\sin\theta\cos\varphi & \sin\theta\sin\varphi & \cos\theta \end{pmatrix}$$

証明 座標系 $\{\mathrm{O}; \boldsymbol{e}_1, \boldsymbol{e}_2, \boldsymbol{e}_3\}$ などを座標系 (x, y, z) などということにする．座標系 (x, y, z) を z 軸の周りに φ 回転した座標系を (x_1, y_1, z_1) とし，これを y_1 軸の周りに θ 回転した座標系を (x_2, y_2, z_2) とすると，これを z_2 軸の周りに ψ 回転した座標系が (x', y', z') となる．よって，$A = Z(\varphi)\,Y(\theta)\,Z(\psi)$．

(なお，$c_3 = \cos\theta$ などとおいて A が回転行列であることを用いて直接計算しても得られる.) □

2.2　点変換

2.2.1　点変換

点変換とは, 平面上や空間, または直線上の点を同じ平面上や空間, または直線上の点に対応させる「関数」(あるいは写像) のことである. 詳しく言うと, 平面上の **点変換** とは 平面上の各点 P に対し, 点 P を定めるごとに同じ平面上の点 Q をちょうど 1 つ定める対応 f のことであり, 同様に, 空間の **点変換** とは空間の各点 P に対して, 空間の点 Q をちょうど 1 つ定める対応 f のことである. このとき, 点 Q をこの点変換 f による点 P の **像** といい, $f(\mathrm{P})$ や $\mathrm{Q}=f(\mathrm{P})$ などと表す. また, 点変換 f は点 P を点 Q にうつす†, あるいは, P は f により Q にうつされるともいう. 点変換はまた, 単に変換ともいわれる.

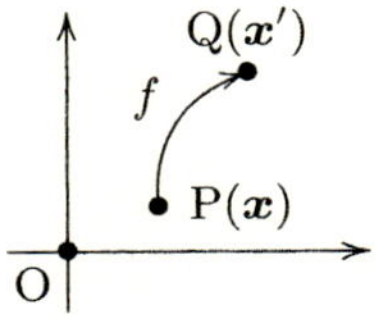

図 2.7　点変換

線分や直線, 3 角形などの **図形** とは一般には平面や空間の部分集合のことで, 点変換 f による図形 S の **像** とは, S の各点 P の像全体の集合 $\{f(\mathrm{P})\,|\,\mathrm{P}\in S\}$ のことであり, $f(S)$ と表される.

注意 3　本書第 7 章 7.1.2, 7.2.1 節では 変換とは集合から同じ集合への写像であると定義されていて, 上で述べた点変換の一般化になっている.

なお, 関数, 写像, 点変換 という用語は概念的には同じものであり, 扱う対象によって呼び分けている.

前節とは異なり, この節では 空間や平面上の座標系を 1 つ固定して考える. すなわち, 座標空間や座標平面を考えることにする. 従って, 点 P は 1 つの座標 $\boldsymbol{x}\ (=(x,y,z),\ (x,y))$ などで表され, $\boldsymbol{x}'\ (=(x',y',z'),(x',y'))$ はもう 1 つの点 Q などの座標を表すのに用いられる. さらに, 点をその座標で表して 点 $\boldsymbol{x}$ など

† 「うつす」には「写す」と「移す」の意味をもたせている. 後述の合同変換では「移す」を用いる.

ともいう．また，$\mathrm{P}(\boldsymbol{x})$, $\mathrm{Q}(\boldsymbol{x}')$ について $\mathrm{Q} = f(\mathrm{P})$ のとき $\boldsymbol{x}' = f(\boldsymbol{x})$ とも表す．

この節では正方行列 A と数ベクトル $\boldsymbol{d}$ を用いて

$$\boldsymbol{x}' = A\boldsymbol{x} + \boldsymbol{d}, \quad \text{すなわち} \quad f(\boldsymbol{x}) = A\boldsymbol{x} + \boldsymbol{d} \tag{2.30}$$

と表される様な点変換について考える．ここで，A を f の **表現行列** という．点変換 $\boldsymbol{x}' = A\boldsymbol{x} + \boldsymbol{d}$ を成分を用いて表せば

$$\begin{cases} x' = a_1x + a_2y + d_1 \\ y' = b_1x + b_2y + d_2 \end{cases} \quad \text{または} \quad \begin{cases} x' = a_1x + a_2y + a_3z + d_1 \\ y' = b_1x + b_2y + b_3z + d_2 \\ z' = c_1x + c_2y + c_3z + d_3 \end{cases} \tag{2.31}$$

である．この様な点変換は A と $\boldsymbol{d}$ に応じて次の様な名称を持つ:

(1)	$A = E$ のとき	$f(\boldsymbol{x}) = \boldsymbol{x} + \boldsymbol{d}$	**平行移動**
(2)	$\boldsymbol{d} = \boldsymbol{0}$ のとき	$f(\boldsymbol{x}) = A\boldsymbol{x}$	**1 次変換**
(3)	(2) で A が正則行列のとき	$f(\boldsymbol{x}) = A\boldsymbol{x}$	**正則 1 次変換**
(4)	(3) で A が直交行列のとき	$f(\boldsymbol{x}) = A\boldsymbol{x}$	**直交変換**
(5)	A が直交行列のとき	$f(\boldsymbol{x}) = A\boldsymbol{x} + \boldsymbol{d}$	**合同変換**
(6)	A が正則行列のとき	$f(\boldsymbol{x}) = A\boldsymbol{x} + \boldsymbol{d}$	**アフィン変換**

ここで，直交変換や合同変換においては直交座標系を用いるものとする．また，直交変換は正則 1 次変換の特別な場合であり，更に平行移動とともに合同変換の特別な場合である．また，合同変換や正則 1 次変換はアフィン変換の特別な場合である．対称移動や回転移動が直交変換であることは以下で示す．その中でも合同変換は，回転移動や対称移動に平行移動を続けて行ったものであり，図形を合同な図形に移すので，座標幾何学において重要な役割を果たす．

なお，直線上のこの様な点変換は 1 次関数 $x' = ax + d$ で与えられるので，ここでは特には言及しない．

2.2.2　基本的な点変換

恒等変換　平面や空間の各点 P をその点 P 自身に対応させる点変換を**恒等変換**といい, ここでは $\mathbf{1}$ と表す.

座標平面上や座標空間の恒等変換 $\mathbf{1}$ は単位行列 E を用いて,

$$\boldsymbol{x}' = E\boldsymbol{x},\ \mathbf{1}(\boldsymbol{x}) = E\boldsymbol{x} = \boldsymbol{x}$$

と表される.

平行移動　座標空間や座標平面上の **平行移動** とは, 式

$$\boldsymbol{x}' = \boldsymbol{x} + \boldsymbol{d} = E\boldsymbol{x} + \boldsymbol{d}, \quad f(\boldsymbol{x}) = \boldsymbol{x} + \boldsymbol{d} = E\boldsymbol{x} + \boldsymbol{d} \quad (2.32)$$

で与えられる点変換のことであり, **並進** とも呼ばれる.

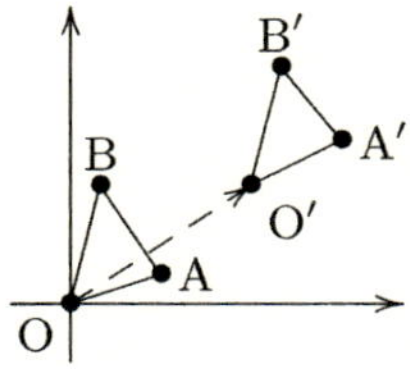

図 2.8　平行移動

$\boldsymbol{d} = \mathbf{0}$ のときは恒等変換である. $\boldsymbol{d} \neq \mathbf{0}$ のときは不動点 ($\boldsymbol{x}' = \boldsymbol{x}$ となる点) を持たない. 平行移動は図形を合同な図形に移すが, ベクトルは元と同じベクトルに移る. すなわち ベクトルを動かさない.

対称移動　ここでは座標系は直交座標系とする. 座標平面上の点 $\boldsymbol{x} = (x, y)$ は x 軸, y 軸に関する **対称移動** でそれぞれ次の点に移される:

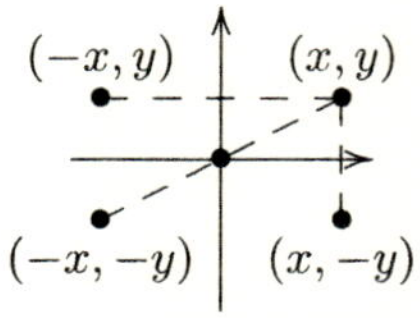

図 2.9　対称移動 1

$$R_y(\boldsymbol{x}) = (x, -y), \quad R_x(\boldsymbol{x}) = (-x, y)$$

また, 直線 $y = x$ に関する対称移動は点 (x, y) を点 (y, x) に移す. 平面上の原点 O を通る直線に関する対称移動は **鏡映** とも呼ばれる. これらの表現行列は

$$R_y = \begin{pmatrix} 1 & 0 \\ 0 & -1 \end{pmatrix}, \quad R_x = \begin{pmatrix} -1 & 0 \\ 0 & 1 \end{pmatrix}, \quad \begin{pmatrix} 0 & 1 \\ 1 & 0 \end{pmatrix}$$

であり, 行列式が -1 の直交行列なので, これらの対称移動は直交変換である.

座標空間の点 $\boldsymbol{x}=(x,y,z)$ は xy 平面, yz 平面, zx 平面に関する対称移動 R_z, R_x, R_y でそれぞれ次の点に移される:

$$R_z(\boldsymbol{x})=(x,y,-z),\quad R_x(\boldsymbol{x})=(-x,y,z),\quad R_y(\boldsymbol{x})=(x,-y,z)$$

これらの表現行列は

$$R_z=\begin{pmatrix}1&0&0\\0&1&0\\0&0&-1\end{pmatrix},\ R_x=\begin{pmatrix}-1&0&0\\0&1&0\\0&0&1\end{pmatrix},\ R_y=\begin{pmatrix}1&0&0\\0&-1&0\\0&0&1\end{pmatrix}$$

であり, 行列式が -1 の直交行列なので, これらの対称移動は直交変換である.

この様に原点を通る平面に関する対称移動は **鏡映** とも呼ばれる.

また, $\boldsymbol{x}$ は x 軸, y 軸, z 軸に関する対称移動 (および平面上の原点に関する対称移動) でそれぞれ次の点に移される:

$$(x,-y,-z),\quad (-x,y,-z),\quad (-x,-y,z)\quad \big(,\ (-x,-y)\big)$$

これらの表現行列はすべて回転行列であり, これらの対称移動は直交変換である.

相似変換　$a>0$ とし, 斜交座標系のもとで $\boldsymbol{x}'=a\boldsymbol{x}=aE\boldsymbol{x}$ で与えられる点変換は任意の図形を a 倍に拡大または縮小し, 原点を相似の中心とする相似な位置にうつす. また, $\boldsymbol{x}'=a\boldsymbol{x}+\boldsymbol{d}=aE\boldsymbol{x}+\boldsymbol{d}$ で与えられる点変換は図形を相似な図形にうつす. これらを **相似変換** という. $a\neq 0$ より aE は正則行列 (逆行列は $a^{-1}E$) なので, 相似変換は $\boldsymbol{d}=\boldsymbol{0}$ のとき正則 1 次変換, $\boldsymbol{d}\neq\boldsymbol{0}$ のときアフィン変換である.

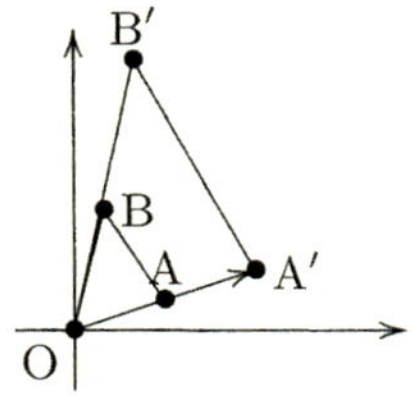

図 2.10　相似変換

平面上の回転移動　平面上の直交座標系のもとで, 2 次の回転行列 $A = R(\theta) = \begin{pmatrix} \cos\theta & -\sin\theta \\ \sin\theta & \cos\theta \end{pmatrix}$ によって定まる 1 次変換は直交変換である.

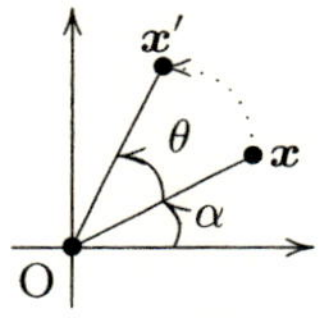

図 2.11　回転移動

この直交変換は, 平面上に直交座標系が与えられたとき, 原点を中心として角 θ だけ回転する回転移動を与えることを示そう.

座標平面上の点 $\boldsymbol{x}$ は極座標で表示すると $x = r\cos\alpha,\ y = r\sin\alpha$ と表される $\boldsymbol{x}' = A\boldsymbol{x}$ とするとき, 3 角関数の加法定理より

$$x' = \cos\theta\,(r\cos\alpha) - \sin\theta\,(r\sin\alpha) = r\cos(\theta+\alpha),$$
$$y' = \sin\theta\,(r\cos\alpha) + \cos\theta\,(r\sin\alpha) = r\sin(\theta+\alpha)$$

となり $\boldsymbol{x}$ を角 θ だけ回転した点 $\boldsymbol{x}'$ に移している.

逆に, 点 $\boldsymbol{x}$ を角 θ だけ回転した点 $\boldsymbol{x}'$ は $x' = r\cos(\theta+\alpha),\ y' = r\sin(\theta+\alpha)$ で与えられ, 上の式を逆にたどれば $\boldsymbol{x}' = A\boldsymbol{x}$ と表される.

一般の対称移動　原点 O を通る直線に関する対称移動は直交変換であることを示そう. 原点 O を通る直線 ℓ はこの方向の単位ベクトル $\boldsymbol{u}$ を用いて表される.

点 $\boldsymbol{x}$ が直線 ℓ に関する対称移動で点 $\boldsymbol{x}'$ に移されたとするとき, 2 点 $\boldsymbol{x}, \boldsymbol{x}'$ の中点は $\boldsymbol{x}$ の $\boldsymbol{u}$ 方向への直交射影による像 $(\boldsymbol{x}, \boldsymbol{u})\boldsymbol{u}$ になる. よって

$$\boldsymbol{x}' = 2(\boldsymbol{x}, \boldsymbol{u})\boldsymbol{u} - \boldsymbol{x} \tag{2.33}$$

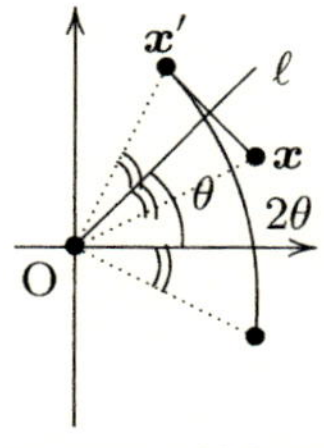

図 2.12　対称移動 2

平面上の直交座標系において, $\boldsymbol{x} = (x_1, x_2),\ \boldsymbol{u} = (u_1, u_2)$ とするとき,

$$\boldsymbol{x}' = 2(x_1u_1 + x_2u_2)\begin{pmatrix} u_1 \\ u_2 \end{pmatrix} - \begin{pmatrix} x_1 \\ x_2 \end{pmatrix} = \begin{pmatrix} 2u_1^2 - 1 & 2u_1u_2 \\ 2u_1u_2 & 2u_2^2 - 1 \end{pmatrix}\begin{pmatrix} x_1 \\ x_2 \end{pmatrix}$$

$u_1 = \cos\theta,\ u_2 = \sin\theta$ とおくと

$$\begin{pmatrix} 2u_1^2 - 1 & 2u_1u_2 \\ 2u_1u_2 & 2u_2^2 - 1 \end{pmatrix} = \begin{pmatrix} 2\cos^2\theta - 1 & 2\cos\theta\sin\theta \\ 2\cos\theta\sin\theta & 2\sin^2\theta - 1 \end{pmatrix}$$

$$= \begin{pmatrix} \cos 2\theta & \sin 2\theta \\ \sin 2\theta & -\cos 2\theta \end{pmatrix} = \begin{pmatrix} \cos 2\theta & -\sin 2\theta \\ \sin 2\theta & \cos 2\theta \end{pmatrix} \begin{pmatrix} 1 & 0 \\ 0 & -1 \end{pmatrix}$$

従って, x 軸を正の向きに θ だけ回転した直線 ℓ に関する対称移動は, 点 $\boldsymbol{x}$ を x 軸に関して対称移動してから 2θ だけ回転した点になり, 行列式が (-1) の直交変換になる.

合成変換　点変換 f と g に対し 各点 P を, P の f による像 $\mathrm{Q} = f(\mathrm{P})$ の g による像 $\mathrm{R} = g(\mathrm{Q}) = g(f(\mathrm{P}))$ にうつす点変換を f と g の **合成変換** といい $g \circ f$ で表す. このとき $(g \circ f)(\mathrm{P}) = g(f(\mathrm{P})) = \mathrm{R}$ であり, 座標空間や座標平面上の合成変換は $\boldsymbol{x}' = f(\boldsymbol{x}),\ \boldsymbol{x}'' = g(\boldsymbol{x}')$ とするとき,

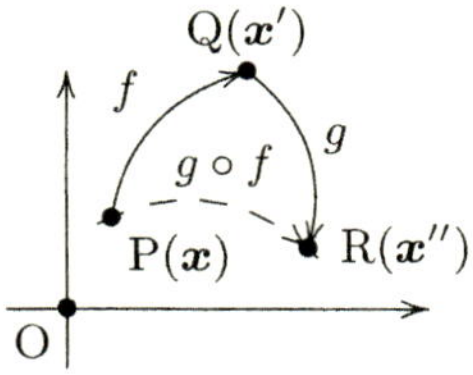

図 **2.13**　合成変換

$$\boldsymbol{x}'' = g(\boldsymbol{x}') = g(f(\boldsymbol{x})) \tag{2.34}$$

逆変換　点変換 f に対し 点変換 g で, 合成変換 $g \circ f, f \circ g$ が恒等変換になっているものが存在するとき, 点変換 g を f の **逆変換** という. このとき f は g の逆変換である. 言い換えれば 点変換 f, g について

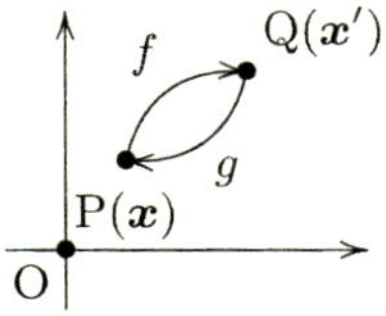

図 **2.14**　逆変換

$$g(f(\mathrm{P})) = \mathrm{P}, \quad f(g(\mathrm{P})) = \mathrm{P} \tag{2.35}$$

がすべての点 P に対して成り立つとき g は f の逆変換であり, f^{-1} と表される. 点変換 f は 各点 Q について, $\mathrm{Q} = f(\mathrm{P})$ となる点 P がただ 1 つ存在するとき逆変換 $g(\mathrm{Q}) = \mathrm{P}$ を持つ. 一般には点変換は逆変換を持つとは限らない.

2.2.3　1 次変換

1 次変換　斜交座標系が与えられた座標空間や座標平面上の **1 次変換** とは, 正方行列 A を用いて, 式

$$\boldsymbol{x}' = A\boldsymbol{x} \quad \text{あるいは} \quad f(\boldsymbol{x}) = A\boldsymbol{x} \tag{2.36}$$

で与えられる点変換である. この点変換 f を **行列 A の定める 1 次変換** といい, f_A と表す. $f_A(\boldsymbol{x}) = A\boldsymbol{x}$ である. また, 行列 A を 1 次変換 f の **表現行列** という. 1 次変換は **線形変換** ともいわれる. 特に A が正則行列のとき f を **正則 1 次変換** という.

なお, 平行移動は 1 次変換ではない.

1 次変換の合成変換と逆変換　行列 A, B の定める 1 次変換をそれぞれ f_A, f_B とする. f_A により点 $\boldsymbol{x}$ が $A\boldsymbol{x}$ にうつされ, f_B により点 $A\boldsymbol{x}$ が $B(A\boldsymbol{x})$ にうつされる. よって 合成変換 $f_B \circ f_A$ に対し,

$$(f_B \circ f_A)(\boldsymbol{x}) = f_B(f_A(\boldsymbol{x})) = f_B(A\boldsymbol{x}) = B(A\boldsymbol{x}) = (BA)\boldsymbol{x}$$

行列の積 BA は 1 つの行列なので, 1 次変換 f_A, f_B の合成変換 $f_B \circ f_A$ はまた 1 次変換であり, その表現行列は BA である.

行列 A が正則行列, すなわち A の逆行列 A^{-1} が存在して $A^{-1}A = E$, $A^{-1}A = E$ のとき, A と A^{-1} の定める 1 次変換 f_A, $f_{A^{-1}}$ はすべての点 $\boldsymbol{x}$ について,

$$(f_{A^{-1}} \circ f_A)(\boldsymbol{x}) = A^{-1}A\boldsymbol{x} = E\boldsymbol{x} = \boldsymbol{x},$$
$$(f_A \circ f_{A^{-1}})(\boldsymbol{x}) = AA^{-1}\boldsymbol{x} = E\boldsymbol{x} = \boldsymbol{x}$$

なので $f_{A^{-1}}$ は f_A の逆変換である. 従って正則 1 次変換は逆変換をもつ.

また, 行列 A, B の定める 1 次変換 f_A, f_B について f_B が f_A の逆変換になるとき, それらの合成変換 $f_B \circ f_A$, $f_A \circ f_B$ は恒等変換 $\mathbf{1}$ に等しい. 従って, それらの表現行列 BA, AB も E に等しい, すなわち $BA = E = AB$ が成り立ち, B は A の逆行列になる. 従って逆変換を持つ 1 次変換は正則 1 次変換である.

1 次変換と座標変換　1 次変換 f が斜交座標系 $\{\mathrm{O}; \boldsymbol{e}_1, \boldsymbol{e}_2, \boldsymbol{e}_3\}$ などのもとで $\boldsymbol{y} = f(\boldsymbol{x}) = A\boldsymbol{x}$ により定められているとする．ここで $\boldsymbol{x}, \boldsymbol{y}$ はそれぞれ $\mathrm{P}, f(\mathrm{P})$ の $\{\mathrm{O}; \boldsymbol{e}_1, \boldsymbol{e}_2, \boldsymbol{e}_3\}$ などに関する座標とする．原点を動かさず, 基底を $\{\boldsymbol{e}'_1, \boldsymbol{e}'_2, \boldsymbol{e}'_3\}$ などに変換したときに表現行列がどう変化するかを見ておこう．

点 P と $f(\mathrm{P})$ の $\{\mathrm{O}; \boldsymbol{e}'_1, \boldsymbol{e}'_2, \boldsymbol{e}'_3\}$ に関する座標をそれぞれ $\boldsymbol{x}', \boldsymbol{y}'$ とし, 基底の変換行列を P とすると $\boldsymbol{x} = P\boldsymbol{x}'$, $\boldsymbol{y} = P\boldsymbol{y}'$ より $\boldsymbol{y}' = P^{-1}\boldsymbol{y} = P^{-1}A\boldsymbol{x} = P^{-1}AP\boldsymbol{x}'$．従って, 1 次変換 f は座標系 $\{\mathrm{O}; \boldsymbol{e}'_1, \boldsymbol{e}'_2, \boldsymbol{e}'_3\}$ のもとで

$$\boldsymbol{y}' = P^{-1}AP\boldsymbol{x}' \tag{2.37}$$

と表され, f の $\{\mathrm{O}; \boldsymbol{e}'_1, \boldsymbol{e}'_2, \boldsymbol{e}'_3\}$ に関する表現行列は $P^{-1}AP$ となる．

2.2.4　合同変換

この節では座標系は **直交座標系** とする．

合同変換 は **直交行列** U と数ベクトル $\boldsymbol{d}$ を用いて

$$\boldsymbol{x}' = U\boldsymbol{x} + \boldsymbol{d} \quad \text{あるいは} \quad f(\boldsymbol{x}) = U\boldsymbol{x} + \boldsymbol{d} \tag{2.38}$$

と表される点変換である．特に U が回転行列のときは **運動** といわれる．合同変換は直交変換に平行移動を合成した変換であり，$\boldsymbol{d} = \boldsymbol{0}$ のときは直交変換, $U = E$ のときは平行移動である．

平面上の合同変換　2 次の直交行列は行列式の正負に応じて, 回転行列 $R(\theta)$, または $R(\theta)$ と対称移動 R_y の合成 (=鏡映) $R(\theta)R_y$ として表された．従って平行移動と合わせて, 平面上の合同変換は行列式の正負に応じて次の様に表される:

$$\begin{cases} x' = x\cos\theta - y\sin\theta + d_1 \\ y' = x\sin\theta + y\cos\theta + d_2 \end{cases}, \quad \begin{cases} x' = x\cos\theta + y\sin\theta + d_1 \\ y' = x\sin\theta - y\cos\theta + d_2 \end{cases} \tag{2.39}$$

空間の合同変換　空間の直交変換も座標系を取り替えることにより, 座標軸の周りの回転, または回転と対称移動の合成として表すことが出来ることが第 6 章

6.5 節の行列の対角化の議論を用いて示せる．この為にまず補題を用意しよう．

補題 2.2　(1) 直交行列 U の固有値 α の絶対値は 1 である．($|\alpha| = 1$)
(2) 実数係数の n 次方程式 $x^n + a_1x^{n-1} + \cdots + a_1x + a_0 = 0$ が虚根 (=虚数解) α をもてば α の共役複素数 $\overline{\alpha}$ も根 (=解) になる．
(3) 3 次の直交行列 U は固有値 $|U|$ $(= \pm 1)$ を持つ．($|U|$ は U の行列式.)

証明　(1): 固有値 α に対する固有ベクトルを $\boldsymbol{p}$ $(\neq \boldsymbol{0})$ とする．このとき $\alpha\overline{\alpha} = |\alpha|^2$ に注意して定理 6.20 と (6.31), (6.36) 式より

$$(U\boldsymbol{p}, U\boldsymbol{p}) = (\boldsymbol{p}, \boldsymbol{p}), \quad (U\boldsymbol{p}, U\boldsymbol{p}) = (\alpha\boldsymbol{p}, \alpha\boldsymbol{p}) = \alpha\overline{\alpha}(\boldsymbol{p}, \boldsymbol{p}) = |\alpha|^2(\boldsymbol{p}, \boldsymbol{p})$$

$(\boldsymbol{p}, \boldsymbol{p}) \neq 0$ より $|\alpha|^2 = 1$．よって $|\alpha| = 1$.
(2): $\alpha^n + a_1\alpha^{n-1} + \cdots + a_1\alpha + a_0 = 0$ の両辺の共役複素数を取って

$$\overline{\alpha}^n + a_1\overline{\alpha}^{n-1} + \cdots + a_1\overline{\alpha} + a_0 = 0$$

(3): U の固有方程式を

$$f_U(x) = |xE - U| = x^3 + h_1x^2 + h_2x + h_3 = (x - \alpha_1)(x - \alpha_2)(x - \alpha_3) = 0$$

とする．ここで $\alpha = \alpha_1, \alpha_2, \alpha_3$ は U の固有値で，h_1, h_2, h_3 は, U の成分がすべて実数であることから実数である．$\alpha_1\alpha_2\alpha_3 = |U| = \pm 1$ であり, ある固有値 α が虚数であれば (2) より $\overline{\alpha}$ $(\neq \alpha)$ も U の固有値になるので (1) の $\alpha\overline{\alpha} = |\alpha|^2 = 1$ より残る 1 つの固有値は $|U|$ になる．$\alpha = \alpha_1, \alpha_2, \alpha_3$ が全て実数のときは $\alpha = \pm 1$ であり，$\alpha_1\alpha_2\alpha_3 = |U|$ より少なくとも 1 つは $|U|$ である．よって (3) が得られた．　□

定理 2.3 (空間の直交変換)　空間の直交変換 f の表現行列は適当な直交座標系のもとで次の形を持つ．これを空間の直交変換の **標準形** という．

$$\begin{pmatrix} \pm 1 & 0 & 0 \\ 0 & \cos\theta & -\sin\theta \\ 0 & \sin\theta & \cos\theta \end{pmatrix} \quad \Big(= X(\theta) \;\text{ または }\; X(\theta)R_x \Big)$$

ここで ± 1 は, 表現行列の行列式が 1 のときは 1, (-1) のときは (-1) とする.

証明　この標準形を X とし, 直交変換 f が直交座標系 $\{\mathrm{O}; \boldsymbol{e}_1, \boldsymbol{e}_2, \boldsymbol{e}_3\}$ により $f(\boldsymbol{x}) = U\boldsymbol{x}$ と表されているとする. このとき ある回転行列 U' により座標系を $(\boldsymbol{e}'_1\, \boldsymbol{e}'_2\, \boldsymbol{e}'_3) = (\boldsymbol{e}_1\, \boldsymbol{e}_2\, \boldsymbol{e}_3)U'$ と変換して ((2.37) 式参照), $U'^{-1}UU'$ が X になることを示せばよい. 回転行列 U' を第 6 章の定理 6.20 とその証明中に述べたことを用いて定理 6.23 と同様の方法で構成する.

U の, 固有値 $|U|$ の固有ベクトルを実ベクトルに取り, これに直交する 1 次独立な実ベクトルを 2 つ付け加えて右手系になる様にし, これを正規直交化して右手系の正規直交基底 $\{\boldsymbol{u}'_1, \boldsymbol{u}'_2, \boldsymbol{u}'_3\}$ をつくり, $U' = (\boldsymbol{u}'_1\, \boldsymbol{u}'_2\, \boldsymbol{u}'_3)$ とすると, U' は回転行列になる. (定理 6.23 の証明中の U', 定理 6.20 の証明中の Q に相当する.) $\boldsymbol{u}'_1$ は U の固有値 $|U|$ の固有ベクトルだから定理 6.20 の証明より

$$U'^{-1}UU' = \begin{pmatrix} |U| & * \\ \mathbf{0} & U_1 \end{pmatrix}$$

となり, U, U', U'^{-1} は直交行列だから定理 6.17 より, 積 $U'^{-1}UU'$ も直交行列である. この第 1 行が長さ 1 のベクトルなので $* = \mathbf{0}$ であり, 従って U_1 は 2 次の回転行列である. よって, ある θ により $U'^{-1}UU' = X$ と表される.　□

この定理により直交変換は x 軸の周りの回転, または x 軸の周りの回転と yz 平面に関する対称移動の合成として表される. 従って, 直交変換は平行移動とともに 2 点間の距離を保ち, 図形を合同な図形に移すので, その合成である

合同変換も 2 点間の距離を保ち, 図形を合同な図形に移す.

また, 合同変換は適当な直交座標系のもとで次の形を持つ. これを空間の合同変換の **標準形** という.

$$\begin{cases} x' = \pm x + d_1 \\ y' = y\cos\theta - z\sin\theta + d_2 \\ z' = y\sin\theta + z\cos\theta + d_3 \end{cases} \tag{2.40}$$

逆に, 空間や平面の点変換 f で 2 点間の距離を保つものは合同変換に限ることを次に示す. 従って次が成り立つ.

定理 2.4 (合同変換)　点変換 f が 2 点間の距離を保つことと, f が直交座標系のもとで直交行列 U と数ベクトル $\boldsymbol{d}$ を用いて $f(\boldsymbol{x}) = U\boldsymbol{x} + \boldsymbol{d}$ と表されることは同値である.

証明　$\boldsymbol{d} = f(\boldsymbol{0})$ とし, f を $-\boldsymbol{d}$ だけ平行移動して $f'(\boldsymbol{x}) = f(\boldsymbol{x}) - \boldsymbol{d}$ とすると, f' も 2 点間の距離を保ち $f'(\boldsymbol{0}) = \boldsymbol{0}$ である.

1 直線上に 3 点 P, Q, R がこの順で並んでおり, f' による 3 点の像を P$'$, Q$'$, R$'$ とするとき f' は 2 点間の距離を保つので

$$\overline{\mathrm{PQ}} + \overline{\mathrm{QR}} = \overline{\mathrm{PR}}, \qquad \overline{\mathrm{P'Q'}} + \overline{\mathrm{Q'R'}} = \overline{\mathrm{P'R'}}$$

右の式は P$'$, Q$'$, R$'$ がこの順に 1 直線上に並んでいることを表している. 従って f' は直線を直線に移している. さらに 任意の 3 角形は, 3 辺相当より合同な 3 角形に移る. 従って平行 4 辺形は合同な平行 4 辺形に移り, ベクトルはベクトルに移る. また $f'(\mathrm{O}) = \mathrm{O}$ より

$$f'(\mathrm{OP}) = \mathrm{OP'} \tag{0}$$

次に 任意のベクトル $\boldsymbol{x}$ と実数 t に対し $\overrightarrow{\mathrm{OP}} = \boldsymbol{x}$, $\overrightarrow{\mathrm{OQ}} = t\boldsymbol{x}$ となる 1 直線上にある 3 点 O, P, Q を考えることにより次が成り立つ:

$$f'(t\boldsymbol{x}) = tf'(\boldsymbol{x}) \tag{1}$$

任意のベクトル $\boldsymbol{x}$, $\boldsymbol{y}$ に対し, 2 点 P, Q を $\overrightarrow{\mathrm{OP}} = \boldsymbol{x}$, $\overrightarrow{\mathrm{PQ}} = \boldsymbol{y}$ と取れば, $\boldsymbol{x} + \boldsymbol{y} = \overrightarrow{\mathrm{OQ}}$ であり, 3 角形 OPQ は合同な 3 角形に移るので 次が成り立つ:

$$f'(\boldsymbol{x} + \boldsymbol{y}) = f'(\boldsymbol{x}) + f'(\boldsymbol{y}) \tag{2}$$

また, 直交座標系の基底を $\{\boldsymbol{e}_1, \boldsymbol{e}_2, \boldsymbol{e}_3\}$ とすると, f' によるこれらの像 $\{\boldsymbol{e}'_1, \boldsymbol{e}'_2, \boldsymbol{e}'_3\}$ は互いに直交していて長さが 1 になるので, 正規直交基底になる. 従って これ

らを $\{\boldsymbol{e}_1, \boldsymbol{e}_2, \boldsymbol{e}_3\}$ に関して列ベクトル表示して作った行列 $U = (\boldsymbol{e}'_1\, \boldsymbol{e}'_2\, \boldsymbol{e}'_3)$ は直交行列になる.

点 $\mathrm{P}(\boldsymbol{x})$, $\boldsymbol{x} = (x, y, z)$ に対し, $\overrightarrow{\mathrm{OP}} = x\boldsymbol{e}_1 + y\boldsymbol{e}_2 + z\boldsymbol{e}_3$ であり, (1),(2) より

$$\begin{aligned}\overrightarrow{\mathrm{OP}'} &= f'(\overrightarrow{\mathrm{OP}}) = f'(x\boldsymbol{e}_1 + y\boldsymbol{e}_2 + z\boldsymbol{e}_3) = xf'(\boldsymbol{e}_1) + yf'(\boldsymbol{e}_2) + zf'(\boldsymbol{e}_3)\\ &= x\boldsymbol{e}'_1 + y\boldsymbol{e}'_2 + z\boldsymbol{e}'_3 = U\boldsymbol{x}\end{aligned}$$

従って (0) より $f'(\boldsymbol{x}) = U\boldsymbol{x}$. $f(\boldsymbol{x}) = f'(\boldsymbol{x}) + \boldsymbol{d}$ より $f(\boldsymbol{x}) = U\boldsymbol{x} + \boldsymbol{d}$ となり, f が合同変換であることが示された. 平面上でも同様に成り立つ. □

2.2.5 アフィン変換

アフィン変換 は, 斜交座標系のもとで**正則行列** A と数ベクトル $\boldsymbol{d}$ により

$$\boldsymbol{x}' = A\boldsymbol{x} + \boldsymbol{d} \quad \text{あるいは} \quad f(\boldsymbol{x}) = A\boldsymbol{x} + \boldsymbol{d} \tag{2.41}$$

と表される点変換である. これは正則 1 次変換 f_A に平行移動を合成した変換であり, $\boldsymbol{d} = \boldsymbol{0}$ のときは正則 1 次変換, $A = E$ のときは平行移動である.

アフィン変換の性質 アフィン変換 $f(\boldsymbol{x}) = A\boldsymbol{x} + \boldsymbol{d}$ の最も基本的な性質は, 1 直線上の 3 点 P, Q, R を, その比を保ったまま 1 直線上にうつす, すなわち

$$(*) \qquad f(s\boldsymbol{x} + t\boldsymbol{x}') = sf(\boldsymbol{x}) + tf(\boldsymbol{x}') \qquad (s + t = 1)$$

が成り立つことである. これは $s + t = 1$ に注意すれば 次により得られる.

左辺 $= A(s\boldsymbol{x}+t\boldsymbol{x}')+\boldsymbol{d} = sA\boldsymbol{x}+tA\boldsymbol{x}'+(s+t)\boldsymbol{d} = s(A\boldsymbol{x}+\boldsymbol{d})+t(A\boldsymbol{x}+\boldsymbol{d}) =$ 右辺.

従ってアフィン変換により, 線分は線分に, 直線は直線に, 3 角形は (一般には合同でも相似でもない)3 角形にうつる. また, $\boldsymbol{x}, \boldsymbol{x}'$ を平行移動しても同様に成り立ち, 平行線は平行線に, ベクトルはベクトルにうつることが分かる.

逆に, 点変換がこの性質をみたせばアフィン変換になることを示そう.

定理 2.5 (アフィン変換)　逆変換をもつ点変換 f が任意の 2 点 $\boldsymbol{x}, \boldsymbol{x}'$ に対し次をみたすことと f がアフィン変換であることは同値である.

$$f(s\boldsymbol{x} + t\boldsymbol{x}') = sf(\boldsymbol{x}) + tf(\boldsymbol{x}') \qquad (s + t = 1) \tag{$*$}$$

証明　まず, $(*)$ をみたす点変換 f に対し　$\boldsymbol{d} = f(\boldsymbol{0})$　とし,

$$f'(\boldsymbol{x}) = f(\boldsymbol{x}) - f(\boldsymbol{0}) = f(\boldsymbol{x}) - \boldsymbol{d} \tag{2.42}$$

とおくとき f' が 1 次変換になることを示す. (0) $f'(\boldsymbol{0}) = \boldsymbol{0}$ であり,

$$\begin{aligned} f'(s\boldsymbol{x} + t\boldsymbol{x}') &= f(s\boldsymbol{x} + t\boldsymbol{x}') - (s+t)\boldsymbol{d} = sf(\boldsymbol{x}) + tf(\boldsymbol{x}') - (s+t)\boldsymbol{d} \\ &= s(f(\boldsymbol{x}) - \boldsymbol{d}) + t(f(\boldsymbol{x}) - \boldsymbol{d}) = sf'(\boldsymbol{x}) + tf'(\boldsymbol{x}') \end{aligned}$$

より f' も $(*)$ をみたす. この式で $\boldsymbol{x}' = \boldsymbol{0}$ とし, 任意の実数 s に対し $t = 1 - s$ とおけば

$$f'(s\boldsymbol{x}) = f'(s\boldsymbol{x} + t\boldsymbol{0}) = sf'(\boldsymbol{x}) + tf'(\boldsymbol{0}) = sf'(\boldsymbol{x}) \tag{2}$$

また, これより

$$\begin{aligned} f'(\boldsymbol{x} + \boldsymbol{x}') &= f'\left(\frac{1}{2}(2\boldsymbol{x}) + \frac{1}{2}(2\boldsymbol{x}')\right) = \frac{1}{2}f'(2\boldsymbol{x}) + \frac{1}{2}f'(2\boldsymbol{x}') \\ &= \frac{1}{2}2f'(\boldsymbol{x}) + \frac{1}{2}2f'(\boldsymbol{x}') = f'(\boldsymbol{x}) + f'(\boldsymbol{x}') \end{aligned} \tag{1}$$

従って, (0),(1),(2) より定理 2.4 の証明と同様に, 座標系の基底を $\{\boldsymbol{e}_1, \boldsymbol{e}_2, \boldsymbol{e}_3\}$ とし, f' によるこれらの像 $\{\boldsymbol{e}'_1, \boldsymbol{e}'_2, \boldsymbol{e}'_3\}$　を列ベクトル表示して作った行列を $A = (\boldsymbol{e}'_1\ \boldsymbol{e}'_2\ \boldsymbol{e}'_3)$　とすれば, $f'(\boldsymbol{x}) = A\boldsymbol{x}$ となり f' は 1 次変換である.

f' は逆変換をもつ点変換 f を平行移動した変換であるから逆変換 f'^{-1} をもち, 同様にして f'^{-1} も 1 次変換になる. 従って A は正則行列であり, $f(\boldsymbol{x}) = f'(\boldsymbol{x}) + \boldsymbol{d} = A\boldsymbol{x} + \boldsymbol{d}$　より f はアフィン変換である. □

問 1　3 角形 $\mathrm{A_0A_1A_2}$ を 3 角形 $\mathrm{B_0B_1B_2}$ にうつす平面上のアフィン変換 f は唯 1 つに定まり, 4 面体 $\mathrm{A_0A_1A_2A_3}$ を 4 面体 $\mathrm{B_0B_1B_2B_3}$ にうつす空間のアフィン変換 f は唯 1 つに定まることを示せ.

第3章
直線と平面

3.1　平面上の直線

3.1.1　斜交座標系での直線

点 A,B を通る直線を g とする．このとき，P を直線 g 上の任意の点として $\boldsymbol{a}=\overrightarrow{\mathrm{OA}}, \boldsymbol{b}=\overrightarrow{\mathrm{OB}}, \boldsymbol{p}=\overrightarrow{\mathrm{OP}}$ とおくと，$\overrightarrow{\mathrm{AB}}=\boldsymbol{b}-\boldsymbol{a}, \overrightarrow{\mathrm{AP}}=\boldsymbol{p}-\boldsymbol{a}$ となり，$\overrightarrow{\mathrm{AB}}$ と $\overrightarrow{\mathrm{AP}}$ は平行なのである実数 t が存在して $\boldsymbol{p}-\boldsymbol{a}=t(\boldsymbol{b}-\boldsymbol{a})$ が成り立つ．従って，

$$\boldsymbol{p}=\boldsymbol{a}+t(\boldsymbol{b}-\boldsymbol{a}) \tag{3.1}$$

が得られる．このとき，実数 t を任意の実数とすると，$\boldsymbol{p}$ は直線 g 上のすべての点を示す．この式 (3.1) を**パラメータ型の直線のベクトル方程式**または略して**直線のパラメータ表示**と言う．

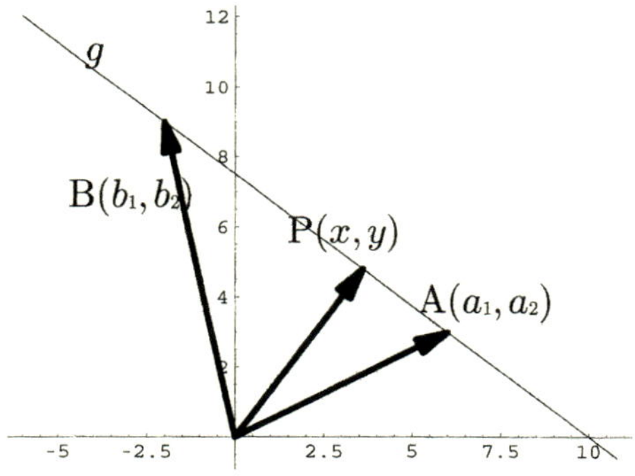

図 3.1　直線 g **上の点** A,B,P

ここで，それぞれの点の座標を $\mathrm{A}(a_1,a_2), \mathrm{B}(b_1,b_2), \mathrm{P}(x,y)$ とすると $\boldsymbol{a}=(a_1,a_2), \boldsymbol{b}=(b_1,b_2), \boldsymbol{p}=(x,y), \overrightarrow{\mathrm{AB}}=(b_1-a_1, b_2-a_2)$ となり，直線 g のパラメータ表示 (3.1) は

$$\begin{cases} x &= a_1+t(b_1-a_1) \\ y &= a_2+t(b_2-a_2) \end{cases} \tag{3.2}$$

となる．この式も直線 g のパラメータ表示と言う．この式から, 実数 t を消去すると

$$(b_2 - a_2)x + (a_1 - b_1)y + (a_2b_1 - a_1b_2) = 0 \tag{3.3}$$

が得られるが, ここで, $a = b_1 - a_2, b = a_1 - b_1, c = a_2b_1 - a_1b_2$ とおくと座標平面上の直線の方程式

$$ax + by + c = 0 \tag{3.4}$$

となる．これが直線の方程式の一般型である．また, 式 (3.2) から直接, 2 点 $(a_1a_2), (b_1, b_2)$ を通る直線の方程式

$$\frac{x - a_1}{b_1 - a_1} = \frac{y - a_2}{b_2 - a_2} \tag{3.5}$$

が得られる．

また, パラメータ表示 (3.1) において, $\boldsymbol{v} = \boldsymbol{b} - \boldsymbol{a}$ とおくと, 直線のパラメータ表示は

$$\boldsymbol{p} = \boldsymbol{a} + t\boldsymbol{v} \tag{3.6}$$

となる．ベクトル $\boldsymbol{v}$ を $\boldsymbol{v} = (v_1, v_2)$ と成分表示すると,

$$\left\{ \begin{array}{lcl} x & = & a_1 + tv_1 \\ y & = & a_2 + tv_2 \end{array} \right. \tag{3.7}$$

が得られる．このパラメータ表示を**方向ベクトル** $\boldsymbol{v}$ を持ち, 点 $\mathrm{A}(a_1, a_2)$ を通る直線のパラメータ表示と呼ぶ．

例 3.1　直線 $2x + 5y - 6 = 0$ のパラメータ表示を求めるには $2(x - 3) = -5y$ と書き換えて,

$$\frac{x - 3}{-5} = \frac{y}{2}$$

を得る．この両辺を t とおけば，パラメータ表示

$$\begin{cases} x &= 3-5t \\ y &= 2t \end{cases}$$

が得られる．これは，方向ベクトルが $\boldsymbol{v}=(-5,2)$ で点 A$(3,0)$ を通る直線である．しかし，

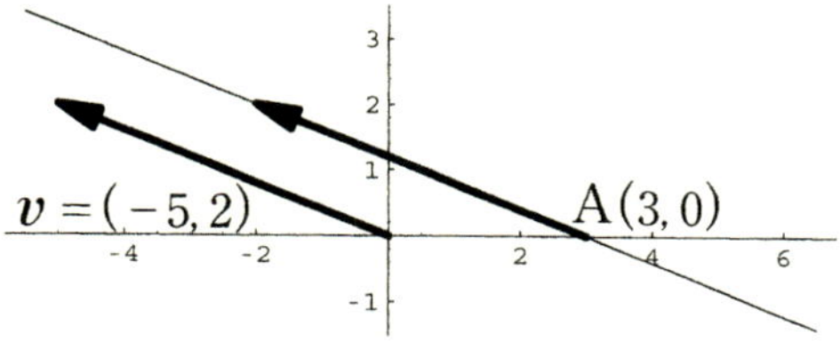

図 3.2　方向ベクトルが $\boldsymbol{v}=(-5,2)$ で点 A$(3,0)$ を通る直線

$$\begin{cases} x &= 5t \\ y &= \dfrac{6}{5}-2t \end{cases}$$

も同じ直線のパラメータ表示を表し，パラメータ表示は一意的ではないことがわかる．

一方，直線の式 (3.3) は行列式を用いると

$$\begin{vmatrix} x & y & 1 \\ a_1 & a_2 & 1 \\ b_1 & b_2 & 1 \end{vmatrix}=0 \tag{3.8}$$

と同値であり，従って 3 点 A(a_1,a_2), B(b_1,b_2), C(c_1,c_2) が同一直線上にある条件（言い換えると，点 C(c_1,c_2) が直線 (3.8) 上にある条件）は

$$\begin{vmatrix} a_1 & a_2 & 1 \\ b_1 & b_2 & 1 \\ c_1 & c_2 & 1 \end{vmatrix}=0 \tag{3.9}$$

となる．

つぎに 2 直線 $ax+by+c=0$, $a'x+b'y+c'=0$ の関係について述べる．そのために，2 直線の方程式を連立 1 次方程式

$$\begin{cases} ax+by+c &= 0 \\ a'x+b'y+c' &= 0 \end{cases} \tag{3.10}$$

と考えると便利である．連立 1 次方程式の解法理論（第 6 章参照）から, 連立 1 次方程式が解を持たない場合はその係数行列

$$A = \begin{pmatrix} a & b \\ a' & b' \end{pmatrix}$$

の階数が 1 で拡大係数行列

$$(A, \boldsymbol{c}) = \begin{pmatrix} a & b & c \\ a' & b' & c' \end{pmatrix}$$

の階数が 2 となる場合である, 言い換えるとベクトル (a,b) と (a',b') が平行で (a,b,c) と (a',b',c') が平行でないとき, この連立 1 次方程式は解をもたないこととなり, それは幾何学的には 2 つの直線が交わらない, すなわち平行であることを意味する．さらに違う言葉で言うと,

$$a : b = a' : b' \text{ かつ } a : b : c \neq a' : b' : c'$$

のとき, 平行な 2 直線を表す．また, A と $(A, \boldsymbol{c})$ の階数がともに 1 のときこの連立 1 次方程式は無限個の解を持つ．この無限個の解集合が 1 本の直線である, すなわちこれらの 2 直線はベクトル (a,b,c) と (a',b',c') が平行なとき, 言い換えると

$$a : b : c = a' : b' : c' \tag{3.11}$$

が成り立つ時に同じ直線を表す．2 つの直線が平行で交わらない場合と重なって同じ直線を表す場合と両方の場合を 2 直線は**平行**であると言う．では, 残る場合は, A の階数が 2 となる場合で, この場合は連立 1 次方程式はただ 1 つの解をもち, いいかえるとその解の座標が 2 直線の交点を表す．次に 2 つの方程式にたいして, λ, μ を同時には 0 にならない任意の実数として方程式

$$\lambda(ax + by + c) + \mu(a'x + b'y + c') = 0 \tag{3.12}$$

を考える．最初の 2 直線が平行なときは, この方程式は新たに平行な直線を表す．一方, 最初の 2 直線が 1 点 (x_0, y_0) で交わるとき, この点は連立 1 次方程式

の解なので，この新たな方程式を満たす．従って，(3.12) は与えられた 2 直線の交点を通る直線を表す．逆に，点 (x_0, y_0) を通る任意の直線にたいして，その直線上の点 (x_0, y_0) 以外の 1 点を (x_1, y_1) とするとき，

$$\lambda(ax_1 + by_1 + c) + \mu(a'x_1 + b'y_1 + c') = 0$$

となるように，λ, μ を選ぶとこの点は連立 1 次方程式の解にはなれないので，ともに 0 とはならない実数 λ, μ が得られる．この λ, μ を使い，λ, μ のそれぞれの値に対して方程式 (3.12) は 2 点 (x_0, y_0), (x_1, y_1) を通る方程式を表す．このようにして得られる，1 点を通る直線全体を **直線束**と呼ぶ．ここで，λ, μ の値が $\lambda_1 \neq \lambda_2$, $\mu_1 \neq \mu_2$ であっても $\lambda_1 : \mu_1 = \lambda_2 : \mu_2$ の場合は 2 つの方程式 $\lambda_1(ax+by+c)+\mu_1(a'x+b'y+c') = 0$, $\lambda_2(ax+by+c)+\mu_2(a'x+b'y+c') = 0$ は同じ直線を表すことに注意する．図 3.3 では，太線で 2 直線 $-2x + 3y - 3 = 0$, $x + 3y - 12 = 0$ を描き細線で直線束 $\lambda(-2x + 3y - 3) + \mu(x + 3y - 12) = 0$ の λ/μ をいくつか選んだ直線を描いたものである．実際これらの直線はすべて点 (3,3) を通っている．

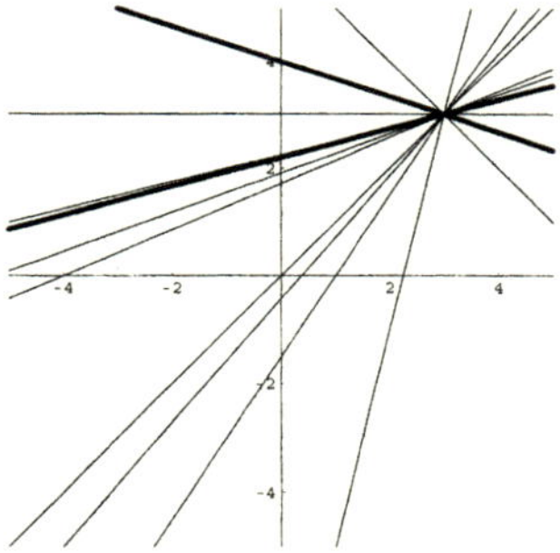

図 3.3　直線束
$\lambda(-2x + 3y - 3) + \mu(x + 3y - 12) = 0$,
太線は与えられた 2 直線で，細線は λ/μ **をいくつか選んだ直線**

例 3.2　2 直線 $3x + 2y + 1 = 0$, $4x + 3y + 4 = 0$ の交点と点 (2,2) を通る直線を求める．直線束は，

$$\lambda(3x + 2y + 1) + \mu(4x + 3y + 4) = 0$$

の形をしているので，点 A(2,2) を代入すると $11\lambda + 18\mu = 0$ となる．従って，

$$18(3x + 2y + 1) - 11(4x + 3y + 4) = 10x + 3y - 26$$

となり,

$$10x + 3y - 26 = 0$$

が求める直線の方程式である.

一方, 連立 1 次方程式

$$\begin{cases} 3x + 2y + 1 &= 0 \\ 4x + 3y + 4 &= 0 \end{cases}$$

を解くと, この 2 直線の交点 B(5, −8) が得られる. 点 B(5, −8) と点 A(2, 2) は直線の方程式 $10x + 3y - 26 = 0$ を満たしているので, 確かにこの直線は 2 直線の交点 B(5, −8) と点 A(2, 2) を通る直線である. このように, 直線束を用いると 2 直線の交点を具体的に求めなくとも交点とその他の点を通る直線を求めることが出来る.

3.1.2　直交座標系での直線

これまでの性質は一般の斜交座標系において成り立つ性質であり, ベクトルの大きさや, 2 つのベクトルの間なす角によらない性質である. 言い換えると「**アフィン幾何学的**」性質である（第 7 章 付録 参照）.

次に, より詳しい幾何学的性質を調べるために直交座標系における, 直線 g の他の表示方法を与える. 今後平面の座標は直交座標であると仮定する. すなわち「ユークリッド平面」を考える. このことは第 1 章で見たように, 2 つのベクトル $\boldsymbol{a} = (a_1, a_2), \boldsymbol{b} = (b_1, b_2)$ の間に**標準内積** $(\boldsymbol{a}, \boldsymbol{b}) = a_1b_1 + a_2b_2$ を考えていることに他ならない. いま, 原点 O から直線 g 上への垂線 OH にたいしてその位置ベクトル $\overrightarrow{\mathrm{OH}}$ と向きが同じで大きさが 1 のベクトルを $\boldsymbol{h}$ とする. また, OH の長さを p とすると, $\overrightarrow{\mathrm{OH}} = p\boldsymbol{h}$ となる. さらに, P を直線 g 上の任意の点として, $\boldsymbol{p} = \overrightarrow{\mathrm{OP}}$ とするならば OH は直線 g へ引いた垂線なので, $\cos \angle\mathrm{POH} = \dfrac{p}{\mathrm{OP}}$ である. 従って,

$$(\boldsymbol{p}, \boldsymbol{h}) = \|\boldsymbol{p}\|\|\boldsymbol{h}\| \cos \angle\mathrm{POH} = \|\boldsymbol{p}\| \cos \angle\mathrm{POH} = \|\boldsymbol{p}\| \frac{p}{\|\boldsymbol{p}\|} = p$$

が得られる．この式

$$(\boldsymbol{p}, \boldsymbol{h}) = p \tag{3.13}$$

を直線 g の **(内積型の) ベクトル方程式**と呼ぶ．ここで，$\boldsymbol{p} = (x, y)$，x 軸の正の方向と $\boldsymbol{h}$ のなす角を α とすると $\boldsymbol{h} = (\cos\alpha, \sin\alpha)$ となり (3.13) は

$$x\cos\alpha + y\sin\alpha = p \quad (p \geq 0) \tag{3.14}$$

となる．この式を **ヘッセの標準形**と呼ぶ（ベクトル方程式 (3.13) もヘッセの標準形と呼ぶ）．このとき，以下が成立する．

命題 3.3　直線 g ： $ax + by + c = 0$ について，ベクトル $\boldsymbol{k} = (a, b)$ は g に垂直である．さらに

$$\boldsymbol{e} = \frac{\boldsymbol{k}}{\|\boldsymbol{k}\|} = \left(\frac{a}{\sqrt{a^2+b^2}}, \frac{b}{\sqrt{a^2+b^2}}\right)$$

は g に垂直な単位ベクトルであり，原点 O から g に垂線 OH を引けば

$$\overrightarrow{\mathrm{OH}} = -\frac{c}{\|\boldsymbol{k}\|}\boldsymbol{e}, \quad \overline{\mathrm{OH}} = \frac{|c|}{\sqrt{a^2+b^2}}$$

である．

証明　直線 g 上に 2 点 $\mathrm{A}(x_1, y_1), \mathrm{B}(x_2, y_2)$ をとると，

$$ax_1 + by_1 + c = 0, \quad ax_2 + by_2 + c = 0$$

を満たす．従って，辺々引くと $a(x_1 - x_2) + b(y_1 - y_2) = 0$ が得られるが，この式は $(\boldsymbol{k}, \overrightarrow{\mathrm{BA}}) = 0$ を意味している．従って，$\boldsymbol{k}$ は g に垂直である．

次に g 上の点 $\mathrm{P}(x, y)$ をとり，$\boldsymbol{p} = \overrightarrow{\mathrm{OP}} = (x, y)$ とおく．P は g 上の点なので $(\boldsymbol{p}, \boldsymbol{k}) + c = ax + by + c = 0$ を満たす．両辺を $\|\boldsymbol{k}\|$ で割ると，

$$(\boldsymbol{p}, \boldsymbol{e}) + \frac{c}{\|\boldsymbol{k}\|} = \left(\boldsymbol{p}, \left(\frac{\boldsymbol{k}}{\|\boldsymbol{k}\|}\right)\right) + \frac{c}{\|\boldsymbol{k}\|} = \frac{1}{\|\boldsymbol{k}\|}(\boldsymbol{p}, \boldsymbol{k}) + \frac{c}{\|\boldsymbol{k}\|} = 0$$

を得る．従って，$(\boldsymbol{p},\boldsymbol{e})=-\dfrac{c}{\|\boldsymbol{k}\|}$ である．ここで，ヘッセの標準形から $(\boldsymbol{p},\boldsymbol{h})=p,\ (p\geq 0)$ で，さらに $\boldsymbol{h}$ と $\boldsymbol{e}$ は平行な単位ベクトルなので比較すると，$c<0$ のとき $\boldsymbol{e}=\boldsymbol{h}$ で $c>0$ のとき $\boldsymbol{e}=-\boldsymbol{h}$ であることがわかる．また，

$$\overline{\mathrm{OH}}=p=\left|-\frac{c}{\|\boldsymbol{k}\|}\right|=\frac{|c|}{\sqrt{a^2+b^2}},\quad 従って，\quad \overrightarrow{\mathrm{OH}}=p\boldsymbol{h}=\frac{|c|}{\|\boldsymbol{k}\|}\boldsymbol{h}=-\frac{c}{\|\boldsymbol{k}\|}\boldsymbol{e}$$

を得る．□

直線の方程式 $ax+by+c=0$ について $\sqrt{a^2+b^2}$ で両辺を割ると

$$\frac{ax+by}{\sqrt{a^2+b^2}}=-\frac{c}{\sqrt{a^2+b^2}} \tag{3.15}$$

が得られる．ここで $c\leq 0$ のときはこれが，ヘッセの標準形であり，$c>0$ のときは

$$-\frac{ax+by}{\sqrt{a^2+b^2}}=\frac{c}{\sqrt{a^2+b^2}} \tag{3.16}$$

がヘッセの標準形である．

例 3.4　直線の方程式 $3x-4y-15=0$ をヘッセの標準形になおすと，$3^2+4^2=5^2$ なので

$$\frac{3}{5}x-\frac{4}{5}y=3$$

がヘッセの標準形となり，原点からこの直線への距離は 3 である．一方，方程式 $3x-4y+15=0$ の場合はヘッセの標準形は

$$-\frac{3}{5}x+\frac{4}{5}y=3$$

であり，この場合も同様に原点からこの直線への距離は 3 である．

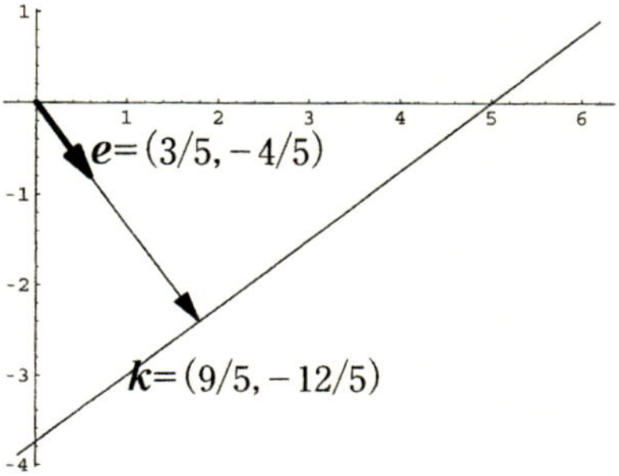

図 3.4　直線 $3x-4y-15=0$ **と ベクトル** $\boldsymbol{e}=(\frac{3}{5},-\frac{4}{5})$, $\boldsymbol{k}=(\frac{9}{5},-\frac{12}{5})$

命題 3.5　点 $\mathrm{P}(x_0, y_0)$ と直線 $g : ax + by + c = 0$ の距離は

$$\frac{|ax_0 + by_0 + c|}{\sqrt{a^2 + b^2}}. \tag{3.17}$$

証明　点 P から g へ垂線 PQ を引き, Q の座標を (x_1, y_1) とする. 線分 PQ の長さ $\overline{\mathrm{PQ}}$ が求める距離である.

ベクトル $\boldsymbol{k} = (a, b)$ は g に垂直なので, $\overrightarrow{\mathrm{PQ}} = \lambda \boldsymbol{k}$ となる実数 λ が存在する. $\overrightarrow{\mathrm{PQ}} = (x_1 - x_0, y_1 - y_0)$ なので, $x_1 = x_0 + \lambda a, y_1 = y_0 + \lambda b$ が成り立つ. ここで, 点 Q は直線 g 上の点なので, $ax_1 + by_1 + c = 0$ を満たす. 従って,

$$-\lambda = \frac{ax_0 + by_0 + c}{a^2 + b^2}$$

となる. 点 P と点 Q の間の距離を計算すると

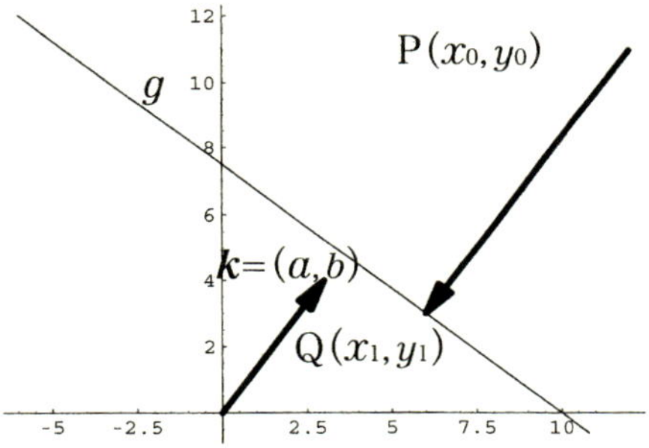

図 3.5　**直線 g に垂直なベクトル $\overrightarrow{\mathrm{PQ}}$ と g の法線ベクトル $\boldsymbol{k} = (a, b)$**

$$\overline{\mathrm{PQ}} = \|\overrightarrow{\mathrm{PQ}}\| = \sqrt{\lambda^2 a^2 + \lambda^2 b^2} = |\lambda|\sqrt{a^2 + b^2} = \frac{|ax_0 + by_0 + c|}{\sqrt{a^2 + b^2}}$$

が得られる.　□

最後に, 直線の極座標表示を与える. 一般に直線はヘッセの標準形で書き表されるので直線 g の方程式を $x \cos\alpha + y \sin\alpha = p$ とする. ここで, p は直線 g と原点との距離であり, α は原点から直線 g へ向けた垂直なベクトルと x 軸の正の方向とのなす角である. ここで, 直交座標 (x, y) と極座標 (r, θ) の間の変換 $x = r\cos\theta, y = r\sin\theta$ を考えると, ヘッセの標準形は

$$r\cos\theta\cos\alpha + r\sin\theta\sin\alpha = p$$

となり, まとめると

$$r\cos(\theta - \alpha) = p \tag{3.18}$$

となる．この方程式は直線の**極方程式**と呼ばれる．とくに, 直線が極（原点）を通るときは $\theta = \alpha$ と表される．

例 3.6　直線 $x + \sqrt{3}y - 2\sqrt{3} = 0$ の極方程式を求める. この直線のヘッセの標準形は

$$\frac{1}{2}x + \frac{\sqrt{3}}{2}y = \sqrt{3}$$

なので, 極方程式は

$$r\cos\left(\theta - \frac{\pi}{3}\right) = \sqrt{3}$$

である．

3.2　空間内の直線と平面

3.2.1　斜交座標系での直線と平面

ここでは, 3 次元空間内の 1 次図形である直線と平面の性質について述べる．ここでも最初に, 任意の斜交座標に対して成り立つ性質を述べその後で直交座標で成り立つ性質について述べる．今後, 3 次元空間を単に空間と呼ぶ．平面の場合と同様に, 点 $\mathrm{A}(a_1, a_2, a_3)$, $\mathrm{B}(b_1, b_2, b_3)$ を通る直線 g のパラメータ表示はベクトル $\boldsymbol{a} = (a_1, a_2, a_3)$, $\boldsymbol{b} = (b_1, b_2, b_3)$ に対して,

$$\boldsymbol{p} = \boldsymbol{a} + t(\boldsymbol{b} - \boldsymbol{a}) \tag{3.19}$$

である．ここで, $\boldsymbol{p} = (x, y, z)$ とすると直線 g のパラメータ表示は

$$\begin{cases} x &= a_1 + t(b_1 - a_1) \\ y &= a_2 + t(b_2 - a_2) \\ z &= a_3 + t(b_3 - a_3) \end{cases} \tag{3.20}$$

となる．とくに, $\boldsymbol{v} = \boldsymbol{b} - \boldsymbol{a}$ と置くと

$$\boldsymbol{p} = \boldsymbol{a} + t\boldsymbol{v} \tag{3.21}$$

となる．この直線のパラメータ表示を点 $\mathrm{A}(a_1, a_2, a_3)$ を通り**方向ベクトル**を $\boldsymbol{v}$ とするパラメータ表示と呼ぶ．このパラメータ表示から $b_1 - a_1 \neq 0$, $b_2 - a_2 \neq 0$, $b_3 - a_3 \neq 0$ のときは, 直線の方程式は

$$t = \frac{x - a_1}{b_1 - a_1} = \frac{y - a_2}{b_2 - a_2} = \frac{z - a_3}{b_3 - a_3} \tag{3.22}$$

となる．このとき, 直線の方程式は

$$\begin{cases} (b_2 - a_2)(x - a_1) = (b_1 - a_1)(y - a_2) \\ (b_3 - a_3)(x - a_1) = (b_1 - a_1)(z - a_3) \end{cases} \tag{3.23}$$

と言う連立 1 次方程式となる．この連立 1 次方程式は, $a = b_2 - a_2, b = a_1 - b_1, c = 0, d = a_2 b_1 - b_2 a_1, a' = b_3 - a_3, b' = 0, c' = a_1 - b_1, d' = a_3 b_1 - b_3 a_1$ とおくと,

$$\begin{cases} ax + by + cz + d = 0 \\ a'x + b'y + c'z + d' = 0 \end{cases} \tag{3.24}$$

となる．このとき, この連立 1 次方程式の係数行列は

$$A = \begin{pmatrix} a & b & c \\ a' & b' & c' \end{pmatrix} = \begin{pmatrix} b_2 - a_2 & a_1 - b_1 & 0 \\ b_3 - a_3 & 0 & a_1 - b_1 \end{pmatrix} \tag{3.25}$$

となり, $b_1 - a_1 \neq 0$ なので, A の階数は 2 である．逆に, (3.24) の形の一般の連立 1 次方程式において, 係数行列 A の階数が 2 とすると, 拡大係数行列 $(A, \boldsymbol{d})$ の階数も 2 となり, 連立 1 次方程式は解をもつ．実際, A に行基本変形を何回か行うと, 拡大係数行列

$$(A, \boldsymbol{d}) = \begin{pmatrix} a & b & c & d \\ a' & b' & c' & d' \end{pmatrix}$$

は階段行列

$$\begin{pmatrix} 1 & 0 & \tilde{c} & \tilde{d} \\ 0 & 1 & \tilde{c}' & \tilde{d}' \end{pmatrix}, \begin{pmatrix} 1 & \tilde{b} & 0 & \tilde{d} \\ 0 & 0 & 1 & \tilde{d}' \end{pmatrix}, \begin{pmatrix} 0 & 1 & 0 & \tilde{d} \\ 0 & 0 & 1 & \tilde{d}' \end{pmatrix}$$

のどれかに変形される．例えば，

$$\begin{pmatrix} 1 & 0 & \tilde{c} & \tilde{d} \\ 0 & 1 & \tilde{c}' & \tilde{d}' \end{pmatrix}$$

のとき，連立 1 次方程式 (3.24) の解は

$$\begin{cases} x = -\tilde{c}t - \tilde{d} \\ y = -\tilde{c}'t - \tilde{d}' \\ z = t \end{cases}$$

となるが，これは直線のパラメータ標示に他ならない．他の 2 つの場合も同様にして，連立 1 次方程式の解が直線を表していることがわかる．

例 3.7　連立 1 次方程式

$$\begin{cases} 2x - y + z - 3 = 0 \\ x - 2y + 5z = 0 \end{cases}$$

が表す直線のパラメータ表示と方向ベクトルを求める．拡大係数行列は

$$\begin{pmatrix} 2 & -1 & 1 & -3 \\ 1 & -2 & 5 & 0 \end{pmatrix}$$

なので，係数行列の部分に行基本変形を行うと，階段行列

$$\begin{pmatrix} 1 & 0 & -1 & -2 \\ 0 & 1 & -3 & -1 \end{pmatrix}$$

が得られる．従って，この直線のパラメータ表示は

$$\begin{cases} x = t + 2 \\ y = 3t + 1 \\ z = t \end{cases}$$

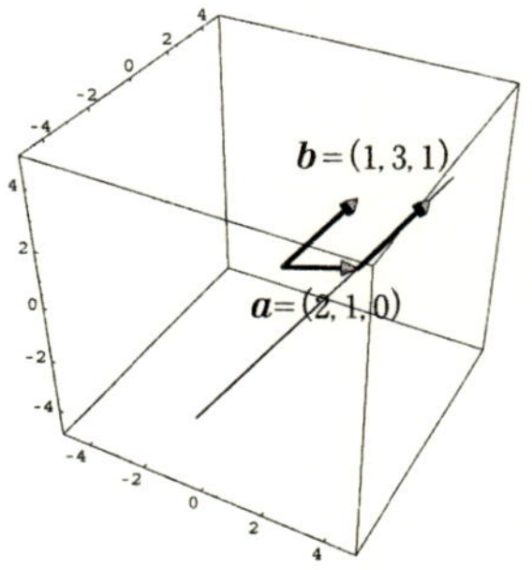

図 3.6　点 A(2, 1, 0) を通り，$\boldsymbol{v} = (1, 3, 1)$ を方向ベクトルとする直線

となり, 方向ベクトルは $\boldsymbol{v} = (1,3,1)$ である.

例 3.8　次の 2 直線が交わるかどうかを判定して, 交わる場合は交点を求める.

$$\begin{cases} x = 5 - t \\ y = 9 + 4t \\ z = 12 - t \end{cases} \qquad \begin{cases} x = 3 - 2s \\ y = 1 + 4s \\ z = 6 - 3s \end{cases}$$

交わるとしたら, t_0, s_0 が存在して,

$$3 - 2s_0 = 5 - t_0, 1 + 4s_0 = 9 + 4t_0, 6 - 3s_0 = 12 - t_0$$

を満たす. この連立 1 次方程式を解くと, 解 $t_0 = -6, s_0 = -4$ が得られ, 交わることがわかる. さらに交点は $s_0 = -4$ より,

$$x = 3 + 8 = 11,\ y = 1 - 16 = -15,\ z = 6 + 12 = 18$$

となり, 点 $\mathrm{P}(11, -15, 18)$ が交点である.

次に 3 点 $\mathrm{P}_0, \mathrm{P}_1, \mathrm{P}_2$ を通る平面 Π のベクトル方程式を求める. $\boldsymbol{p}_0 = \overrightarrow{\mathrm{OP}_0}, \boldsymbol{u} = \overrightarrow{\mathrm{P}_0\mathrm{P}_1}, \boldsymbol{v} = \overrightarrow{\mathrm{P}_0\mathrm{P}_2}$ として, $\boldsymbol{u}, \boldsymbol{v}$ は 1 次独立（平行でない）とする. このとき, 平面 Π 上の点を P として, ベクトル $\boldsymbol{p} = \overrightarrow{\mathrm{OP}}$ を考えると $\boldsymbol{p} - \boldsymbol{p}_0 = \overrightarrow{\mathrm{P}_0\mathrm{P}}$ は $\boldsymbol{u}, \boldsymbol{v}$ の 1 次結合で書き表される. すなわち, ある実数 λ, μ が存在して

$$\boldsymbol{p} = \boldsymbol{p}_0 + \lambda \boldsymbol{u} + \mu \boldsymbol{v} \tag{3.26}$$

と書き表すことが出来る. いまこの λ, μ をすべての実数を動かすとき, このように書き表されたベクトル $\boldsymbol{p}$ は平面 Π 上のすべての点を書き表すので, この表示 (3.26) を平面 Π の**ベクトル方程式**（**パラメータ型**）または単に**パラメータ表示**と言う. (3.26) 式は, $\boldsymbol{p} - \boldsymbol{p}_0$ が部分ベクトル空間 $\langle \boldsymbol{u}, \boldsymbol{v} \rangle_{\mathbb{R}}$ に属することを意味

する．今，$\boldsymbol{u}, \boldsymbol{v}$ は 1 次独立なので，この事は $\boldsymbol{p} - \boldsymbol{p}_0, \boldsymbol{u}, \boldsymbol{v}$ が 1 次従属であることと同値である．この事を，成分で表すと

$$\begin{vmatrix} x - x_0 & x_1 - x_0 & x_2 - x_0 \\ y - y_0 & y_1 - y_0 & y_2 - y_0 \\ z - z_0 & z_1 - z_0 & z_2 - z_0 \end{vmatrix} = 0 \qquad (3.27)$$

となる．この関係式は 4 次の行列式で表すと

$$\begin{vmatrix} 1 & 1 & 1 & 1 \\ x & x_0 & x_1 & x_2 \\ y & y_0 & y_1 & y_2 \\ z & z_0 & z_1 & z_2 \end{vmatrix} = 0 \qquad (3.28)$$

と書き表すことができる．従って，4 点 $\mathrm{P}_i(x_i, y_i, z_i)$ $(i = 0, 1, 2, 3)$ が同一平面上にある為の必要十分条件は

$$\begin{vmatrix} 1 & 1 & 1 & 1 \\ x_0 & x_1 & x_2 & x_3 \\ y_0 & y_1 & y_2 & y_3 \\ z_0 & z_1 & z_2 & z_3 \end{vmatrix} = 0 \qquad (3.29)$$

である．ここで，(3.28) 式を第 1 列によって展開し，係数をまとめると 1 次方程式

$$ax + by + cz + d = 0,\ (a, b, c) \neq (0, 0, 0) \qquad (3.30)$$

と書き表すことが出来る．逆に，(3.30) の形の 1 次方程式を考え，$a \neq 0$ とすると，この方程式は

$$x = -\frac{b}{a}y - \frac{c}{a}z - \frac{d}{a}$$

となり，$\boldsymbol{p} = (x, y, z), \boldsymbol{p}_0 = (-d/a, 0, 0), \boldsymbol{u} = (-b/a, 1, 0), \boldsymbol{v} = (-c/a, 0, 1)$ とおくと，平面のパラメータ表示 $\boldsymbol{p} = \boldsymbol{p}_0 + \lambda\boldsymbol{u} + \mu\boldsymbol{v}$ を表す．$b \neq 0$ や $c \neq 0$ の場合も同様にして，1 次方程式 (3.30) の解全体は平面を表すことがわかる．

例 3.9 3 点 $\mathrm{P}_0(0,-1,1), \mathrm{P}_1(2,0,2), \mathrm{P}_2(1,5,1)$ を通る平面の方程式を求めるには (3.27) 式から

$$\begin{vmatrix} x-0 & 2-0 & 1-0 \\ y-(-1) & 0-(-1) & 5-(-1) \\ z-1 & 2-1 & 1-1 \end{vmatrix} = \begin{vmatrix} x & 2 & 1 \\ y+1 & 1 & 6 \\ z-1 & 1 & 0 \end{vmatrix} = 0$$

であり, まとめると

$$-6x + y + 11z - 10 = 0$$

である.

次に 2 平面 $ax+by+cz+d=0, a'x+b'y+c'z+d'=0$ の関係について述べる. 平面上の直線の場合と同様にして, 連立 1 次方程式

$$\begin{cases} ax+by+cz+d=0 \\ a'x+b'y+c'z+d'=0 \end{cases} \tag{3.31}$$

を考える. やはり, 係数行列 $A = \begin{pmatrix} a & b & c \\ a' & b' & c' \end{pmatrix}$ の階数が 1 で, 拡大係数行列 $(A, \boldsymbol{d}) = \begin{pmatrix} a & b & c & d \\ a' & b' & c' & d' \end{pmatrix}$ の階数が 2 となる場合にこの連立 1 次方程式は解を持たない. 言い換えると 2 平面は平行となる. 即ち, ベクトル $(a,b,c),(a',b',c')$ が平行でベクトル $(a,b,c,d),(a',b',c',d')$ が平行でないとき 2 平面は平行となる. 即ち,

$$a:b:c = a':b':c' \text{ かつ } a:b:c:d \neq a':b':c':d'$$

の場合である. また, $(a,b,c,d),(a',b',c',d')$ が平行のときは連立 1 次方程式 (3.31) は単独の方程式と同値となり, 2 つの平面は一致する. 言い換えると

$$a:b:c:d = a':b':c':d' \tag{3.32}$$

が成り立つときに同じ平面をあらわす．一方, 係数行列 A の階数が 2 のときは (3.24) で示したようにこの連立 1 次方程式の解は直線をあらわす．言い換えると, 2 つの平面の交わりは直線となる．

次に, 2 つの平面の方程式 (3.31) に対して, 同時には 0 にならない実数 λ, μ に対して, 方程式

$$\lambda(ax+by+cz+d)+\mu(a'x+b'y+c'z+d')=0 \tag{3.33}$$

は, 平面上の直線束の場合と同様にして 2 平面が平行でなければその交わりの直線を含む平面を表すことがわかる．このような平面の集まりを**平面束**と呼ぶ．ここでも, λ, μ の 1 つの値に対して, 1 つの平面が定まるが, $\lambda_1 \neq \lambda_2$, $\mu_1 \neq \mu_2$ であっても $\lambda_1 : \mu_1 = \lambda_2 : \mu_2$ の場合は 2 つの方程式

$$\lambda_1(ax+by+cz+d)+\mu_1(a'x+b'y+c'z+d)=0,$$
$$\lambda_2(ax+by+cz+d)+\mu_2(a'x+b'y+c'z+d)=0$$

は同じ平面を表すことに注意する．

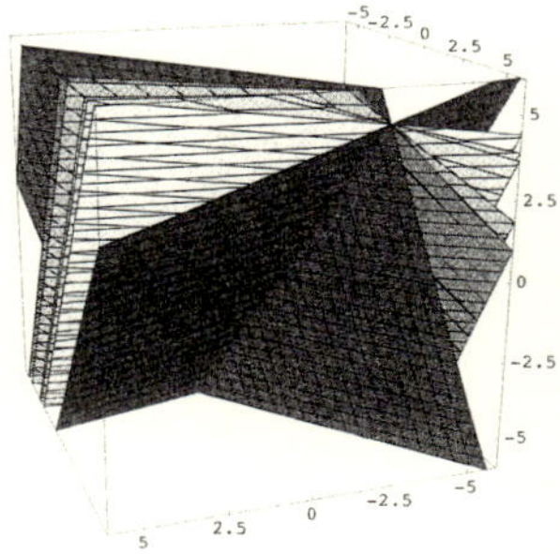

図 3.7　平面束 $\lambda(x-y+z-3)+\mu(x+3y-2z-6)=0$, **において,** λ/μ **をいくつか選んだ平面の図**

例 3.10　2 平面 $x-y+z-3=0$, $x+3y-2z-6=0$ の交わりの直線を含み点 $(0,0,1)$ を通る平面の方程式は, 平面束の方程式

$$\lambda(x-y+z-3)+\mu(x+3y-2z-6)=0$$

に点 $(0,0,1)$ を代入すると, 関係式 $\lambda=-4\mu$ が得られる．この関係式を平面束の方程式に代入すると

$$-3\mu x+7\mu y-6\mu z+6\mu=0$$

となるが, 今 $\mu \neq 0$ なので求める平面の方程式は

$$-3x+7y-6z+6=0$$

である.

3.2.2　直交座標系での直線と平面

一般の斜交座標系において成り立つ性質はまだまだ沢山存在するが, ここではより幾何学的にわかりやすい, 直交座標系を考える. この場合, 平面の場合と同様に 2 つの空間ベクトル $\boldsymbol{a} = (a_1, a_2, a_3), \boldsymbol{b} = (b_1, b_2, b_3)$ の間には**標準内積** $(\boldsymbol{a}, \boldsymbol{b}) = a_1b_1 + a_2b_2 + a_3b_3$ が与えられている. このとき, ベクトル $\boldsymbol{a}$ には大きさ（ノルム）$\|\boldsymbol{a}\| = \sqrt{a_1^2 + a_2^2 + a_3^2}$ が定まる. 空間ベクトル $\boldsymbol{a} = (a_1, a_2, a_3)$ に対して,

$$\boldsymbol{e} = \frac{\boldsymbol{a}}{\|\boldsymbol{a}\|} = \left(\frac{a_1}{\sqrt{a_1^2 + a_2^2 + a_3^2}}, \frac{a_2}{\sqrt{a_1^2 + a_2^2 + a_3^2}}, \frac{a_1}{\sqrt{a_1^2 + a_2^2 + a_3^2}} \right)$$

を $\boldsymbol{a}$ の**単位方向ベクトル**と呼ぶ. ここで, $\|\boldsymbol{e}\| = 1$ となる. さらに, 空間内の直線 g が $\boldsymbol{a}$ に平行なとき $\boldsymbol{e}$ を g の**単位方向ベクトル**と呼ぶ. 平面 Π の一般の方程式

$$ax + by + cz + d = 0 \tag{3.34}$$

において, $\boldsymbol{n} = (a, b, c)$ とおく.

このとき, 任意の Π 上の 2 点 $\mathrm{P}_1(x_1, y_1, z_1), \mathrm{P}_2(x_2, y_2, z_2)$ にたいしてベクトル

$$\boldsymbol{p} = \overrightarrow{\mathrm{P}_1\mathrm{P}_2} = (x_2 - x_1, y_2, -y_1, z_2 - z_1)$$

を考えると,

$$(\boldsymbol{n}, \boldsymbol{p}) = a(x_2 - x_1) + b(y_2 - y_\mathrm{i}) + c(z_2 - z_1) = -d + d = 0$$

となり, $\boldsymbol{n}$ と $\boldsymbol{p}$ は垂直である. このように, ベクトル $\boldsymbol{n}$ は平面 Π に垂直なベクトルで平面 Π の**法線ベクトル**と呼ばれる. 特に, $\boldsymbol{n}$ が単位ベクトル ($\|\boldsymbol{n}\| = 1$) のときは**単位法線ベクトル**と呼ばれる. $\boldsymbol{n}$ が単位ベクトルでなくとも, その単位方向ベクトル $\boldsymbol{n}/\|\boldsymbol{n}\|$ を取ることにより, いつでも単位法線ベクトルは存在する.

例 3.11　法線ベクトルが $\boldsymbol{n} = (1, 2, 3)$ で点 $(1, 1, 1)$ を通る平面の方程式を求める．法線ベクトルが $\boldsymbol{n} = (1, 2, 3)$ である平面の方程式は $x + 2y + 3z = d$ の形をしている．ここで，点 $(1, 1, 1)$ はこの方程式を満たしているので，$d = 1 + 2 + 3 = 6$ となり，求める方程式は

$$x + 2y + 3z - 6 = 0$$

である．

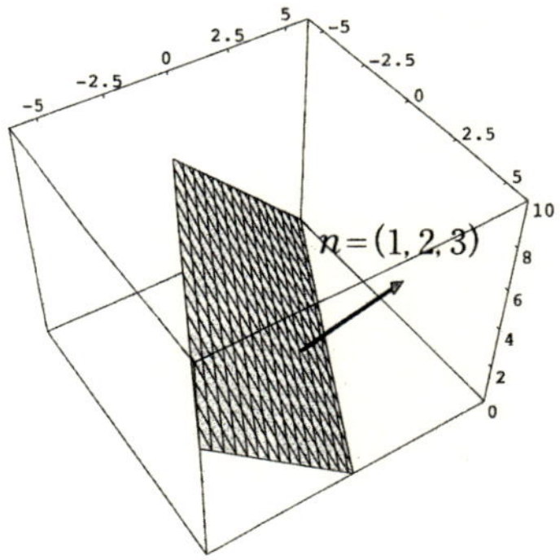

図 3.8　**法線ベクトルが** $\boldsymbol{n} = (1, 2, 3)$ **で点** $(1, 1, 1)$ **を通る平面** $x+2y+3z-6 = 0$

今，平面 Π へ原点 O から垂線 OH を引く．$p = \overline{\mathrm{OH}}$ としてベクトル $\overrightarrow{\mathrm{OH}}$ の単位方向ベクトルを $\boldsymbol{h}$ とする．さらに，$\mathrm{P}(x, y, z)$ を Π 上の任意の点として，$\boldsymbol{p} = \overrightarrow{\mathrm{OP}}$ とおく．また，$\theta = \angle\mathrm{POH}$ とすると

$$\cos\theta = \frac{p}{\overline{\mathrm{OP}}} = \frac{p}{\|\boldsymbol{p}\|}$$

となる．即ち，

$$(\boldsymbol{p}, \boldsymbol{h}) = \|\boldsymbol{p}\|\|\boldsymbol{h}\|\cos\theta = p$$

が得られる．この式

$$(\boldsymbol{p}, \boldsymbol{h}) = p \tag{3.35}$$

を平面 Π の**ヘッセの標準形**と呼ぶ．ここで，定め方から $p \geq 0$ である．次に，平面 Π の一般の方程式 $ax + by + cz + d = 0$ からヘッセの標準形を求めてみる．また，ベクトル $\boldsymbol{n} = (a, b, c)$ は Π の法線ベクトルなので $\|\boldsymbol{n}\|$ で方程式の両辺を割ると

$$\frac{a}{\|\boldsymbol{n}\|}x + \frac{b}{\|\boldsymbol{n}\|}y + \frac{c}{\|\boldsymbol{n}\|}z = -\frac{d}{\|\boldsymbol{n}\|}$$

が得られる． また，$\boldsymbol{n}/\|\boldsymbol{n}\|$ は Π の単位法線ベクトルなので，$d \leq 0$ のとき，$\boldsymbol{h} = \boldsymbol{n}/\|\boldsymbol{n}\|$, $p = -d/\|\boldsymbol{n}\|$ とおくと，上式はヘッセの標準形 $(\boldsymbol{h}, \boldsymbol{p}) = p$ とな

る．一方，$d > 0$ のときは $\boldsymbol{h} = -\boldsymbol{n}/\|\boldsymbol{n}\|$, $p = d/\|\boldsymbol{n}\|$ とおくと，ヘッセの標準形 $(\boldsymbol{h}, \boldsymbol{p}) = d$ が得られる．これらをまとめるとヘッセの標準形は

$$(\boldsymbol{h}, \boldsymbol{p}) = \frac{|d|}{\|\boldsymbol{n}\|} \tag{3.36}$$

となる．ここで，$p = |d|/\|\boldsymbol{n}\|$ は原点 O から平面 Π までの距離なので，以下の命題が証明された．

命題 3.12　原点 O から平面 $\Pi : ax + by + cz + d = 0$ までの距離は

$$\frac{|d|}{\sqrt{a^2 + b^2 + c^2}} \tag{3.37}$$

である．

例 3.13　平面 $2x + y - 6z + 1 = 0$ のヘッセの標準形を求めると，$\boldsymbol{n} = (2, 1, -6)$ なので，$\|\boldsymbol{n}\| = \sqrt{2^2 + 1^2 + 6^2} = \sqrt{41}$ となり，平面の方程式は

$$\frac{2}{\sqrt{41}}x + \frac{1}{\sqrt{41}}y + \frac{-6}{\sqrt{41}}z = -\frac{1}{\sqrt{41}}$$

となる．従って，ヘッセの標準形は

$$\left(-\frac{2}{\sqrt{41}}\right)x + \left(-\frac{1}{\sqrt{41}}\right)y + \frac{6}{\sqrt{41}}z = \frac{1}{\sqrt{41}}$$

であり，原点 O からの距離は $1/\sqrt{41}$ である．

空間内の一般の点から平面までの距離は以下のようにして得られる．

命題 3.14　点 $\mathrm{P}_0(x_0, y_0, z_0)$ から平面 $\Pi : ax + by + cz + d = 0$ までの距離は

$$\frac{|ax_0 + by_0 + cz_0 + d|}{\sqrt{a^2 + b^2 + c^2}} \tag{3.38}$$

である．

証明　点 P_0 から Π への垂線 $\mathrm{P}_0\mathrm{Q}$ を引き，その長さ $\overline{\mathrm{P}_0\mathrm{Q}}$ が P_0 と Π の距離である（ここでは，このように定義する）．今，Q の座標を (x_1, y_1, z_1) とする．$\boldsymbol{n} = (a, b, c)$ は Π に垂直なので，ある実数 λ が存在して

$$\overrightarrow{\mathrm{QP}_0} = \lambda \boldsymbol{n} = (\lambda a, \lambda b, \lambda c)$$

が成り立つ．$\overrightarrow{\mathrm{QP}_0} = (x_1 - x_0, y_1 - y_0, z_1 - z_0)$ なので，

$$x_1 = x_0 + \lambda a,\ y_1 = y_0 + \lambda b,\ z_1 = z_0 + \lambda c$$

となる．点 Q は Π 上にあるので，$ax_1 + by_1 + cz_1 + d = 0$ を満たす．言い換えると

$$ax_0 + by_0 + cz_0 + d + \lambda(a^2 + b^2 + c^2) = 0$$

である．故に

$$\begin{aligned}
\overline{\mathrm{P}_0\mathrm{Q}} &= \|\overrightarrow{\mathrm{QP}_0}\| = \sqrt{(x_1 - x_0)^2 + (y_1 - y_0)^2 + (z_1 - z_0)^2} \\
&= \sqrt{\lambda^2 a^2 + \lambda^2 b^2 + \lambda^2 c^2} = |\lambda|\sqrt{a^2 + b^2 + c^2} \\
&= \frac{|ax_0 + bx_0 + cz_0 + d|}{a^2 + b^2 + c^2}\sqrt{a^2 + b^2 + c^2} = \frac{|ax_0 + bx_0 + cz_0 + d|}{\sqrt{a^2 + b^2 + c^2}}
\end{aligned}$$

が得られる．　□

次に直線と平面の位置関係について述べる．直線 $g : \boldsymbol{p} = \boldsymbol{p}_0 + t\boldsymbol{v},\ \boldsymbol{v} = (A, B, C)$ と平面 $\Pi : ax + by + cz + d = 0$ において，$\boldsymbol{v}$ は g に平行なベクトルであり，$\boldsymbol{n} = (a, b, c)$ は Π に垂直なベクトルである．従って，g が Π に平行である為の必要十分条件は $\boldsymbol{v}$ が $\boldsymbol{n}$ に垂直なことであり，また，g が Π に垂直である為の必要十分条件は $\boldsymbol{v}$ と $\boldsymbol{n}$ が平行であることである．さらに，$\boldsymbol{v}$ と $\boldsymbol{n}$ が垂直であることは条件 $(\boldsymbol{v}, \boldsymbol{n}) = 0$ と同値で，$\boldsymbol{v}$ と $\boldsymbol{n}$ が平行であることは条件 $\boldsymbol{v} \times \boldsymbol{n} = \boldsymbol{0}$ と同値なので，定義から以下の命題が成り立つ．

命題 3.15　直線 $g : \boldsymbol{p} = \boldsymbol{p}_0 + t\boldsymbol{v},\ \boldsymbol{v} = (A, B, C)$ と平面 $\Pi : ax + by + cz + d = 0$ に対して以下が成り立つ：

(1) 直線 g と平面 Π が平行であるための必要十分条件は

$$aA + bB + cC = 0 \tag{3.39}$$

である.

(2) 直線 g と平面 Π が垂直であるための必要十分条件は

$$bC - cB = aC - cA = aB - bA = 0 \tag{3.40}$$

である.

2 つの平面 $\Pi_1 : a_1x + b_1y + c_1z + d_1 = 0$, $\Pi_2 : a_2x + b_2y + c_2z + d_2 = 0$ においても $\boldsymbol{n}_1 = (a_1, b_1, c_1)$, $\boldsymbol{n}_2 = (a_2, b_2, c_2)$ はそれぞれの平面に垂直な平面なので, Π_1 と Π_2 が平行である為の必要十分条件は $\boldsymbol{n}_1$ と $\boldsymbol{n}_2$ が平行なことであり, Π_1 と Π_2 が垂直である為の必要十分条件は $\boldsymbol{n}_1$ と $\boldsymbol{n}_2$ が垂直であることである. 従って, 以下の命題が成り立つ.

命題 3.16 2 つの平面 $\Pi_1 : a_1x+b_1y+c_1z+d_1 = 0$, $\Pi_2 : a_2x+b_2y+c_2z+d_2 = 0$ に対して以下が成り立つ:

(1) 平面 Π_1 と Π_2 が平行であるための必要十分条件は

$$b_1c_2 - b_2c_1 = a_1c_2 - c_1a_2 = a_1b_2 - b_1a_2 = 0 \tag{3.41}$$

である.

(2) 平面 Π_1 と Π_2 が垂直であるための必要十分条件は

$$a_1a_2 + b_1b_2 + c_1c_2 = 0 \tag{3.42}$$

である.

上の 2 つの命題において, 主張 (1) は, 直線と平面及び平面同士の平行性の特徴付けである. ここで, 平行であると言う性質は斜交座標系でも成り立つ性質なので, 両方の命題における主張 (1) は一般の斜交座標系でもなりたつ命題で

ある．実際，ベクトルの平行性や 2 つのベクトルの外積が零と言う性質は，付録（第 7 章）で述べるアフィン変換で不変な性質であり，「アフィン幾何学」的性質であると言える．一方，垂直と言う概念は，内積が定まって初めて定義される概念であり，「ユークリッド幾何学」的概念である．内積が定まると直交以外に 2 つのベクトルのなす角が定まるので，直線や平面の間の成す角も定義することができる．2 直線，$g_1 : \boldsymbol{p} = \boldsymbol{p}_1 + t\boldsymbol{v}_1$，$g_2 : \boldsymbol{p} = \boldsymbol{p}_2 + s\boldsymbol{v}_2$ の**なす角**はその方向ベクトル $\boldsymbol{v}_1$，$\boldsymbol{v}_2$ の成す角と定義する．即ち，g_1 と g_2 の成す角 θ $(0 \leq \theta < \pi)$ は $(\boldsymbol{v}_1, \boldsymbol{v}_2) = \|\boldsymbol{v}_1\|\|\boldsymbol{v}_2\| \cos\theta$ をみたす θ として定まる．次に直線 $g : \boldsymbol{p} = \boldsymbol{p}_0 + t\boldsymbol{v}$ と平面 $\Pi : ax + by + cz + d = 0$ の成す角とは，ベクトル $\boldsymbol{v}$ と原点 O に平行移動した平面 $\Pi_0 : ax + by + cz = 0$ に対して，$\boldsymbol{v}$ を Π_0 に正射影したベクトルと $\boldsymbol{v}$ の成す角と定義する．ここで，$\boldsymbol{n} = (a, b, c)$ は平面 Π_0 の法線ベクトルなので，$\boldsymbol{v}$ とその正射影となす角を θ とすると，$\pi/2 - \theta$ が $\boldsymbol{n}$ と $\boldsymbol{v}$ の成す角なので

$$\sin\theta = \cos\left(\frac{\pi}{2} - \theta\right) = \frac{(\boldsymbol{v}, \boldsymbol{n})}{\|\boldsymbol{v}\|\|\boldsymbol{n}\|}$$

で定まる．また，2 つの平面 $\Pi_1 : a_1x + b_1y + c_1z + d_1 = 0$ と $\Pi_2 : a_2x + b_2y + c_2z + d_2 = 0$ の成す角は法線ベクトル $\boldsymbol{n}_1 = (a_1, b_1, c_1)$ と $\boldsymbol{n}_2 = (a_2, b_2, c_2)$ の成す角と定義され，その値 θ は

$$\cos\theta = \frac{(\boldsymbol{n}_1, \boldsymbol{n}_2)}{\|\boldsymbol{n}_1\|\|\boldsymbol{n}_2\|}$$

で定まる．

第4章
2次曲線

4.1　典型的な2次曲線

定義 4.1 (2 次曲線)　平面で斜交座標 (x, y) についての 2 次方程式 $\varphi(x, y) = 0$ を満たす点の集まりを **2 次曲線**という.

このとき, 方程式の次数は斜交座標系の変換で不変である.

以下, この章においては直交座標系において考察する. まず, 2 次曲線

$$\varphi(x, y) \equiv ax^2 + 2hxy + by^2 + 2gx + 2fy + c = 0$$

の中で直線に分解しない 2 次曲線の形について考えてみる.

直線に分解する 2 次曲線とは

$$(A_1x + B_1y + C_1)(A_2x + B_2y + C_2) = 0$$

というように 1 次式の積の形に書くことができるものである. このとき, この 2 次曲線は 2 直線

$$A_1x + B_1y + C_1 = 0 \quad \text{と} \quad A_2x + B_2y + C_2 = 0$$

から成る.

定義 4.2 (既約 2 次曲線)　直線に分解しない 2 次曲線を**既約 2 次曲線**と呼ぶ.

4.1.1　楕円

楕円の標準的な方程式は

$$\frac{x^2}{a^2} + \frac{y^2}{b^2} = 1$$

で与えられる．$a=b$ の場合には中心を原点とし，半径 $a=r$ の円を表す．a と b の大小関係は x 軸と y 軸を取りかえることによって変えることができるので，今後 $a \geqq b > 0$ とする．

4.1.2　楕円のパラメータ表示

楕円の図をコンピュータで描くとき，パラメータ表示を用いると便利である．

$$\left(\frac{x}{a}\right)^2 + \left(\frac{y}{b}\right)^2 = 1$$

の形に書き直してみると，楕円の上の任意の点 $\mathrm{P}(x,y)$ に対して

$$\frac{x}{a} = \cos\theta, \quad \frac{y}{b} = \sin\theta$$

となる角 θ が存在する．θ の幾何学的意味は以下のようなものである．

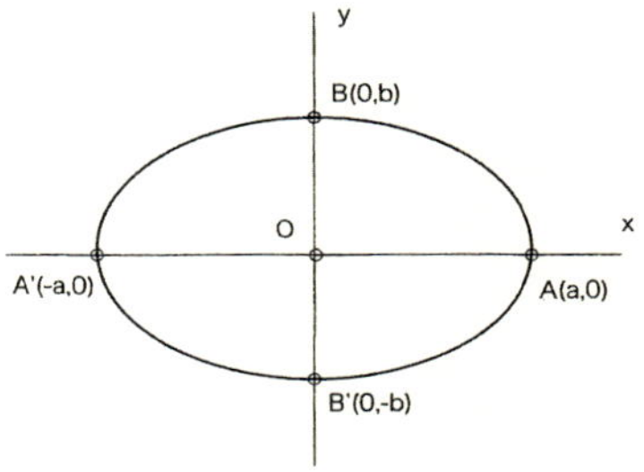

図 4.1　$\dfrac{x^2}{a^2} + \dfrac{y^2}{b^2} = 1$ **の楕円**

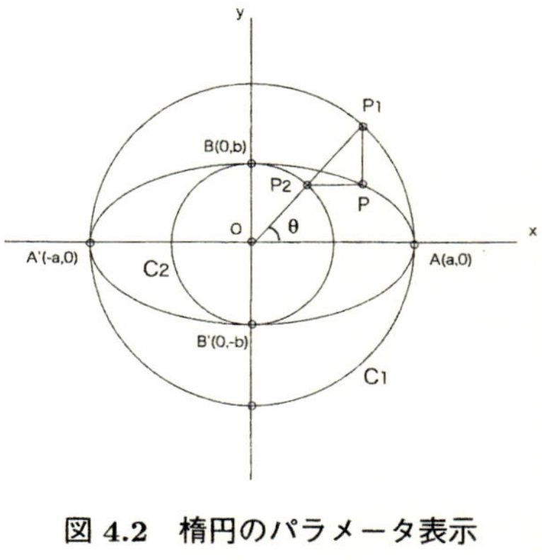

図 4.2　楕円のパラメータ表示

原点 O を中心とする，半径 a の円 C_1 と半径 b の円 C_2 を描き，楕円上の任意の点 $\mathrm{P}(x,y)$ を通り，y 軸に平行な直線と円 C_1 との交点および x 軸に平行な直線と円 C_2 との交点で P と同じ象限内にあるものをそれぞれ P_1,P_2 とする．このとき，点 P_1 と P_2 を結ぶ直線は原点 O を通り，かつ x 軸となす角がこの θ である．

このことから，**楕円のパラメータ表示**として

$$x = a\cos\theta, \quad y = b\sin\theta, \quad 0 \leqq \theta < 2\pi$$

を用いることが多い．この θ を**離心角**といい，楕円に外接する円 C_1 を楕円の**補助円**と呼ぶ．

4.1.3 双曲線

双曲線の標準的な方程式は

$$\frac{x^2}{a^2} - \frac{y^2}{b^2} = 1 \quad (a, b > 0)$$

で与えられる. この双曲線において, 2 直線

$$\frac{x^2}{a^2} - \frac{y^2}{b^2} = 0, \qquad すなわち \qquad \frac{x}{a} - \frac{y}{b} = 0, \quad \frac{x}{a} + \frac{y}{b} = 0$$

を**漸近線**という. $|x|$ が限りなく大きくなるとき, 双曲線は限りなくこれらの直線に近づいていく. その様子は以下のことを見ればわかる.

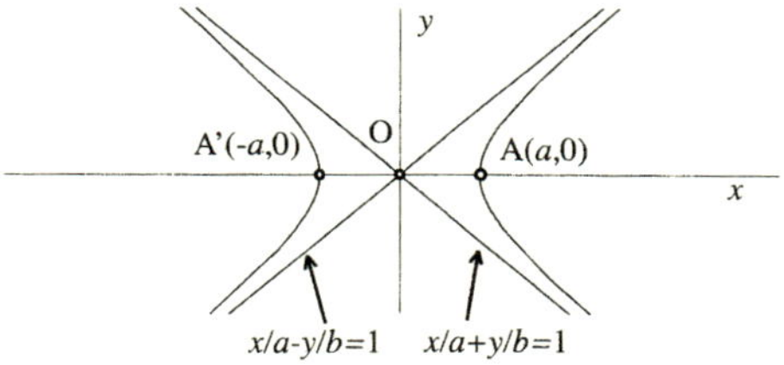

図 4.3 $\frac{x^2}{a^2} - \frac{y^2}{b^2} = 1$ **の双曲線とその漸近線**

今, 双曲線上の第 1 象限または第 3 象限内の任意の点 $\mathrm{P}(x, y)$ から, 直線 $\frac{x}{a} - \frac{y}{b} = 0$ に垂線を下し, この直線との交点を H とする. このとき線分 PH の長さは双曲線上の点 P の座標 (x, y) を用いて

$$\overline{\mathrm{PH}} = \frac{\left|\frac{x}{a} - \frac{y}{b}\right|}{\sqrt{\frac{1}{a^2} + \frac{1}{b^2}}} = \frac{1}{\left|\frac{x}{a} + \frac{y}{b}\right|\sqrt{\frac{1}{a^2} + \frac{1}{b^2}}}$$

と書くことができる. 点 $\mathrm{P}(x, y)$ は第 1 象限または第 3 象限内の点であるから, x と y は同符号であり, $|x|$ が大きくなるにつれて $|y|$ も大きくなる. よって $|x| \to \infty$ につれて $\overline{\mathrm{PH}} \to 0$ となる.

第 2 象限または第 4 象限内においても, 直線 $\frac{x}{a} + \frac{y}{b} = 0$ に対して同様な議論が成り立つ.

4.1.4　双曲線のパラメータ表示

楕円の際と同様なパラメータ表示を考えてみたい．双曲線の標準的な方程式を

$$\left(\frac{x}{a}\right)^2 = \left(\frac{y}{b}\right)^2 + 1$$

の形に書き直してみると，

$$(\sec\theta)^2 = (\tan\theta)^2 + 1 \qquad \left(\sec\theta = \frac{1}{\cos\theta}\right)$$

なる式と比較することにより，双曲線の上の任意の点 $\mathrm{P}(x, y)$ に対して

$$\frac{x}{a} = \sec\theta, \quad \frac{y}{b} = \tan\theta$$

となる角 θ が存在する．まず原点 O を中心とする，半径 a の円 C を描く．双曲線上の任意の点 $\mathrm{P}(x, y)$ から x 軸に垂線を下し，その交点を Q とする．点 P と同じ象限内で点 Q から円 C に接線を引き，その接点を R とすると，

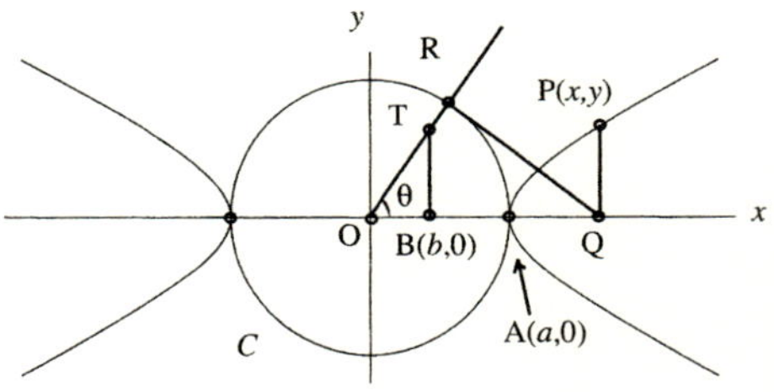

図 4.4　双曲線のパラメータ表示

$$x = a\sec\theta, \quad すなわち \quad \overline{\mathrm{OQ}} = \overline{\mathrm{OR}}\sec\theta$$

であることから，点 $\mathrm{A}(a, 0)$ に対して $\theta = \angle\mathrm{AOR}$ であることがわかる．この角 θ を点 P の**離心角**という．点 P が第 1 または第 4 象限内にあるときには，点 $\mathrm{B}(b, 0)$ を通り，y 軸に平行な直線 $y = b$ と直線 OR との交点を T とすると，

$$\overline{\mathrm{BT}} = b\tan\theta$$

よって，$\overline{\mathrm{BT}} = \overline{\mathrm{QP}}$ である．点 P が第 2 または第 3 象限内にあるときには，点 $\mathrm{B}'(-b, 0)$ を通る直線 $y = -b$ を用いて同じ関係が成り立つ．OR が中心 O の周

りを一周するとき, 円 C と直線 $y=b$ または直線 $y=-b$ を用いて作図される点 P は双曲線を描く. このようにして

$$x=a\sec\theta,\quad y=b\tan\theta,\quad 0\leqslant\theta<2\pi$$

は**双曲線のパラメータ表示**となる. この円 C を双曲線の**補助円**と呼ぶ.

4.1.5　放物線

放物線の標準的な方程式は

$$y^2=4px\quad (p\neq 0)$$

で与えられる. 原点 O を放物線の**頂点**, x 軸を**軸**という.

4.1.6　放物線のパラメータ表示

放物線に関しては楕円や双曲線のときのような離心角にあたるものはないが, **放物線のパラメータ表示**は

$$x=pt^2,\quad y=2pt$$

である. 原点 O を通る直線 $2x-ty=0$ とこの放物線とは 2 点 O,P(x,y) で交わり, P(x,y) の座標は $x=pt^2, y=2pt$ とパラメータ表示することができる.

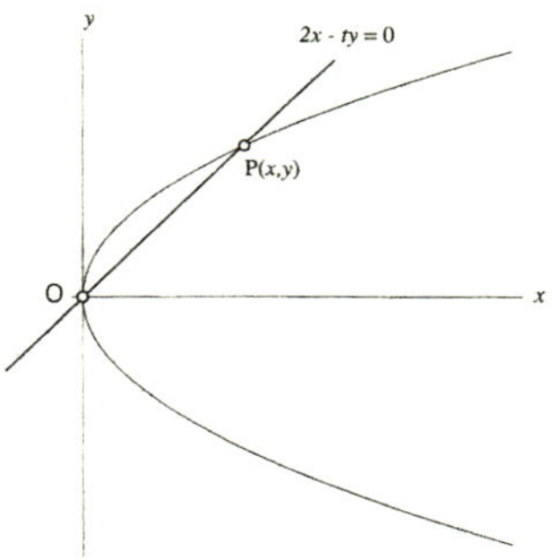

図 4.5　$y^2=4px$ **の放物線**

4.2　2 次曲線の分類

2 次曲線の例としては具体的に楕円 $\dfrac{x^2}{a^2}+\dfrac{y^2}{b^2}=1$, 双曲線 $\dfrac{x^2}{a^2}-\dfrac{y^2}{b^2}=1$, 放物線 $y^2=4px$ 等が挙げられるが, これから一般的な 2 次曲線の分類を行う.

2 次曲線

$$(*) \qquad \varphi(x,y) \equiv ax^2 + 2hxy + by^2 + 2gx + 2fy + c = 0$$

に対して, 適当に λ , μ を選び, 座標系の平行移動：

$$x = \overline{x} + \lambda, \quad y = \overline{y} + \mu$$

を施し, 新しい座標系 $(\overline{x}, \overline{y})$ で $(*)$ が表す図形の方程式の 1 次の項が消えるようにしたい. 実際にこの変換を式 $(*)$ に代入すると,

$$\begin{aligned}
&a\overline{x}^2 + 2h\overline{x}\,\overline{y} + b\overline{y}^2 + 2(a\lambda + h\mu + g)\overline{x} + 2(h\lambda + b\mu + f)\overline{y} \\
&+(a\lambda^2 + 2h\lambda\mu + b\mu^2 + 2g\lambda + 2f\mu + c) = 0
\end{aligned}$$

となる. よって, 1 次の項が消えるようにするためには λ , μ を

$$(**) \qquad \begin{cases} a\lambda + h\mu + g = 0 \\ h\lambda + b\mu + f = 0 \end{cases}$$

なる連立 1 次方程式の解になるように選べばよい.

(1) $a : h \neq h : b$ すなわち $ab - h^2 \neq 0$ の場合: 連立 1 次方程式 $(**)$ はただ一組の解

$$\lambda = \frac{fh - bg}{ab - h^2}, \quad \mu = \frac{gh - af}{ab - h^2}$$

をもつ. このとき,

$$\begin{aligned}
&a\lambda^2 + 2h\lambda\mu + b\mu^2 + 2g\lambda + 2f\mu + c \\
&= (a\lambda + h\mu + g)\lambda + (h\lambda + b\mu + f)\mu + g\lambda + f\mu + c = g\lambda + f\mu + c \\
&= \frac{g(fh - bg) + f(gh - af) + c(ab - h^2)}{ab - h^2} = \frac{\triangle}{\triangle_0}
\end{aligned}$$

となる. 但し,

$$\triangle = \begin{vmatrix} a & h & g \\ h & b & f \\ g & f & c \end{vmatrix}, \quad \triangle_0 = \begin{vmatrix} a & h \\ h & b \end{vmatrix}$$

とする．よって，新しい座標系 $(\overline{x}, \overline{y})$ において $(*)$ が表す図形の方程式は

$$a\overline{x}^2 + 2h\overline{x}\ \overline{y} + b\overline{y}^2 + \frac{\triangle}{\triangle_0} = 0$$

となる．

この方程式の形から，図形上の任意の点 $\mathrm{P}(\overline{x}, \overline{y})$ に対し，$(-\overline{x}, -\overline{y})$ を座標とする点もこの図形上に存在する．よって，この図形は新しい座標系の原点 $\overline{\mathrm{O}}$ に関し，対称である．

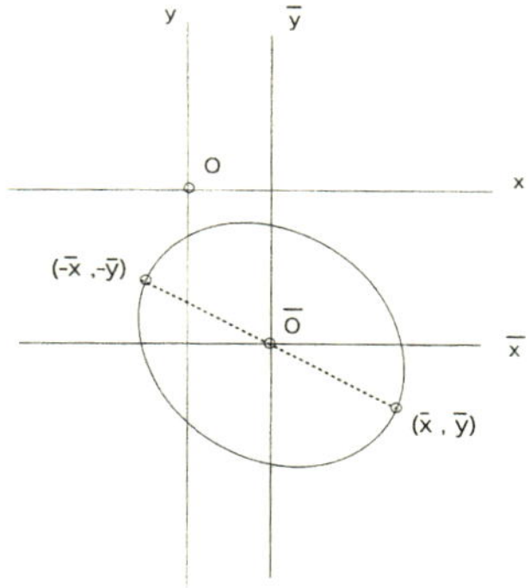

図 4.6　2 次曲線の中心

一般に 2 次曲線がある点に対して対称であるとき，この点をこの **2 次曲線の中心**という．

逆に 2 次曲線の中心を原点にする座標系の平行移動を行うと，曲線の方程式の 1 次の項は消えなければならない．従って，$ab - h^2 \neq 0$ をみたす 2 次曲線の中心は上述の点 $\overline{\mathrm{O}}$ のみである．中心が唯 1 つの 2 次曲線を**有心 2 次曲線**という†．

(2) $a : h = h : b$ すなわち $ab - h^2 = 0$ の場合：連立方程式$(**)$は

$$\begin{cases} a : h \neq g : f & \text{ならば解をもたず,} \\ a : h = g : f & \text{ならば無限に多くの解をもつ.} \end{cases}$$

よって，この 2 次曲線は中心をもたないか，無限に多くもっている．このような 2 次曲線を**無心 2 次曲線**という ††．

定理 4.1　$\triangle_0 = \begin{vmatrix} a & h \\ h & b \end{vmatrix}$ 及び $\triangle = \begin{vmatrix} a & h & g \\ h & b & f \\ g & f & c \end{vmatrix}$ の値は座標軸の平行移動で不変である．

---

†，††　中心をもつものを有心 2 次曲線，そうでないものを無心 2 次曲線とよぶこともある．

証明　2 次曲線：　$ax^2+2hxy+by^2+2gx+2fy+c=0$
が座標軸の平行移動

$$x=\overline{x}+\lambda,\quad y=\overline{y}+\mu$$

によって

$$\overline{a}\,\overline{x}^2+2\overline{h}\,\overline{x}\,\overline{y}+\overline{b}\,\overline{y}^2+2\overline{g}\,\overline{x}+2\overline{f}\,\overline{y}+\overline{c}=0$$

になったとする．このとき，

$$\overline{a}=a,\quad \overline{b}=b,\quad \overline{h}=h,\quad \overline{g}=a\lambda+h\mu+g,\quad \overline{f}=h\lambda+b\mu+f$$
$$\overline{c}=a\lambda^2+2h\lambda\mu+b\mu^2+2g\lambda+2f\mu+c$$

であるから，$\overline{\triangle_0}=\triangle_0$　は明らか．

$$\overline{\triangle}=\begin{vmatrix}\overline{a}&\overline{h}&\overline{g}\\\overline{h}&\overline{b}&\overline{f}\\\overline{g}&\overline{f}&\overline{c}\end{vmatrix}=\begin{vmatrix}a&h&a\lambda+h\mu+g\\h&b&h\lambda+b\mu+f\\\overline{g}&\overline{f}&\overline{g}\lambda+\overline{f}\mu+g\lambda+f\mu+c\end{vmatrix}$$
$$=\begin{vmatrix}a&h&g\\h&b&f\\a\lambda+h\mu+g&h\lambda+b\mu+f&g\lambda+f\mu+c\end{vmatrix}=\begin{vmatrix}a&h&g\\h&b&f\\g&f&c\end{vmatrix}$$

であるから，$\overline{\triangle}=\triangle$．　□

定理 4.2　$\triangle_0=\begin{vmatrix}a&h\\h&b\end{vmatrix}$ 及び $\triangle=\begin{vmatrix}a&h&g\\h&b&f\\g&f&c\end{vmatrix}$ の値は座標軸の回転で不変である．

証明　2 次曲線：　$ax^2+2hxy+by^2+2gx+2fy+c=0$　が座標軸の回転

$$\begin{cases}x=\overline{x}\cos\theta-\overline{y}\sin\theta\\y=\overline{x}\sin\theta+\overline{y}\cos\theta\end{cases}$$

によって

$$\overline{a}\,\overline{x}^2 + 2\overline{h}\,\overline{x}\,\overline{y} + \overline{b}\,\overline{y}^2 + 2\overline{g}\,\overline{x} + 2\overline{f}\,\overline{y} + \overline{c} = 0$$

になったとする. このとき,

$$\begin{pmatrix} \cos\theta & \sin\theta \\ -\sin\theta & \cos\theta \end{pmatrix} \begin{pmatrix} a & h \\ h & b \end{pmatrix} \begin{pmatrix} \cos\theta & -\sin\theta \\ \sin\theta & \cos\theta \end{pmatrix} = \begin{pmatrix} \overline{a} & \overline{h} \\ \overline{h} & \overline{b} \end{pmatrix}$$

よって, 両辺の行列式をとることより, $\overline{\triangle_0} = \triangle_0$ であることがわかる. 同様にして

$$\begin{pmatrix} \cos\theta & \sin\theta & 0 \\ -\sin\theta & \cos\theta & 0 \\ 0 & 0 & 1 \end{pmatrix} \begin{pmatrix} a & h & g \\ h & b & f \\ g & f & c \end{pmatrix} \begin{pmatrix} \cos\theta & -\sin\theta & 0 \\ \sin\theta & \cos\theta & 0 \\ 0 & 0 & 1 \end{pmatrix} = \begin{pmatrix} \overline{a} & \overline{h} & \overline{g} \\ \overline{h} & \overline{b} & \overline{f} \\ \overline{g} & \overline{f} & \overline{c} \end{pmatrix}$$

であるから, 両辺の行列式をとることより, $\overline{\triangle} = \triangle$ であることがわかる.

4.2.1　有心 2 次曲線の分類 Step 1

2 次曲線:　$ax^2 + 2hxy + by^2 + 2gx + 2fy + c = 0$

が有心 2 次曲線の場合には, その中心を原点にするような座標軸の平行移動:

$$x = x' + \frac{fh - bg}{ab - h^2}, \quad y = y' + \frac{gh - af}{ab - h^2}$$

を施すことにより,

$$a{x'}^2 + 2hx'y' + b{y'}^2 + \frac{\triangle}{\triangle_0} = 0$$

となる. 但し,

$$\triangle = \begin{vmatrix} a & h & g \\ h & b & f \\ g & f & c \end{vmatrix} \qquad \triangle_0 = \begin{vmatrix} a & h \\ h & b \end{vmatrix}$$

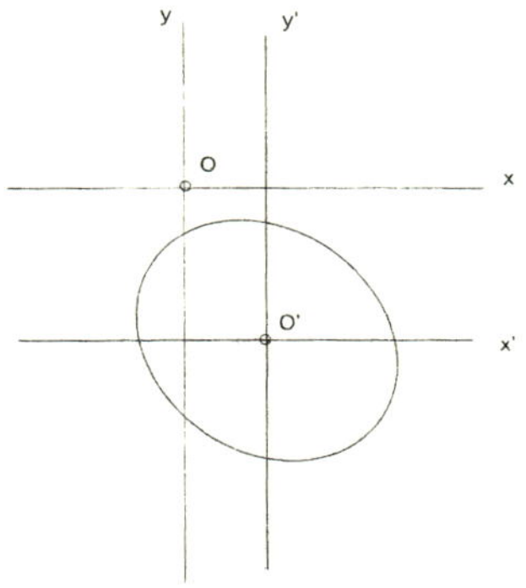

図 4.7　座標軸の平行移動

さらに座標軸の回転：

$$x' = \overline{x}\cos\theta - \overline{y}\sin\theta, \quad y' = \overline{x}\sin\theta + \overline{y}\cos\theta$$

により, この曲線は

$$\overline{a}\,\overline{x}^2 + 2\overline{h}\,\overline{x}\,\overline{y} + \overline{b}\,\overline{y}^2 + \frac{\triangle}{\triangle_0} = 0$$

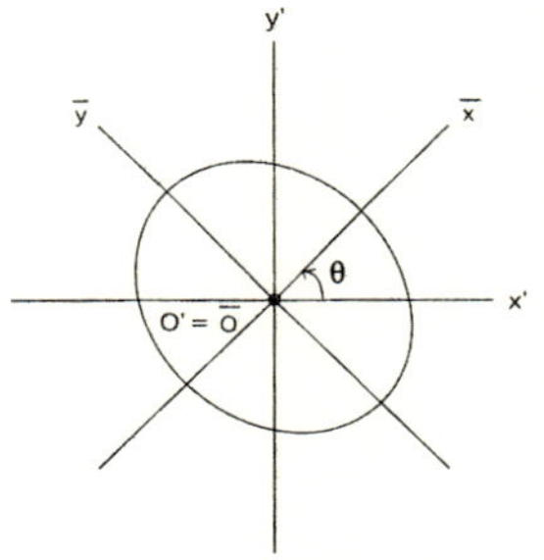

図 4.8　座標軸の回転

となる. 但し

$$\overline{a} = a\cos^2\theta + h\sin 2\theta + b\sin^2\theta,$$
$$2\overline{h} = 2h\cos 2\theta - (a-b)\sin 2\theta,$$
$$\overline{b} = a\sin^2\theta - h\sin 2\theta + b\cos^2\theta$$

である. これらの式より

$$\overline{a} + \overline{b} = a + b, \quad \overline{a} - \overline{b} = 2h\sin 2\theta + (a-b)\cos 2\theta, \quad \overline{a}\,\overline{b} - \overline{h}^2 = ab - h^2$$

が得られる.　さて, 座標軸の回転により, $\overline{h} = 0$ となるような θ を見つけることを考える. $h = 0$ のときは, $\theta = 0$ とする. $h \neq 0$ のとき, $\overline{h} = 0$ という条件は

$$2h\cos 2\theta - (a-b)\sin 2\theta = 0$$

であるから, これを満たす θ $\left(0 < \theta < \frac{\pi}{2}\right)$ を選ぶことにする. この θ によって, 与えられた 2 次曲線の方程式は

$$\overline{a}\,\overline{x}^2 + \overline{b}\,\overline{y}^2 = -\frac{\triangle}{\triangle_0}.$$

となる.　次に $\overline{a}, \overline{b}$ の値の決め方を考えてみる.　$\overline{a} + \overline{b} = a + b$　であり, $\overline{h} = 0$ から $\overline{a}\overline{b} = ab - h^2$ なので, $\overline{a}, \overline{b}$ は 2 次方程式：

$$t^2 - (a+b)t + (ab - h^2) = 0$$

の解である．この 2 次方程式の判別式：$(a+b)^2-4(ab-h^2)=(a-b)^2+4h^2 \geqq 0$ であるから，この 2 次方程式は 2 つの実数解 $\overline{a}$,$\overline{b}$ をもつ．また，$\overline{a}$,$\overline{b}$ は行列 $\begin{pmatrix} a & h \\ h & b \end{pmatrix}$ の固有値であると見ることもできる．さらに，この 2 次方程式の 2 つの解のいずれが $\overline{a}$，いずれが $\overline{b}$ なのかを調べたい．

$$\overline{a}-\overline{b}=2h\sin 2\theta+(a-b)\cos 2\theta$$

であったので，この式の両辺に $2h$ をかけて

$$2h(\overline{a}-\overline{b})=4h^2\sin 2\theta+2h(a-b)\cos 2\theta$$

ここで $2h\cos 2\theta-(a-b)\sin 2\theta=0$ となるような θ を選んだことにより，

$$2h(\overline{a}-\overline{b})=4h^2\sin 2\theta+(a-b)^2\sin 2\theta=(4h^2+(a-b)^2)\sin 2\theta$$

$0<\theta<\dfrac{\pi}{2}$ であり，$h\neq 0$ ゆえ，

$$2h(\overline{a}-\overline{b})>0$$

となる．よって $h>0$ ならば $\overline{a}>\overline{b}$，$h<0$ ならば $\overline{a}<\overline{b}$ である．

このようにして，有心 2 次曲線を表す方程式は適当な座標変換を施すことにより，

$$\overline{a}\,\overline{x}^2+\overline{b}\,\overline{y}^2=-\frac{\triangle}{\triangle_0}$$

という形に直すことができる．これを有心 2 次曲線の方程式の標準形と呼ぶことにする．

4.2.2　有心 2 次曲線の分類 Step 2

有心 2 次曲線の標準形：$\overline{a}\,\overline{x}^2+\overline{b}\,\overline{y}^2=-\dfrac{\triangle}{\triangle_0}$

がどんな曲線であるかを判断するためには，$\overline{a}$, $\overline{b}$,$\triangle_0$ および $\triangle$ それぞれの符号を調べればよい．$\overline{a}\overline{b}=ab-h^2=\triangle_0$ に注意して，

(1) $ab-h^2>0$ すなわち $\triangle_0>0$ の場合:

$\overline{a}$ と $\overline{b}$ は同符号であり，さらに $ab>h^2\geqq 0$ より，a と b も同符号である．$\overline{a}+\overline{b}=a+b$ と合わせると，$\overline{a}$, $\overline{b}$, a および b はすべて同符号であることがわかる．よって この曲線は　$\triangle_0>0$　かつ

$$\begin{cases} a \text{ と } \triangle\,(\neq 0) \text{ が異符号ならば} & \dfrac{\overline{x}^2}{\alpha^2}+\dfrac{\overline{y}^2}{\beta^2}=1 & \text{と表せて，楕円である} \\ a \text{ と } \triangle\,(\neq 0) \text{ が同符号ならば} & \dfrac{\overline{x}^2}{\alpha^2}+\dfrac{\overline{y}^2}{\beta^2}=-1 & \text{と表せて，虚楕円である} \\ \triangle=0 \text{ ならば} & \dfrac{\overline{x}^2}{\alpha^2}+\dfrac{\overline{y}^2}{\beta^2}=0 & \text{と表せて，虚の交わる} \\ & & \text{2 直線である} \end{cases}$$

(2) $ab-h^2<0$ すなわち $\triangle_0<0$ の場合:

$\overline{a}$ と $\overline{b}$ は異符号である．よって この曲線は　$\triangle_0<0$　かつ

$$\begin{cases} \triangle\neq 0 \text{ ならば } \dfrac{\overline{x}^2}{\alpha^2}-\dfrac{\overline{y}^2}{\beta^2}=1 \text{ または } \dfrac{\overline{x}^2}{\alpha^2}-\dfrac{\overline{y}^2}{\beta^2}=-1 \text{ と表せて，双曲線である} \\ \triangle=0 \text{ ならば } \dfrac{\overline{x}^2}{\alpha^2}-\dfrac{\overline{y}^2}{\beta^2}=0, \text{ すなわち } \dfrac{\overline{x}}{\alpha}+\dfrac{\overline{y}}{\beta}=0,\ \dfrac{\overline{x}}{\alpha}-\dfrac{\overline{y}}{\beta}=0 \\ \qquad \text{と表せて，相交わる 2 直線である} \end{cases}$$

4.2.3　無心 2 次曲線の分類 Step 1

2 次曲線:　$ax^2+2hxy+by^2+2gx+2fy+c=0$

が無心 2 次曲線の場合には $ab-h^2=0$ であり，原点のまわりの座標軸の回転：

$$x=\overline{x}\cos\theta-\overline{y}\sin\theta,\quad y=\overline{x}\sin\theta+\overline{y}\cos\theta$$

によって

$$\overline{a}\,\overline{x}^2+2\overline{h}\,\overline{xy}+\overline{b}\,\overline{y}^2+2\overline{g}\,\overline{x}+2\overline{f}\,\overline{y}+\overline{c}=0$$

になったとする．このとき，

$$\overline{a}=a\cos^2\theta+h\sin 2\theta+b\sin^2\theta,\quad 2\overline{h}=2h\cos 2\theta-(a-b)\sin 2\theta$$

$$\overline{b}=a\sin^2\theta-h\sin 2\theta+b\cos^2\theta,\qquad \overline{c}=c$$

などの関係式が得られる．ただし，$h=0$ のときは，$\theta=0$ とする．$h\neq 0$ のとき，$\overline{h}=0$ なる条件

$$2h\cos 2\theta-(a-b)\sin 2\theta=0$$

をみたす θ $(0<\theta<\frac{\pi}{2})$ を選ぶことにする．この θ によって，与えられた2次曲線の方程式が

$$\overline{a}\,\overline{x}^2+\overline{b}\,\overline{y}^2+2\overline{g}\,\overline{x}+2\overline{f}\,\overline{y}+c=0$$

となったとする． $\overline{a}\overline{b}-\overline{h}^2=ab-h^2$ であるから， $\overline{h}=0$ より，

$$\overline{a}\overline{b}=ab-h^2=0$$

このことより，$\overline{a}=0$ かつ $\overline{b}\neq 0$，または，$\overline{a}\neq 0$ かつ $\overline{b}=0$ でなければならない．もし，$\overline{a}=\overline{b}=0$ ならば $\overline{h}=0$ なので2次曲線ではなくなってしまうからである．今，$\overline{a}=0$ と仮定して議論をすすめてもかまわない．このとき，$\overline{b}\neq 0$ でこの2次曲線の方程式は次の形になる：

$$\overline{b}\,\overline{y}^2+2\overline{g}\,\overline{x}+2\overline{f}\,\overline{y}+c=0.$$

4.2.4 無心2次曲線の分類 Step 2

2次曲線： $\overline{b}\,\overline{y}^2+2\overline{g}\,\overline{x}+2\overline{f}\,\overline{y}+c=0$
は，$\overline{g}$ の値が0であるかどうかによって分類することができる．

（1）$\overline{g}\neq 0$ の場合：

この曲線の方程式は

$$\overline{b}\left(\overline{y}+\frac{\overline{f}}{\overline{b}}\right)^2+2\overline{g}\left(\overline{x}-\frac{\overline{f}^2-\overline{b}c}{2\overline{b}\overline{g}}\right)=0$$

という形に変形できるので，座標軸の平行移動：

$$\overline{x}=x'+\frac{\overline{f}^2-\overline{b}c}{2\overline{b}\overline{g}},\qquad \overline{y}=y'-\frac{\overline{f}}{\overline{b}}$$

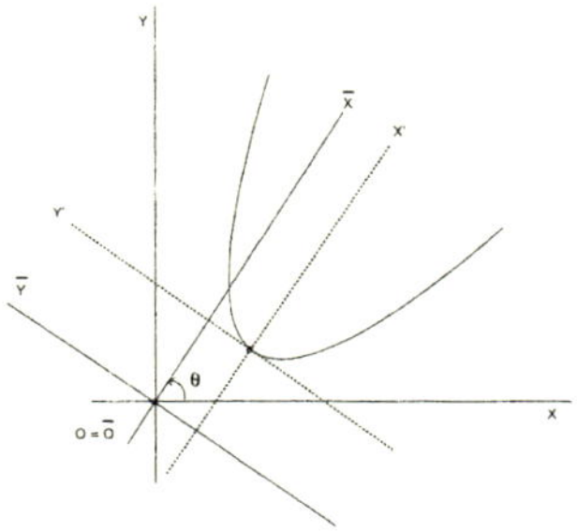

図 4.9 無心2次曲線の分類における座標変換

をおこなうことにより,

$$y'^2 = -\frac{2\overline{g}}{\overline{b}}x'$$

という形になる. これは放物線である.

さらに $\triangle$ は座標軸の変換で不変であったので,

$$\triangle = \begin{vmatrix} \overline{a} & \overline{h} & \overline{g} \\ \overline{h} & \overline{b} & \overline{f} \\ \overline{g} & \overline{f} & \overline{c} \end{vmatrix} = \begin{vmatrix} 0 & 0 & \overline{g} \\ 0 & \overline{b} & \overline{f} \\ \overline{g} & \overline{f} & c \end{vmatrix} = -\overline{b}\overline{g}^2$$

となることより, $\overline{g} \neq 0$ なる条件は $\triangle \neq 0$ なる条件と同値である.
よって, $\triangle_0 = 0$ かつ $\triangle \neq 0$ ならば放物線である.

(2) $\overline{g} = 0$ の場合:　この曲線の方程式は

$$\overline{b}\overline{y}^2 + 2\overline{f}\overline{y} + c = 0$$

となり, $\overline{x}$ を含まない. よって, $\overline{f}^2 - \overline{b}c > 0$ ならば $\overline{y}$ に関するこの 2 次方程式は 2 つの異なる実数解 α_1, α_2 をもつ. すなわち, この式は

$$\overline{b}(\overline{y} - \alpha_1)(\overline{y} - \alpha_2) = 0$$

となり, 2 本の平行な直線 $\overline{y} = \alpha_1, \overline{y} = \alpha_2$ を表す. 同様にして, $\overline{f}^2 - \overline{b}c = 0$ なら一致した 2 直線, $\overline{f}^2 - \overline{b}c < 0$ ならば虚の平行な 2 直線になる.
よって, $\triangle_0 = 0$ かつ $\triangle = 0$ ならば平行な（実または虚の）2 直線であるか, 一致した 2 直線になる.

4.2.5　2 次曲線の分類まとめ

2 次曲線:　$ax^2 + 2hxy + by^2 + 2gx + 2fy + c = 0$　は

$$\begin{cases} \triangle_0 > 0 \quad \text{かつ} \quad a\triangle < 0 & \text{ならば楕円} \\ \triangle_0 > 0 \quad \text{かつ} \quad a\triangle > 0 & \text{ならば虚楕円} \\ \triangle_0 > 0 \quad \text{かつ} \quad \triangle = 0 & \text{ならば虚の交わる 2 直線} \\ \triangle_0 < 0 \quad \text{かつ} \quad \triangle \neq 0 & \text{ならば双曲線} \\ \triangle_0 < 0 \quad \text{かつ} \quad \triangle = 0 & \text{ならば交わる 2 直線} \\ \triangle_0 = 0 \quad \text{かつ} \quad \triangle \neq 0 & \text{ならば放物線} \\ \triangle_0 = 0 \quad \text{かつ} \quad \triangle = 0 & \text{ならば平行（実または虚）} \\ & \text{2 直線または一致した 2 直線} \end{cases}$$

但し　$\triangle_0 = \begin{vmatrix} a & h \\ h & b \end{vmatrix}, \quad \triangle = \begin{vmatrix} a & h & g \\ h & b & f \\ g & f & c \end{vmatrix}$　である.

例 4.3　次の 2 次曲線を図示せよ:

$$5x^2 + 2xy + 5y^2 - 6x + 18y + 9 = 0.$$

(1)　方法その 1（分類に沿った方法）

(Step 1)　$ax^2 + 2hxy + by^2 + 2gx + 2fy + c = 0$ に対応させると, $a = 5,\ b = 5,\ h = 1,\ g = -3,\ f = 9,\ c = 9$ である. このとき, $\triangle_0 = ab - h^2 = 5 * 5 - 1 = 24 \neq 0$ であるから, この曲線は有心 2 次曲線である. よって, 中心 $\mathrm{P}_0(x_0, y_0)$ は連立方程式

$$\begin{cases} ax + hy + g = 0 \\ hx + by + f = 0 \end{cases} \quad \text{の解, すなわち,} \quad \begin{cases} 5x + y - 3 = 0 \\ x + 5y + 9 = 0 \end{cases}$$

を解いて, $(x_0, y_0) = (1, -2)$ となる.

(Step 2)　次に中心 $\mathrm{P}_0(x_0, y_0)$ を原点にするような座標軸の平行移動：

$$\begin{cases} x = x' + x_0, \\ y = y' + y_0 \end{cases} \qquad \text{すなわち,} \qquad \begin{cases} x = x' + 1, \\ y = y' - 2 \end{cases}$$

を施すことにより,

$$a{x'}^2 + 2hx'y' + b{y'}^2 + \frac{\triangle}{\triangle_0} = 0 \quad \text{すなわち,} \quad 5{x'}^2 + 2x'y' + 5{y'}^2 - 12 = 0$$

となる. 但し,

$$\triangle = \begin{vmatrix} a & h & g \\ h & b & f \\ g & f & c \end{vmatrix} = \begin{vmatrix} 5 & 1 & -3 \\ 1 & 5 & 9 \\ -3 & 9 & 9 \end{vmatrix} = -288, \quad \triangle_0 = \begin{vmatrix} a & h \\ h & b \end{vmatrix} = \begin{vmatrix} 5 & 1 \\ 1 & 5 \end{vmatrix} = 24.$$

(Step 3)　さらに座標軸の回転：

$$x' = \overline{x}\cos\theta - \overline{y}\sin\theta, \qquad y' = \overline{x}\sin\theta + \overline{y}\cos\theta$$

（但し θ は $2h\cos 2\theta - (a-b)\sin 2\theta = 0$ をみたす）を行うことにより, 与えられた 2 次曲線の方程式は

$$\overline{a}\overline{x}^2 + \overline{b}\overline{y}^2 = -\frac{\triangle}{\triangle_0} = 12$$

となる. 今, $2 * 1\cos 2\theta - (5-5)\sin 2\theta = 0$ より, $\theta = \dfrac{\pi}{4}$ である.

次に $\overline{a}, \overline{b}$ は行列 $\begin{pmatrix} a & h \\ h & b \end{pmatrix}$ の固有値であることと, $h = 1 > 0$ であることから, $\overline{a} = 6$, $\overline{b} = 4$ である. よって, 座標軸の回転：

$$\begin{cases} x' = \overline{x}\cos\dfrac{\pi}{4} - \overline{y}\sin\dfrac{\pi}{4} \\ y' = \overline{x}\sin\dfrac{\pi}{4} + \overline{y}\cos\dfrac{\pi}{4} \end{cases} \quad \text{すなわち} \quad \begin{pmatrix} x' \\ y' \end{pmatrix} = \begin{pmatrix} \dfrac{1}{\sqrt{2}} & -\dfrac{1}{\sqrt{2}} \\ \dfrac{1}{\sqrt{2}} & \dfrac{1}{\sqrt{2}} \end{pmatrix} \begin{pmatrix} \overline{x} \\ \overline{y} \end{pmatrix}$$

により, 与えられた 2 次曲線の方程式は

$$6\overline{x}^2 + 4\overline{y}^2 = 12 \qquad \text{すなわち} \qquad \frac{\overline{x}^2}{2} + \frac{\overline{y}^2}{3} = 1$$

となり, これは楕円である.

(Step 4)　まず, 原点 O′ を点 (1,-2) にするように新しい座標軸 x' と y' を描く．このとき, x' 軸 ($y' = 0$ なる直線) は $y = -2$, y' 軸 ($x' = 0$ なる直線) は $x = 1$ で表される．次に座標軸の回転による新しい座標軸 $\overline{x}$ と $\overline{y}$ はそれぞれ, $y = x - 3$, $y = -x - 1$ となる．こうしてできた $(\overline{x}, \overline{y})$ 座標系で楕円：$\dfrac{\overline{x}^2}{2} + \dfrac{\overline{y}^2}{3} = 1$ を描く．

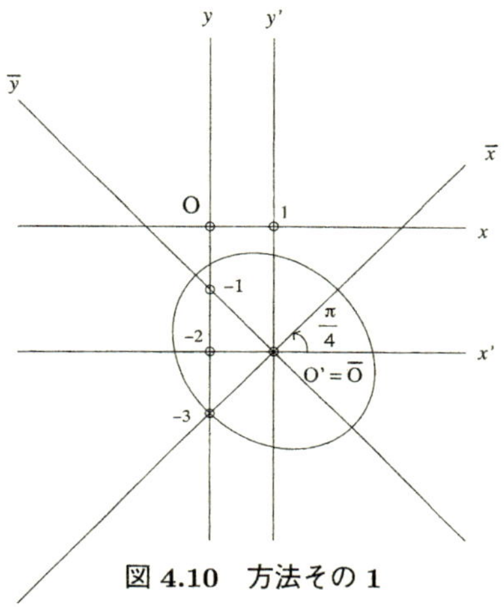

図 4.10　方法その 1

(2)　方法その 2（第 6 章参照）

(Step 1)

$ax^2 + 2hxy + by^2 + 2gx + 2fy + c = 0$

に対応させると,

$a = 5,\ b = 5,\ h = 1,\ g = -3,\ f = 9,\ c = 9$ である．

まず, 行列 $\begin{pmatrix} a & h \\ h & b \end{pmatrix}$, すなわち, 行列 $A = \begin{pmatrix} 5 & 1 \\ 1 & 5 \end{pmatrix}$ の固有値と長さ 1 の固有ベクトルを求めると,

$$\text{固有値 6 のときの長さ 1 の固有ベクトルは}\quad \pm\begin{pmatrix} \dfrac{1}{\sqrt{2}} \\ \dfrac{1}{\sqrt{2}} \end{pmatrix}$$

$$\text{固有値 4 のときの長さ 1 の固有ベクトルは}\quad \pm\begin{pmatrix} -\dfrac{1}{\sqrt{2}} \\ \dfrac{1}{\sqrt{2}} \end{pmatrix}$$

である．次にそれぞれの長さ 1 の固有ベクトルを並べて $\begin{pmatrix} \cos\theta & -\sin\theta \\ \sin\theta & \cos\theta \end{pmatrix}$

という形になる行列をつくる；具体的には例えば

$$X_6 = \begin{pmatrix} \dfrac{1}{\sqrt{2}} \\ \dfrac{1}{\sqrt{2}} \end{pmatrix}, \qquad X_4 = \begin{pmatrix} -\dfrac{1}{\sqrt{2}} \\ \dfrac{1}{\sqrt{2}} \end{pmatrix}$$

とおき, 行列 $P = (X_6\ X_4) = \begin{pmatrix} \dfrac{1}{\sqrt{2}} & -\dfrac{1}{\sqrt{2}} \\ \dfrac{1}{\sqrt{2}} & \dfrac{1}{\sqrt{2}} \end{pmatrix}$ とする. このとき,

$\cos\theta = \sin\theta = \dfrac{1}{\sqrt{2}}$ である.

(Step 2)

2 次曲線: $ax^2 + 2hxy + by^2 + 2gx + 2fy + c = 0$ は

$$\begin{pmatrix} x & y \end{pmatrix} \begin{pmatrix} a & h \\ h & b \end{pmatrix} \begin{pmatrix} x \\ y \end{pmatrix} + 2gx + 2fy + c = 0$$

と表すことができるので, 与えられた曲線 $5x^2 + 2xy + 5y^2 - 6x + 18y + 9 = 0$ すなわち

$$\begin{pmatrix} x & y \end{pmatrix} A \begin{pmatrix} x \\ y \end{pmatrix} - 6x + 18y + 9 = 0$$

は, 座標軸の回転：

$$\begin{pmatrix} x \\ y \end{pmatrix} = P \begin{pmatrix} x' \\ y' \end{pmatrix} = \begin{pmatrix} \dfrac{1}{\sqrt{2}} & -\dfrac{1}{\sqrt{2}} \\ \dfrac{1}{\sqrt{2}} & \dfrac{1}{\sqrt{2}} \end{pmatrix} \begin{pmatrix} x' \\ y' \end{pmatrix}$$

を施すことにより,

$$\begin{pmatrix} x' & y' \end{pmatrix} {}^tPAP \begin{pmatrix} x' \\ y' \end{pmatrix} - 6\left(\frac{1}{\sqrt{2}}x' - \frac{1}{\sqrt{2}}y'\right) + 18\left(\frac{1}{\sqrt{2}}x' + \frac{1}{\sqrt{2}}y'\right) + 9$$

$$= \begin{pmatrix} x' & y' \end{pmatrix} \begin{pmatrix} 6 & 0 \\ 0 & 4 \end{pmatrix} \begin{pmatrix} x' \\ y' \end{pmatrix} + \frac{12}{\sqrt{2}}x' + \frac{24}{\sqrt{2}}y' + 9$$

$$= 6x'^2 + 4y'^2 + \frac{12}{\sqrt{2}}x' + \frac{24}{\sqrt{2}}y' + 9 = 0$$

となる.

(Step 3)　2 次曲線の方程式： $6x'^2 + 4y'^2 + \frac{12}{\sqrt{2}}x' + \frac{24}{\sqrt{2}}y' + 9 = 0$ は

$$6\left(x' + \frac{1}{\sqrt{2}}\right)^2 + 4\left(y' + \frac{3}{\sqrt{2}}\right)^2 - 12 = 0$$

と変形することができるので, 座標軸の平行移動：

$$x' = \overline{x} - \frac{1}{\sqrt{2}}, \qquad y' = \overline{y} - \frac{3}{\sqrt{2}}$$

により,

$$6\overline{x}^2 + 4\overline{y}^2 = 12, \quad \text{すなわち} \quad \frac{\overline{x}^2}{2} + \frac{\overline{y}^2}{3} = 1$$

となる.

(Step 4)

座標軸の回転による新しい座標系の x' 軸 ($y' = 0$ なる直線) は $y = x$, y' 軸 ($x' = 0$ なる直線) は $y = -x$ で表される. 次に座標軸の平行移動による新しい座標軸 $\overline{x}$ と $\overline{y}$ はそれぞれ, $y = x - 3$, $y = -x - 1$ となる. こうしてできた $(\overline{x}, \overline{y})$ 座標系で楕円：$\frac{\overline{x}^2}{2} + \frac{\overline{y}^2}{3} = 1$ を描く.

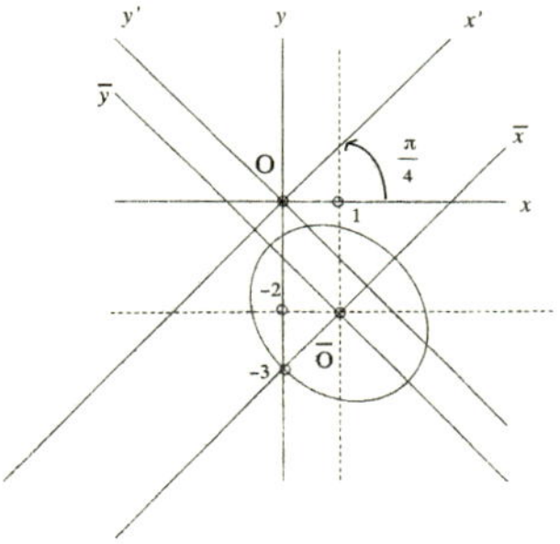

図 4.11　方法その 2

4.3　接線

2 次曲線 γ :

$$\varphi(x, y) \equiv ax^2 + 2hxy + by^2 + 2gx + 2fy + c = 0$$

に対して、γ 上の点 $P_1(x_1, y_1)$ を通る直線 L は方向余弦 (λ, μ) を用いて

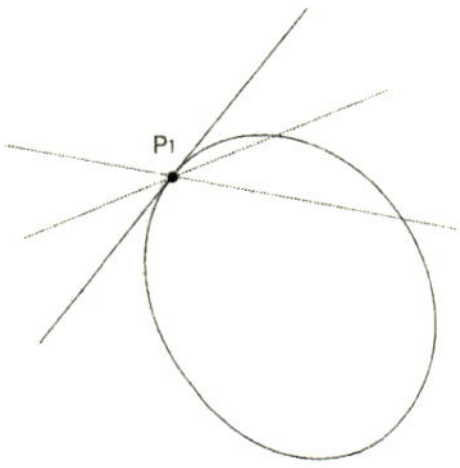

図 4.12　2 次曲線と直線の交点

$$(1) \qquad x = x_1 + \lambda t, \qquad y = y_1 + \mu t$$

と表すことができる. ここでパラメータ t は点 P_1 から L 上の点 $\mathrm{P}(x,y)$ までの符号のついた距離である. 2 次曲線 γ と直線 L との共有点は, 2 次曲線の方程式 $\varphi(x,y)=0$ に L のパラメータ表示式を代入して得られる t に関する 2 次方程式:

$$a(x_1+\lambda t)^2+2h(x_1+\lambda t)(y_1+\mu t)+b(y_1+\mu t)^2+2g(x_1+\lambda t)+2f(y_1+\mu t)+c=0$$

すなわち

$$(a\lambda^2+2h\lambda\mu+b\mu^2)t^2+2((ax_1+hy_1+g)\lambda+(hx_1+by_1+f)\mu)t=0$$

の解より決まる. したがって, t^2 の係数と t の係数が共に 0 となる場合を除けば, 2 次曲線 γ は直線 L と高々 2 点でしか交わらない. t^2 の係数と t の係数が共に 0 となるのは 2 次曲線 γ 上に直線 L がまるまる乗っている場合である.

このて t に関する 2 次方程式:

$$(a\lambda^2+2h\lambda\mu+b\mu^2)t^2+2((ax_1+hy_1+g)\lambda+(hx_1+by_1+f)\mu)t=0$$

が重根をもつ条件は

$$(2)\qquad (ax_1+hy_1+g)\lambda+(hx_1+by_1+f)\mu=0$$

である.

以上のことから, 上の (2) の条件を満たす実数の比 $\lambda:\mu$ がただ 1 つ定まるとき, 直線 L は点 $\mathrm{P}_1(x_1,y_1)$ において 2 次曲線 γ に接していると定義する.

よって直線 L は (1)(2) より, λ,μ を消去して

$$(ax_1+hy_1+g)(x-x_1)+(hx_1+by_1+f)(y-y_1)=0$$

なる方程式で表されることがわかる. 点 P_1 は γ 上の点であるから

$$ax_1x+h(x_1y+y_1x)+by_1y+g(x+x_1)+f(y+y_1)+c=0$$

となる. これを 2 次曲線 γ 上の点 $\mathrm{P}_1(x_1,y_1)$ における**接線の方程式**とよぶ.

したがって, $ax_1+hy_1+g=0$, $hx_1+by_1+f=0$ が同時に成り立つ γ 上の点 $P_1(x_1,y_1)$ では接線は存在しない. 2次曲線の分類の際, 連立方程式 $ax+hy+g=0$, $hx+by+f=0$ の解 x_1,y_1 を座標に持つ点 $P_1(x_1,y_1)$ は2次曲線の中心であり, 2次曲線上の点であることから, P_1 は相交わる2直線の交点の場合あるいは一致する直線上の任意の点になる. このような点を特異点という.

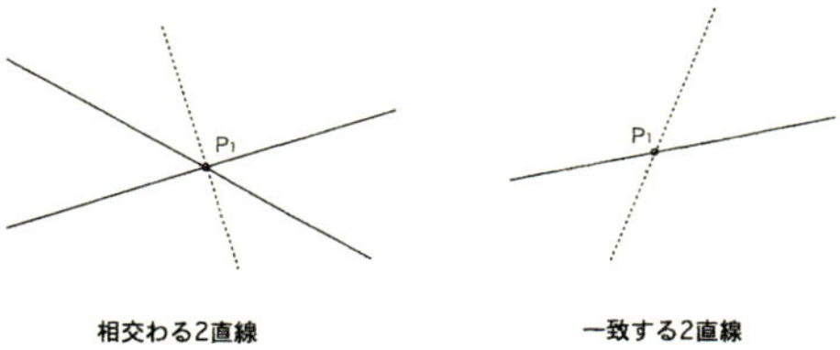

図 **4.13** 2次曲線の特異点

特に, 標準形で書かれた2次曲線上の点 $P_1(x_1,y_1)$ における接線は

$$
\begin{cases}
\text{楕円} & \dfrac{x^2}{a^2}+\dfrac{y^2}{b^2}=1 & \text{のとき} & \dfrac{x_1x}{a^2}+\dfrac{y_1y}{b^2}=1 \\
\text{双曲線} & \dfrac{x^2}{a^2}-\dfrac{y^2}{b^2}=1 & \text{のとき} & \dfrac{x_1x}{a^2}-\dfrac{y_1y}{b^2}=1 \\
\text{放物線} & y^2=4px & \text{のとき} & y_1y=2p(x+x_1)
\end{cases}
$$

4.4 極と極線

既約2次曲線 γ

$$\varphi(x,y)\equiv ax^2+2hxy+by^2+2gx+2fy+c=0$$

に対して, γ 上にない点 $P_1(x_1,y_1)$ から2本の接線が引けるとする. その接点を $P_2(x_2,y_2)$, $P_3(x_3,y_3)$ とするとき,

$$ax_2x_1+h(x_2y_1+y_2x_1)+by_2y_1+g(x_1+x_2)+f(y_1+y_2)+c=0,$$

$$ax_3x_1+h(x_3y_1+y_3x_1)+by_3y_1+g(x_1+x_3)+f(y_1+y_3)+c=0$$

が成り立つ. よって, 点 P_2,P_3 は直線

$$ax_1x+h(x_1y+y_1x)+by_1y+g(x+x_1)+f(y+y_1)+c=0$$

に乗っていることがわかる．すなわち 2 点 P_2,P_3 を通る直線である．

点 P_1 を任意の位置にとるとき, 点 P_1 に対するこの直線を形式的に用いて, 2 次曲線の極と極線に関する定義を次のように与えることにする．

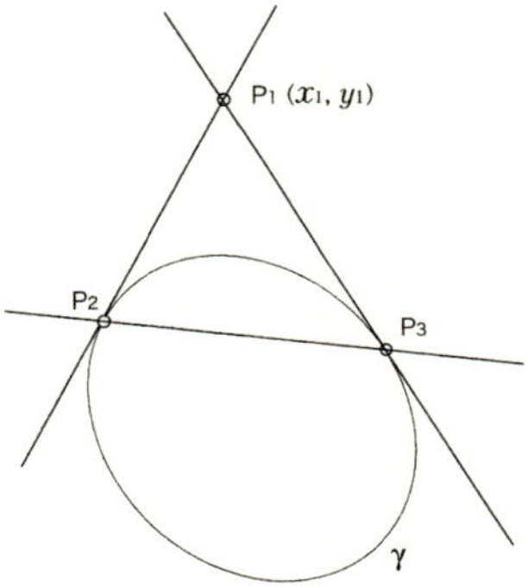

図 4.14　極と極線

定義 4.3 (既約 2 次曲線の極と極線)　既約 2 次曲線 γ :

$$\varphi(x,y) \equiv ax^2 + 2hxy + by^2 + 2gx + 2fy + c = 0$$

と点 $P_1(x_1, y_1)$ が与えられているとき, 直線 :

$$ax_1x + h(x_1y + y_1x) + by_1y + g(x + x_1) + f(y + y_1) + c = 0$$

を点 P_1 の γ に関する**極線**と呼ぶ．また, 点 P_1 をその**極**という．

特に, 標準形で書かれた 2 次曲線に関する, 点 $P_1(x_1, y_1)$ の極線は

$$\begin{cases} \text{楕円} & \dfrac{x^2}{a^2} + \dfrac{y^2}{b^2} = 1 \quad \text{のとき} & \dfrac{x_1x}{a^2} + \dfrac{y_1y}{b^2} = 1 \\ \text{双曲線} & \dfrac{x^2}{a^2} - \dfrac{y^2}{b^2} = 1 \quad \text{のとき} & \dfrac{x_1x}{a^2} - \dfrac{y_1y}{b^2} = 1 \\ \text{放物線} & y^2 = 4px \qquad \text{のとき} & y_1y = 2p(x + x_1) \end{cases}$$

である．　この極線の式の形から, 点 P_1 が γ 上にあったときは P_1 での接線の式である．また, 有心 2 次曲線の中心の極線は存在しない．

以下, 既約 2 次曲線について考える．

今, 2 次曲線 γ とその上にない点 $P_1(x_1, y_1)$ が与えられているとする．点 $P_1(x_1, y_1)$ を通る直線は方向余弦 (λ,μ) を用いて

$$x = x_1 + \lambda t, \qquad y = y_1 + \mu t$$

と書くことができる. ここでパラメータ t は点 P_1 から直線上の点 $P(x,y)$ までの符号のついた距離であり, それを今 P_1P と書くことにする. γ と直線が異なる 2 点 P_2,P_3 で交わるとき, 符号のついた距離 P_1P_2 および P_1P_3 は 2 次曲線 γ の方程式に直線のパラメータ表示式を代入して得られる t に関する 2 次方程式：

$$a(x_1+\lambda t)^2+2h(x_1+\lambda t)(y_1+\mu t)+b(y_1+\mu t)^2+2g(x_1+\lambda t)+2f(y_1+\mu t)+c=0$$

すなわち

$$(a\lambda^2+2h\lambda\mu+b\mu^2)t^2+2((ax_1+hy_1+g)\lambda+(hx_1+by_1+f)\mu)t+\varphi(x_1,y_1)=0$$

の解 t_2,t_3 になる.

今, この直線上に P_1, P, P_2, P_3 が調和点列となるような点 P を考える. この条件は

$$\frac{2}{P_1P}=\frac{1}{P_1P_2}+\frac{1}{P_1P_3}$$

すなわち

$$\frac{2}{t}=\frac{1}{t_2}+\frac{1}{t_3}=\frac{t_2+t_3}{t_2t_3}$$

である. ここで解と係数の関係より

$$\begin{cases} t_2+t_3 &= \dfrac{-2((ax_1+hy_1+g)\lambda+(hx_1+by_1+f)\mu)}{a\lambda^2+2h\lambda\mu+b\mu^2} \\ t_2t_3 &= \dfrac{\varphi(x_1,y_1)}{a\lambda^2+2h\lambda\mu+b\mu^2} \end{cases}$$

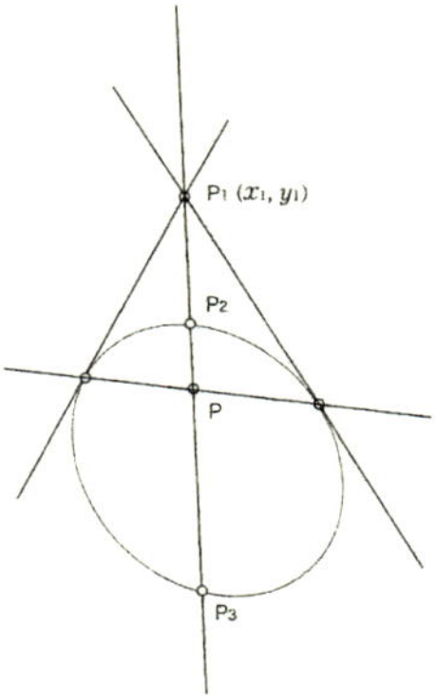

図 4.15 調和点列

であるから上の式に代入して

$$\frac{1}{t}=\frac{-((ax_1+hy_1+g)\lambda+(hx_1+by_1+f)\mu)}{\varphi(x_1,y_1)}$$

すなわち

$$(*)\qquad (ax_1+hy_1+g)\lambda t+(hx_1+by_1+f)\mu t+\varphi(x_1,y_1)=0$$

となる. さらに, 点 P_1 を通る直線を 2 次曲線 γ と 2 交点をもつような範囲で動かすとき, この点 P の軌跡を調べてみる.

点 $P_1(x_1, y_1)$ を通る直線のパラメータ表示: $x - x_1 = \lambda t$, $y - y_1 = \mu t$ と式 $(*)$ より,

$$(ax_1 + hy_1 + g)(x - x_1) + (hx_1 + by_1 + f)(y - y_1) + \varphi(x_1, y_1) = 0$$

すなわち

$$ax_1x + h(x_1y + y_1x) + by_1y + g(x + x_1) + f(y + y_1) + c = 0$$

という 1 次方程式が得られる. これは点 P_1 の 2 次曲線 γ に関する極線である.

定理 4.4　2 次曲線 γ に関する, 点 P_1 の極線が点 P_2 を通るならば, 点 P_2 の極線は点 P_1 を通る.

証明　2 次曲線 γ: $ax^2 + 2hxy + by^2 + 2gx + 2fy + c = 0$ に関する点 $P_1(x_1, y_1)$ の極線が点 $P_2(x_2, y_2)$ を通るなら, 式: $ax_1x_2 + h(x_1y_2 + y_1x_2) + by_1y_2 + g(x_2 + x_1) + f(y_2 + y_1) + c = 0$ が成り立つ. この式より, 点 P_2 の極線: $ax_2x + h(x_2y + y_2x) + by_2y + g(x + x_2) + f(y + y_2) + c = 0$ は点 P_1 を通ることがわかる.　□

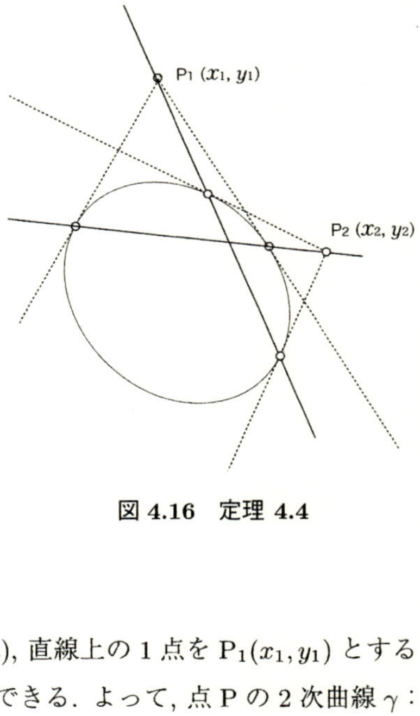

図 4.16　定理 4.4

定理 4.5　点 P が 1 直線上を動くとき, 2 次曲線 γ に関する点 P の極線は常に定点を通るか, または互いに平行である.

証明　点 P が動く直線の方向余弦を (λ, μ), 直線上の 1 点を $P_1(x_1, y_1)$ とするとき, 点 $P(x_1 + \lambda t, y_1 + \mu t)$ と表すことができる. よって, 点 P の 2 次曲線 γ: $ax^2 + 2hxy + by^2 + 2gx + 2fy + c = 0$ に関する極線は

$$a(x_1 + \lambda t)x + h((x_1 + \lambda t)y + (y_1 + \mu t)x) + b(y_1 + \mu t)y + g(x + x_1 + \lambda t) + f(y + y_1 + \mu t) + c = 0$$

すなわち

$$ax_1x + h(x_1y + y_1x) + by_1y + g(x + x_1) + f(y + y_1) + c$$
$$+ t(a\lambda x + h(\lambda y + \mu x) + b\mu y + g\lambda + f\mu) = 0$$

となる．よって，直線 $g_1 : ax_1x + h(x_1y + y_1x) + by_1y + g(x + x_1) + f(y + y_1) + c = 0$ と直線 $g_2 : a\lambda x + h(\lambda y + \mu x) + b\mu y + g\lambda + f\mu = 0$ が平行ならば極線はこれらに平行であり，直線 g_1 と g_2 が交わるならば極線はこれらの交点を通る．　□

問 2　定理 4.5 において，極線が互いに平行になるときの点 P が乗るのはどんな直線か．

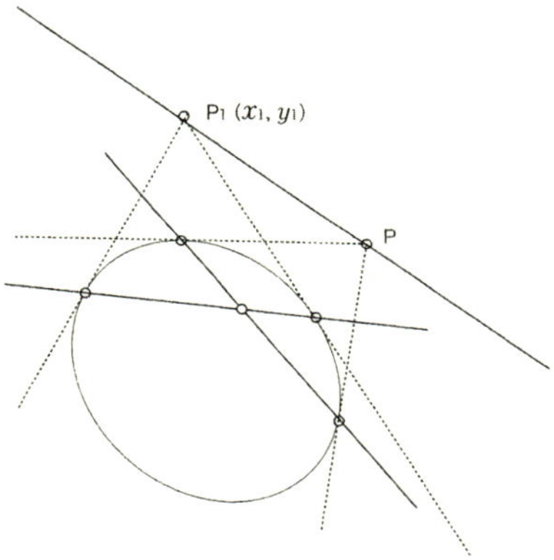

図 4.17　定理 4.5

定理 4.6　3 角形 $P_1P_2P_3$ の各辺が 2 次曲線 γ に外接するとき，辺 P_2P_3, P_3P_1, P_1P_2 と γ との接点をそれぞれ Q_1, Q_2, Q_3 とする．このとき，3 直線 P_1Q_1, P_2Q_2, P_3Q_3 は 1 点で交わるか，または平行である．

証明　2 次曲線 γ： $ax^2 + 2hxy + by^2 + 2gx + 2fy + c = 0$ と，3 点 $P_i(x_i, y_i)$ $(i = 1, 2, 3)$ に対して，それぞれの点での極線の方程式

$$\psi_i(x, y) \equiv ax_ix + h(x_iy + y_ix) + by_iy$$
$$+ g(x + x_i) + f(y + y_i) + c = 0$$

$(i = 1, 2, 3)$ を考える．

このとき，直線 P_1Q_1 は

$$\psi_1(x_3, y_3)\psi_2(x, y) - \psi_1(x_2, y_2)\psi_3(x, y) = 0$$

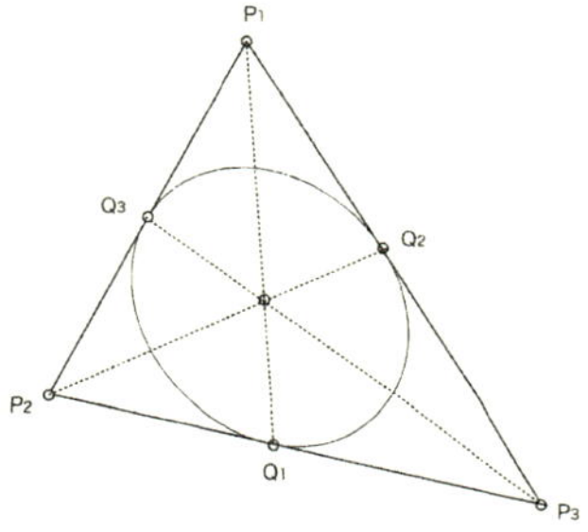

図 4.18　定理 4.6

と書くことができる．この式は x, y の 1 次式

であることから直線の方程式であり, さらに点 P_2 での極線と点 P_3 での極線との交点 Q_1, および点 P_1 を通るからである. 同様にして直線 P_2Q_2 は

$$\psi_2(x_1,y_1)\psi_3(x,y)-\psi_2(x_3,y_3)\psi_1(x,y)=0$$

直線 P_3Q_3 は

$$\psi_3(x_2,y_2)\psi_1(x,y)-\psi_3(x_1,y_1)\psi_2(x,y)=0$$

となる. $\psi_i(x_j,y_j)=\psi_j(x_i,y_i)$ より,

$$\begin{aligned}&(\psi_1(x_3,y_3)\psi_2(x,y)-\psi_1(x_2,y_2)\psi_3(x,y))\\&+(\psi_2(x_1,y_1)\psi_3(x,y)-\psi_2(x_3,y_3)\psi_1(x,y))\\&+(\psi_3(x_2,y_2)\psi_1(x,y)-\psi_3(x_1,y_1)\psi_2(x,y))=0\end{aligned}$$

が, x,y のいかんにかかわらず成立する. よって, 3 直線 P_1Q_1,P_2Q_2,P_3Q_3 は 1 点で交わるか, または平行である. □

4.5　焦点と準線

円を除く楕円, 双曲線, 放物線は定点 F と F を通らない定直線との距離の比が一定な点 P の軌跡として生成することができる. 定直線へ点 P から下した垂線と定直線との交点 Q に対して, $\dfrac{\overline{PF}}{\overline{PQ}}=e$ (一定) と仮定し, e の値により分けて考察する. 定点 F を焦点, 定直線をこの焦点に対する**準線**, 定比 e を**離心率**という.

(1) $e=1$ の場合

定直線へ点 F から下した垂線と定直線との交点 R に対して, 線分 FR の中点を原点 O とし, 2 点 F, R を通る直線を x 軸とする直交座標系を考える. 今, 定点 $F(p,0)$ とするとき, 点 $R(-p,0)$ で

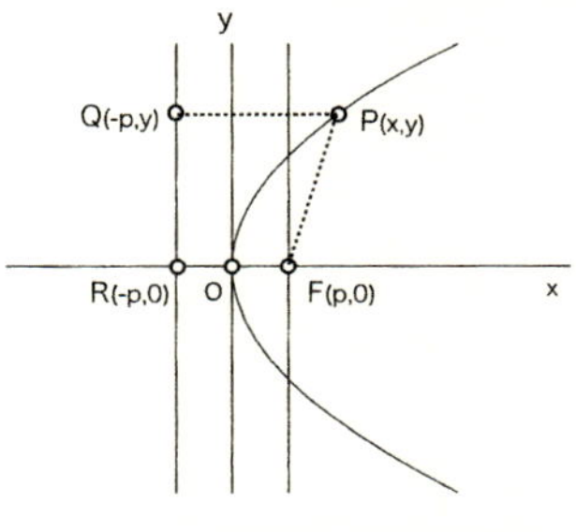

図 4.19　放物線の焦点と準線

あり, 定直線は $x=-p$ となる. よって点 $\mathrm{P}(x,y)$ に対して, 点 $\mathrm{Q}(-p,y)$ であり,

$$\overline{\mathrm{PF}}=\sqrt{(x-p)^2+y^2},\quad \overline{\mathrm{PQ}}=\sqrt{(x+p)^2}$$

であるから, $e=1$ という仮定により,

$$\sqrt{(x-p)^2+y^2}=\sqrt{(x+p)^2}$$

よって両辺を 2 乗して

$$y^2=4px$$

を得る. これは点 P がこの方程式の表す曲線上の点であることを示している. 逆に $y^2=4px$ が成り立つ点 $\mathrm{P}(x,y)$ に対して, $\sqrt{(x-p)^2+y^2}=\sqrt{(x-p)^2+4px}=\sqrt{(x+p)^2}$ であるから, $\overline{\mathrm{PF}}=\overline{\mathrm{PQ}}$ が成り立つ.

よって, 定点および定直線からの距離が等しい点の軌跡は放物線である.

(2) $e\neq 1$ の場合

定点 F から定直線に下した垂線と定直線との交点 R に対して, 2 点 F, R を通る直線上に線分 FR を e^2:1 に外分する点 O を定める. この点 O を原点, 2 点 F, R を通る直線を x 軸とする直交座標系を考える. a の値を $a=\dfrac{\overline{\mathrm{OF}}}{e}$ で定めると, $\mathrm{F}(ae,0)$, 定直線は $x=\dfrac{a}{e}$ となる. よって点 $\mathrm{P}(x,y)$ に対して, 点 $\mathrm{Q}(\dfrac{a}{e},y)$ であり,

$$\overline{\mathrm{PF}}=\sqrt{(x-ae)^2+y^2},\qquad \overline{\mathrm{PQ}}=|x-\frac{a}{e}|$$

である. よって, $\overline{\mathrm{PF}}=e\overline{\mathrm{PQ}}$ に代入して, 両辺を 2 乗して整頓すると

$$(1-e^2)x^2+y^2=a^2(1-e^2).$$

(2.1) $0<e<1$ の場合

$b^2=a^2(1-e^2)$ とおくと, 式 $(1-e^2)x^2+y^2=a^2(1-e^2)$ は

$$\frac{x^2}{a^2}+\frac{y^2}{b^2}=1$$

と書くことができる. これは点 P がこの方程式の表す曲線上の点であることを示している. 逆に $\dfrac{x^2}{a^2}+\dfrac{y^2}{b^2}=1$ が成り立つ点 $\mathrm{P}(x,y)$ に対して, 計算を逆に追う

ことにより $\overline{\mathrm{PF}} = e\overline{\mathrm{PQ}}$ が成り立つことも容易にわかる．よって，求める軌跡は方程式 $\dfrac{x^2}{a^2}+\dfrac{y^2}{b^2}=1$ で表される楕円である．

また，方程式：$\dfrac{x^2}{a^2}+\dfrac{y^2}{b^2}=1$ の形より，y 軸に対して点 $\mathrm{F}(ae,0)$ および定直線 $x=\dfrac{a}{e}$ と対称な点 $\mathrm{F}'(-ae,0)$ と定直線 $x=-\dfrac{a}{e}$ を考えると，点 $\mathrm{P}(x,y)$ に対して，点 $\mathrm{Q}'(-\dfrac{a}{e},y)$ であり，$\dfrac{\overline{\mathrm{PF}'}}{\overline{\mathrm{PQ}'}}=e$ が成り立つ．

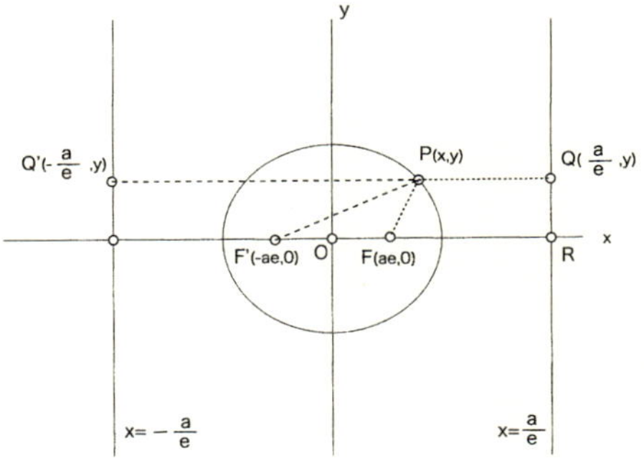

図 4.20　楕円の焦点と準線

点 $\mathrm{F}(ae,0),\mathrm{F}'(-ae,0)$ をこの楕円の焦点，定直線 $x=\dfrac{a}{e}$，定直線 $x=-\dfrac{a}{e}$ をそれぞれの焦点に対する**準線**と呼ぶ．また，$e=\sqrt{1-\dfrac{b^2}{a^2}}$ を楕円の**離心率**という．

定理 4.7　楕円上の任意の点 $\mathrm{P}(x,y)$ と焦点 F,F' を結んだそれぞれの線分の長さの和 $\overline{\mathrm{PF}}+\overline{\mathrm{PF}'}$ は一定である．

証明

$$\overline{\mathrm{PF}}=e\left(\frac{a}{e}-x\right),\quad \overline{\mathrm{PF}'}=e\left(\frac{a}{e}+x\right)$$

であるから，

$$\overline{\mathrm{PF}}+\overline{\mathrm{PF}'}=2a. \qquad \square$$

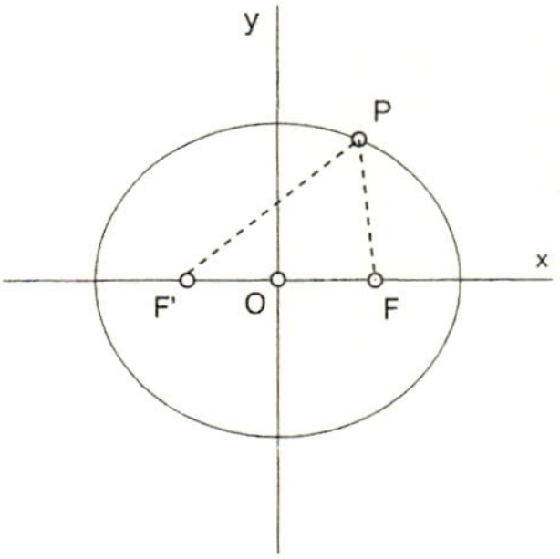

図 4.21　楕円の焦点

逆に 2 定点にいたる距離の和が一定である点の軌跡は楕円であることもすぐわかる．今，2 定点 $\mathrm{F}(c,0),\mathrm{F}'(-c,0)$（$c>0$）からの距離の和が一定 $2a$ ($a>c$) になる点を $\mathrm{P}(x,y)$ とすると，

$$\sqrt{(x-c)^2+y^2}+\sqrt{(x+c)^2+y^2}=2a$$

この式を変形して, $b^2 = a^2 - c^2$ と置くと次式で表される楕円になる.

$$\frac{x^2}{a^2} + \frac{y^2}{b^2} = 1.$$

（楕円の機械的な描き方）

点 F,F′ を紙の上に描き, 線分 FF′ より長い, 長さが $2a$ の糸を用意し, その糸の両端をそれぞれ点 F, F′ に固定する. 鉛筆の先端 P で糸をピンと張りながら鉛筆を動かすと, 点 P は楕円を描く. なぜならば

$$\overline{\mathrm{PF}} + \overline{\mathrm{PF'}} = 2a$$

だからである. 点 F,F′ を固定し, 糸の長さを変えると違った形の楕円が現れる.

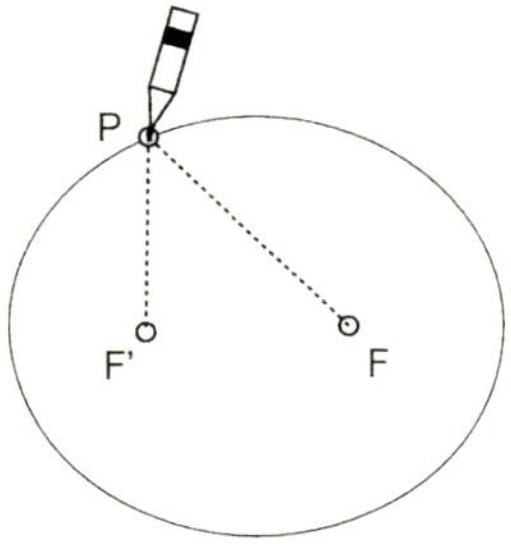

図 4.22　楕円の焦点

(2.2) $e > 1$ の場合

$b^2 = a^2(e^2 - 1)$ とおくと, 式 $(1 - e^2)x^2 + y^2 = a^2(1 - e^2)$ は

$$\frac{x^2}{a^2} - \frac{y^2}{b^2} = 1$$

と書くことができる. これは点 P がこの方程式の表す曲線上の点であることを示している. 逆に $\dfrac{x^2}{a^2} - \dfrac{y^2}{b^2} = 1$ が成り立つ点 $\mathrm{P}(x, y)$ に対して, $\overline{\mathrm{PF}} = e\overline{\mathrm{PQ}}$ が成り立つこともわかる. よって, 求める軌跡は方程式 $\dfrac{x^2}{a^2} - \dfrac{y^2}{b^2} = 1$ で表される双曲線である.

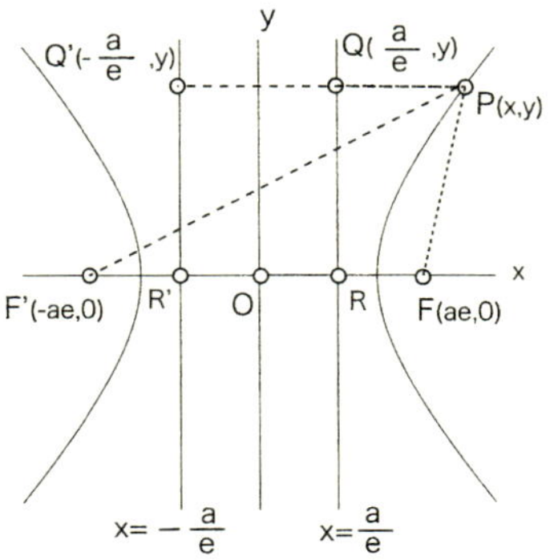

図 4.23　双曲線の焦点

楕円のときと同様にして, 点 $\mathrm{F}(ae, 0)$,$\mathrm{F}'(-ae, 0)$ をこの双曲線の焦点, 定直

線 $x = \frac{a}{e}$, 定直線 $x = -\frac{a}{e}$ をそれぞれの焦点に対する**準線**と呼ぶ．また, $e = \sqrt{1 + \frac{b^2}{a^2}}$ を双曲線の**離心率**という．

定理 4.8　双曲線上の任意の点 $\mathrm{P}(x, y)$ と焦点 F,F′ を結んだそれぞれの線分の長さの差 $\overline{\mathrm{PF}} - \overline{\mathrm{PF'}}$ は一定である．

証明　$x > 0$ なる点 $\mathrm{P}(x, y)$ では

$$\overline{\mathrm{PF}} = e\left(x - \frac{a}{e}\right), \quad \overline{\mathrm{PF'}} = e\left(\frac{a}{e} + x\right)$$

であるから,

$$\overline{\mathrm{PF'}} - \overline{\mathrm{PF}} = 2a$$

であり, 同様にして $x < 0$ なる点 $\mathrm{P}(x, y)$ では

$$\overline{\mathrm{PF}} - \overline{\mathrm{PF'}} = 2a$$

□

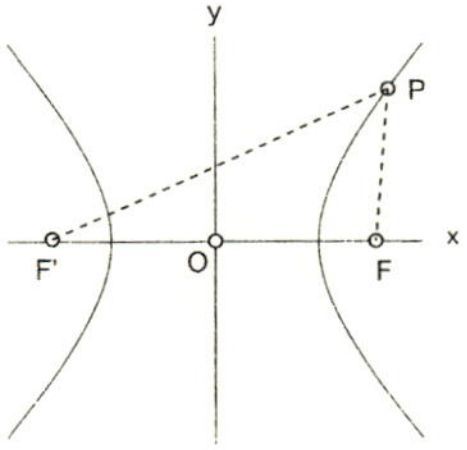

図 4.24　定理 4.8

逆に 2 定点にいたる距離の差が一定である点の軌跡は双曲線であることもすぐわかる．今, 2 定点 $\mathrm{F}(c, 0), \mathrm{F}'(-c, 0)$ $(c > 0)$ からの距離の差が一定 $2a$ $(0 < a < c)$ になる点を $\mathrm{P}(x, y)$ とすると,

$$\sqrt{(x-c)^2 + y^2} - \sqrt{(x+c)^2 + y^2} = \pm 2a$$

この式を変形して, $b^2 = c^2 - a^2$ と置くと次式で表される双曲線になる:

$$\frac{x^2}{a^2} - \frac{y^2}{b^2} = 1$$

（双曲線の機械的な描き方）

点 F,F′ を紙の上に描き, 長さ d の定規の一端を点 F′ に固定して回転できるようにする．長さ d より短い長さ c の糸の一端を定規の他の端 E に固定し, また糸の他の端を点 F に固

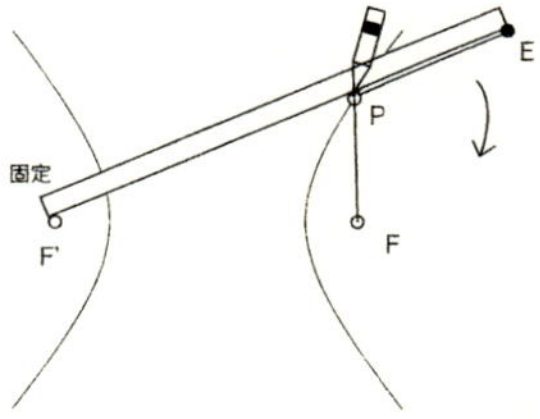

図 4.25　双曲線の描き方

定する. 鉛筆の先端 P が糸をピンと張りながら定規に沿うように, 定規と鉛筆を動かしていくと, 点 P は双曲線の半分を描く. なぜならば

$$\overline{\mathrm{PF}'} - \overline{\mathrm{PF}} = \overline{\mathrm{EF}'} - (\overline{\mathrm{EP}} + \overline{\mathrm{PF}}) = d - c$$

だからである. 定規の一端を点 F に固定して同様に行えば, 残りの双曲線も描くことができる. 点 F,F′ を固定し, 糸の長さを変えると違った形の双曲線が現れる.

4.6 直円錐の切り口としての2次曲線

空間内で 2 本の交わる直線をとり, 交点 O での 2 直線のなす角を α $(0 < \alpha < 90^o)$ とする. 片方の直線を軸として固定し, 他方の直線をその周りにまわしてつくられる回転体を**直円錐**という. 直円錐を形成する直線を**母線**, 点 O を**頂点**と呼ぶ. 2 次曲線は直円錐の切り口としても得ることが出来る.

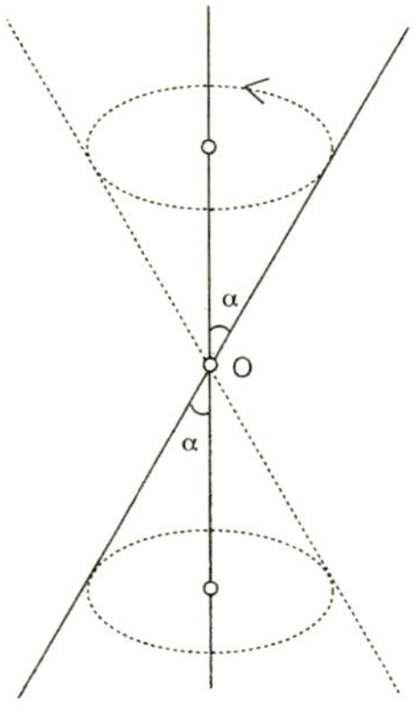

図 4.26 直円錐

定理 4.9 直円錐を頂点を通らない平面で切るとき, 切り口に楕円, 双曲線, または放物線があらわれる.

このことより, 楕円, 双曲線および放物線を**円錐曲線**と呼ぶ.

証明 頂点を通らない, 直円錐の軸となす角が β の平面 π を考える. 直円錐と π との交わりの曲線を γ とする.

(1) $\alpha < \beta \leqq 90^o$ の場合

平面 π は直円錐の頂点 O により分かれる 2 つの部分の片方にしか交わらず，さらにすべての母線と交わるので，切り口 γ は閉曲線である．また，平面 π に接し，さらに直円錐に内接する球面は π の両側に 1 つずつあるので，それらをそれぞれ S_1, S_2 とし，S_1, S_2 と π との接点をそれぞれ $\mathrm{F_1}, \mathrm{F_2}$，直円錐と S_1, S_2 とが接する点の集まりである円をそれぞれ C_1, C_2 とする．曲線 γ 上の任意の点を P とし，P を通る母線と円 C_1, C_2 との交点をそれぞれ $\mathrm{Q_1}, \mathrm{Q_2}$ とする．このとき，線分 $\mathrm{PF_1}$ と $\mathrm{PQ_1}$ は共に点 P から球面 S_1 への接線であるから，

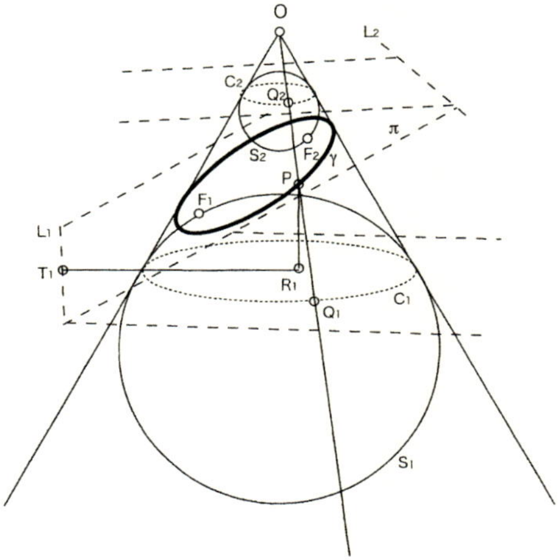

図 4.27　切り口が楕円

$$\overline{\mathrm{PF_1}} = \overline{\mathrm{PQ_1}}, \quad \text{同様にして} \quad \overline{\mathrm{PF_2}} = \overline{\mathrm{PQ_2}}$$

よって，

$$\overline{\mathrm{PF_1}} + \overline{\mathrm{PF_2}} = \overline{\mathrm{PQ_1}} + \overline{\mathrm{PQ_2}} = \overline{\mathrm{Q_1Q_2}}$$

この $\overline{\mathrm{Q_1Q_2}}$ は曲線 γ 上の点 P の位置に関係なく一定なので，γ は点 $\mathrm{F_1}, \mathrm{F_2}$ を焦点とする楕円であることがわかる．$\beta = 90^o$ のときは，点 $\mathrm{F_1} = \mathrm{F_2}$ を中心とする円になる．

また，平面 π と円 C_1, C_2 の乗る平面との交わりの直線をそれぞれ L_1, L_2 とする．γ 上の点 P から円 C_1 の乗る平面に下した垂線とこの平面の交わりを $\mathrm{R_1}$ とすると，

$$\overline{\mathrm{PR_1}} = \overline{\mathrm{PQ_1}} \cos\alpha = \overline{\mathrm{PF_1}} \cos\alpha$$

が成り立つ. また R_1 から直線 L_1 に下した垂線とこの直線との交点を T_1 とするとき, PT_1 と L_1 は直交していることと, $\angle R_1PT_1 = \beta$ であることから

$$\overline{PR_1} = \overline{PT_1}\cos\beta$$

を得る. よって,

$$\overline{PF_1}\cos\alpha = \overline{PT_1}\cos\beta$$

であるから, $e = \dfrac{\cos\beta}{\cos\alpha}$ と置くと, $\dfrac{\overline{PF_1}}{\overline{PT_1}} = e$ となる. ここで, $0 < \alpha < \beta < 90^o$ ならば $0 < e < 1$ ゆえ, 直線 L_1 は焦点 F_1 に対する準線を表していることがわかる. 同様に直線 L_2 は焦点 F_2 に対する準線である.

(2) $\beta < \alpha$ の場合

平面 π は直円錐の頂点 O により分かれる 2 つの部分に交わるので, 切り口 γ は 2 つの部分に分かれた曲線である. また, 平面 π に接し, さらに直円錐に内接する球面は O により分かれる 2 つの部分に接するように 1 つずつあるので, それらをそれぞれ S_1, S_2 とし, S_1, S_2 と π との接点をそれぞれ F_1, F_2, 直円錐と S_1, S_2 とが接する点の集まりである円をそれぞれ C_1, C_2 とする. 曲線 γ 上の任意の点を P とし, P を通る母線と円 C_1, C_2 との交点をそれぞれ Q_1, Q_2 とする. このとき, 線分 PF_1 と PQ_1 は共に点 P から球面 S_1 への接線であるから,

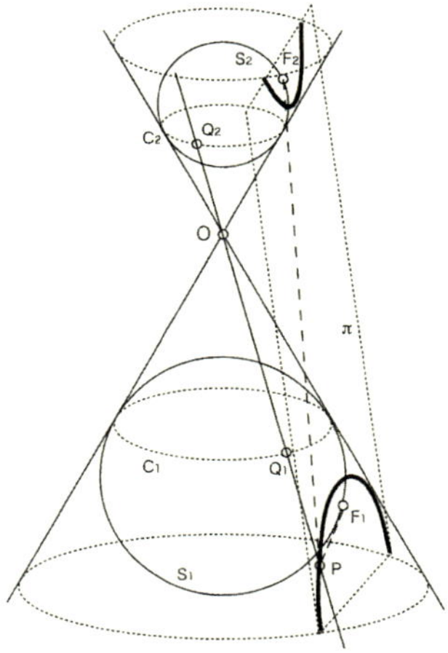

図 4.28 切り口が双曲線

$$\overline{PF_1} = \overline{PQ_1}, \quad \text{同様にして} \quad \overline{PF_2} = \overline{PQ_2}$$

よって,

$$|\overline{PF_1} - \overline{PF_2}| = |\overline{PQ_1} - \overline{PQ_2}| = \overline{Q_1Q_2}$$

この $\overline{Q_1Q_2}$ は曲線 γ 上の点 P の位置に関係なく一定なので, γ は点 F_1, F_2 を焦点とする双曲線であることがわかる.

また, 平面 π と円 C_1, C_2 の乗る平面との交わりの直線をそれぞれ L_1, L_2 とするとき, 楕円のときと同様にして, L_1 は焦点 F_1 に対する準線, 直線 L_2 は焦点 F_2 に対する準線であることがわかる.

(3)　$\beta = \alpha$ の場合

平面 π は直円錐の頂点 O により分かれる 2 つの部分の片方にしか交わらず, 切り口 γ は閉じていない曲線である. また, 平面 π に接し, さらに直円錐に内接する球面はただ 1 つあるので, それを S とし, S と π との接点を F, 直円錐と S とが接する点の集まりである円を C とする. 曲線 γ 上の任意の点を P とし, P を通る母線と円 C との交点を Q とするとき, 線分 PF と PQ は共に点 P から球面 S への接線であるから,

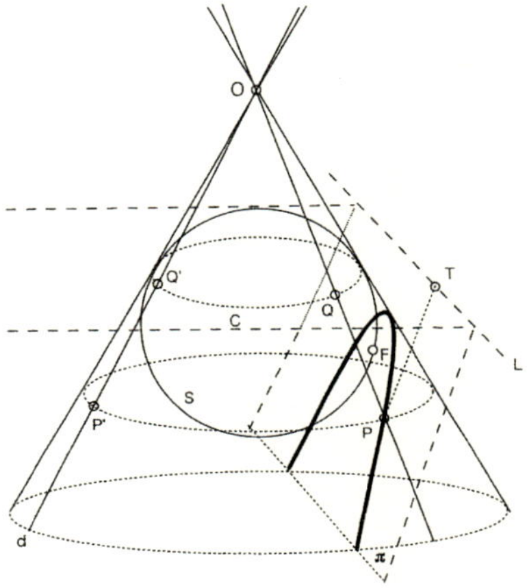

図 4.29　切り口が放物線

$$\overline{\mathrm{PF}} = \overline{\mathrm{PQ}}$$

である. また平面 π と円 C の乗る平面との交わりの直線を L とし, P から L に下した垂線と L との交点を T とするとき

$$\overline{\mathrm{PQ}} = \overline{\mathrm{PT}}$$

が成り立つ. なぜかというと, $\beta = \alpha$ であるから, 平面 π と平行な O を通る平面は直円錐と母線 d に沿って接していて, 作り方から d と線分 PT は平行であることが分かる. このことから点 P, Q を通る母線を頂点 O の周りに回転させ, 母線 d に重ねたときの d 上での点 P, Q の対応点 P$'$, Q$'$ に対して, $\overline{\mathrm{PT}} = \overline{\mathrm{P'Q'}}$ であることがわかり, $\overline{\mathrm{PQ}} = \overline{\mathrm{P'Q'}}$ と合わせると上の結果を得る.

以上の結果を合わせると,

$$\overline{\mathrm{PF}} = \overline{\mathrm{PT}}$$

すなわち, γ は F を焦点, L を準線とする放物線である.　□

4.7 円の性質

中心 (a,b) で半径 r の円の方程式は

$$(x-a)^2+(y-b)^2=r^2$$

で表される．このとき x^2, y^2 の係数は等しく，xy の係数は 0 なので，このような 2 次方程式は

$$x^2+y^2+2Ax+2By+C=0$$

と表すことができる．この式は

$$(x+A)^2+(y+B)^2=A^2+B^2-C$$

と書き直せるので，$A^2+B^2-C>0$ ならば実円である．

4.7.1 円に関するべき

今，円 Γ の方程式が

$$(x-a)^2+(y-b)^2=r^2$$

で与えられているとする．任意の点 $\mathrm{P}_1(x_1,y_1)$ に対して，点 $\mathrm{P}_1(x_1,y_1)$ を通る直線は方向余弦 (λ,μ) を用いて

$$x=x_1+\lambda t, \qquad y=y_1+\mu t$$

と表すことができる．ここでパラメータ t は点 P_1 から直線上の点 $\mathrm{P}(x,y)$ までの符号のついた距離である．円 Γ と直線との交点は，Γ の方程式に直線のパラメータ表示式を代入して得られる t に関する 2 次方程式：

$$(x_1+\lambda t-a)^2+(y_1+\mu t-b)^2=r^2$$

すなわち

$$t^2+2((x_1-a)\lambda+(y_1-b)\mu)t+(x_1-a)^2+(y_1-b)^2-r^2=0$$

の解 t_1,t_2 より決まる．解と係数の関係から

$$t_1t_2 = (x_1 - a)^2 + (y_1 - b)^2 - r^2$$

であるから，円と直線が交わっている場合には，点 $\mathrm{P_1}$ からの距離が t_1,t_2 の対応点をそれぞれ Q, R とするとき，$\overrightarrow{\mathrm{P_1Q}} \cdot \overrightarrow{\mathrm{P_1R}} = (x_1 - a)^2 + (y_1 - b)^2 - r^2$ になる．よって，$\overrightarrow{\mathrm{P_1Q}} \cdot \overrightarrow{\mathrm{P_1R}}$ の値は点 $\mathrm{P_1}$ の位置だけで決まり，

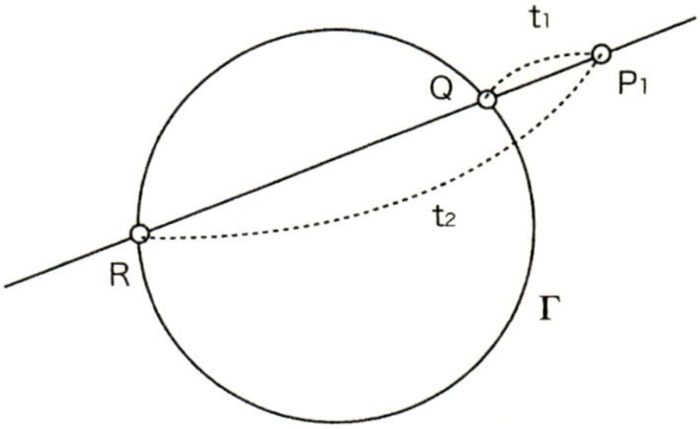

図 4.30　円に関するべき

$$(x_1 - a)^2 + (y_1 - b)^2 - r^2$$

を点 $\mathrm{P_1}$ の円 $\Gamma : (x-a)^2 + (y-b)^2 = r^2$ に関する「べき」と呼ぶ．

4.7.2　2 円のなす角

2 つの円

$$A_1(x^2 + y^2) + 2B_1x + 2C_1y + D_1 = 0,$$
$$A_2(x^2 + y^2) + 2B_2x + 2C_2y + D_2 = 0$$

が交わるとき，その交角 θ を 2 円の交点でのそれぞれの円の接線のなす角とする．図のようにそれぞれの円の中心 $\mathrm{O_1, O_2}$，交点 M，2 円の接線のなす角 θ をとるとき，

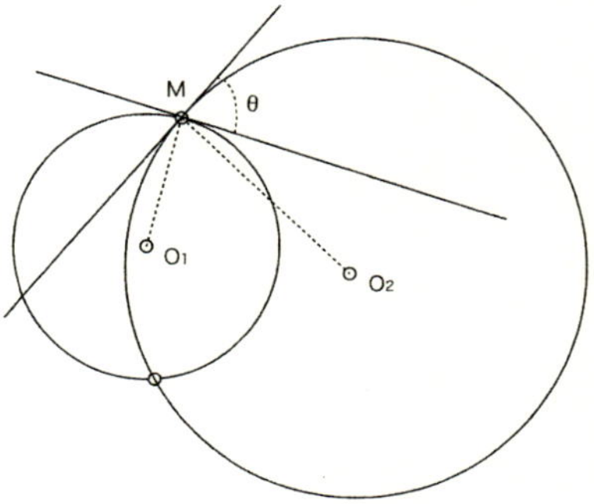

図 4.31　2 円のなす角

$$\theta = \angle \mathrm{O_1MO_2}$$

であることがわかる．よって，$\triangle \mathrm{MO_1O_2}$ において

$$\overline{\mathrm{O_1O_2}}^2 = \overline{\mathrm{MO_1}}^2 + \overline{\mathrm{MO_2}}^2 - 2\overline{\mathrm{MO_1}}\ \overline{\mathrm{MO_2}}\cos\theta$$

が成り立つので,

$$\overline{\mathrm{O_1O_2}}^2 = \left(\frac{B_2}{A_2} - \frac{B_1}{A_1}\right)^2 + \left(\frac{C_2}{A_2} - \frac{C_1}{A_1}\right)^2,$$

$$\overline{\mathrm{MO_1}}^2 = \frac{B_1^2 + C_1^2 - A_1D_1}{A_1^2}, \qquad \overline{\mathrm{MO_2}}^2 = \frac{B_2^2 + C_2^2 - A_2D_2}{A_2^2}$$

および A_1 と A_2 の符号により,

$$\cos\theta(\text{あるいは} - \cos\theta) = \frac{2B_1B_2 + 2C_1C_2 - A_1D_2 - A_2D_1}{2\sqrt{B_1^2 + C_1^2 - A_1D_1}\sqrt{B_2^2 + C_2^2 - A_2D_2}}.$$

この公式は $A_1 = A_2 = 0$ のとき, すなわち 2 直線のなす角についても成立する. さらに, $A_1 = 0$ かつ $A_2 \neq 0$ のとき, すなわち直線と円のなす角についても成立する.

問 3　上のことを証明せよ.

4.7.3　反転

平面上に中心 O, 半径 r の円がある. このとき, 平面上の任意の点 P に対して, 半直線 OP 上に

$$\overline{\mathrm{OP}} \cdot \overline{\mathrm{OP'}} = r^2$$

であるような点 P′ を対応させる点変換を考える. これを中心 O, 半径 r の円に関する**反転**と呼ぶことにする.

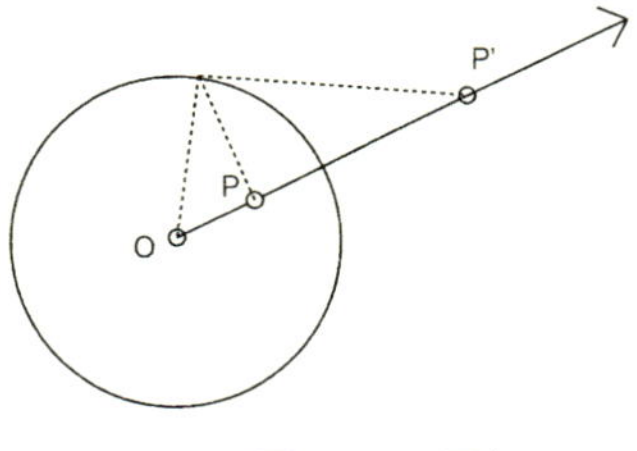

図 4.32　反転

今, 原点 O を中心, 半径 r の円に関する反転を考える. このとき, 点 $\mathrm{P}(x, y)$ に点 $\mathrm{P'}(x', y')$ を対応させる変換は次のような式で表される：

$$\begin{cases} x' = \dfrac{r^2x}{x^2 + y^2} \\ y' = \dfrac{r^2y}{x^2 + y^2} \end{cases} \quad \text{あるいは} \quad \begin{cases} x = \dfrac{r^2x'}{x'^2 + y'^2} \\ y = \dfrac{r^2y'}{x'^2 + y'^2} \end{cases}$$

定理 4.10　反転の中心 O を通らない円は O を通らない円に移り, O を通る円はこの円の O での接線に平行な直線に移る. また中心 O を通らない直線は O を通る円に移り, O を通る直線は自身に移る.

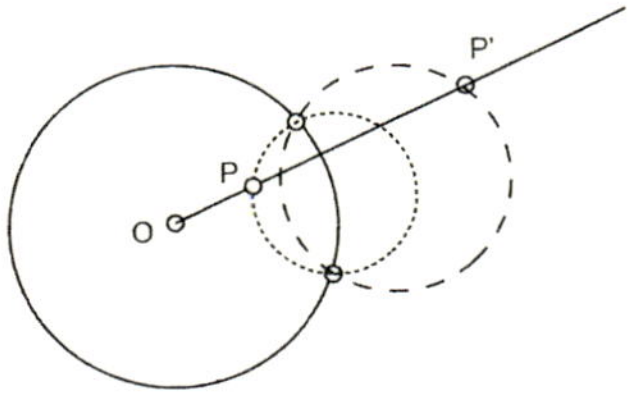

図 4.33　円が円に移る

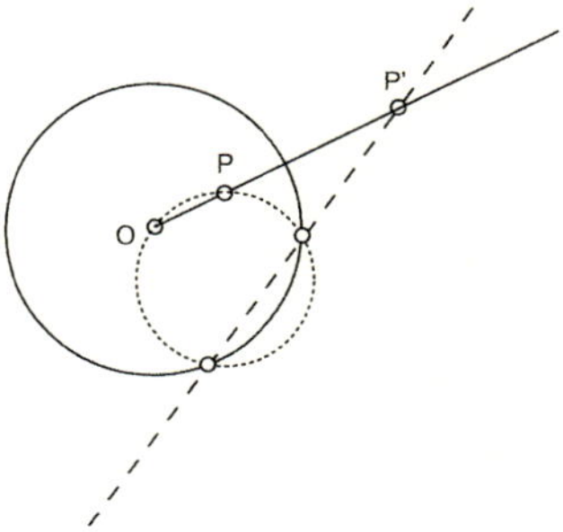

図 4.34　円が直線に移る

証明　円または直線：

$$A(x^2+y^2)+2Bx+2Cy+D=0$$

に対して, 原点 O を中心, 半径 r の円に関する反転をほどこすと

$$D(x'^2+y'^2)+2Br^2x'+2Cr^2y'+Ar^4=0$$

に移される. このことより,

$$\begin{cases} A\neq 0 \text{ かつ } D\neq 0 \text{ の場合, すなわち中心 O を通らない円は中心 O を通らない円に移る} \\ A\neq 0 \text{ かつ } D=0 \text{ の場合, すなわち中心 O を通る円はこの円の O での接線に平行な直線に移る} \\ A=0 \text{ かつ } D\neq 0 \text{ の場合, すなわち中心 O を通らない直線は O を通る円に移る} \\ A=0 \text{ かつ } D=0 \text{ の場合, すなわち中心 O を通る直線は自身に移る} \end{cases}$$

を得る.　□

定理 4.11　反転によって 2 つの円（あるいは直線）のなす角は不変である．

証明　円（あるいは直線）：

$$A_1(x^2+y^2)+2B_1x+2C_1y+D_1=0,\quad A_2(x^2+y^2)+2B_2x+2C_2y+D_2=0$$

に対して，原点 O を中心，半径 r の円に関する反転をほどこし

$$A_1'(x'^2+y'^2)+2B_1'x'+2C_1'y'+D_1'=0,\quad A_2'(x'^2+y'^2)+2B_2'x'+2C_2'y'+D_2'=0$$

に移されたとする．このとき，

$$A_1'=D_1,\ B_1'=B_1r^2,\qquad C_1'=C_1r^2,\ D_1'=A_1r^4$$
$$A_2'=D_2,\ B_2'=B_2r^2,\qquad C_2'=C_2r^2,\ D_2'=A_2r^4$$

である．従って，初めの 2 円のなす角を θ，反転によって移された 2 円のなす角を θ' とすると，

$$\begin{aligned}
\cos\theta' &= \frac{2B_1'B_2'+2C_1'C_2'-A_1'D_2'-A_2'D_1'}{2\sqrt{B_1'^2+C_1'^2-A_1'D_1'}\sqrt{B_2'^2+C_2'^2-A_2'D_2'}}\\
&= \frac{2(B_1r^2)(B_2r^2)+2(C_1r^2)(C_2r^2)-(D_1)(A_2r^4)-(D_2)(A_1r^4)}{2\sqrt{(B_1r^2)^2+(C_1r^2)^2-(D_1)(A_1r^4)}\sqrt{(B_2r^2)^2+(C_2r^2)^2-(D_2)(A_2r^4)}}\\
&= \frac{2B_1B_2+2C_1C_2-A_1D_2-A_2D_1}{2\sqrt{B_1^2+C_1^2-A_1D_1}\sqrt{B_2^2+C_2^2-A_2D_2}}=\cos\theta
\end{aligned}$$

よって，2 円のなす角は反転により不変である．　□

例 4.12 (Peaucellier の反転器)　**Peaucellier（ポースリエ）の反転器**とは 6 本の棒が蝶番によってつながれている図のような連結器で，$\overline{\mathrm{OA}}=\overline{\mathrm{OB}}$ かつ 4 角形 APBP′ は菱形になっている．O を固定し，この連結器を動かすと，P と P′ は O を中心とする反転の対応点になっている．まず，O と P と P′ は 1 直線上にあることは明らかである．また，中心 A，半径 $\overline{\mathrm{AP}}$ の円に，O から接線を引き，その接点を T とすると，$\overline{\mathrm{OP}}\cdot\overline{\mathrm{OP'}}=\overline{\mathrm{OT}}^2$ が成り立つことから，

$$\overline{\mathrm{OP}}\cdot\overline{\mathrm{OP'}}=\overline{\mathrm{OT}}^2=\overline{\mathrm{OA}}^2-\overline{\mathrm{AT}}^2=\overline{\mathrm{OA}}^2-\overline{\mathrm{AP}}^2=\text{一定}$$

となる.

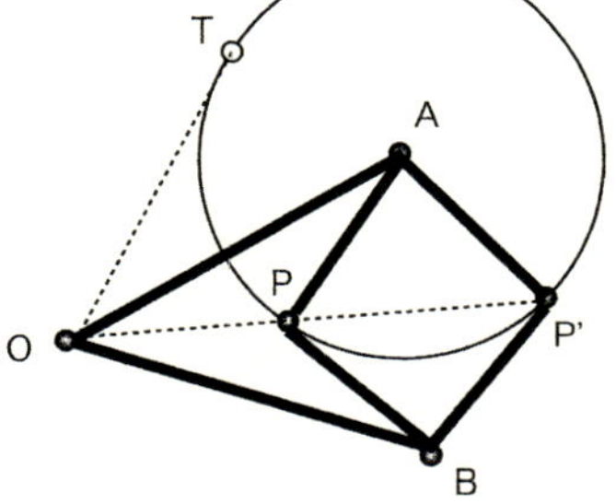

図 4.35　ポースリエの反転器

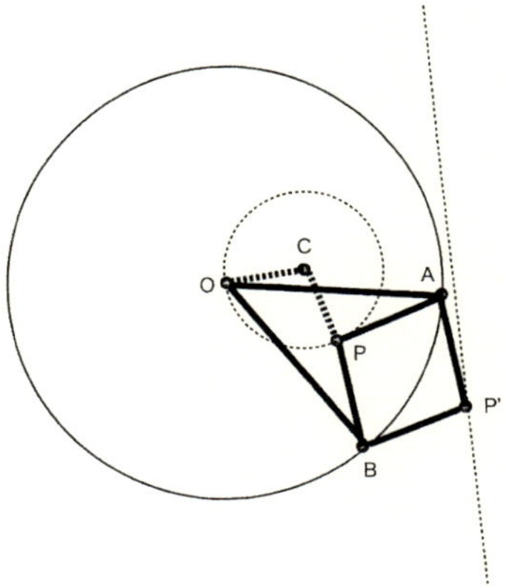

図 4.36　円運動を直線運動へ

この Peaucellier の反転器にさらに蝶番 C と, $\overline{\mathrm{CO}} = \overline{\mathrm{CP}}$ なる 2 本の棒を加えると, 円運動を直線運動に変える連結器をつくることができる. O と C を固定するとき, P は中心 C 半径 $\overline{\mathrm{CO}}$ の円上を動くので, 定理より P′ は直線を描く.

第5章
2次曲面

定義 5.1 (2 次曲面)　空間で斜交座標 (x, y, z) についての 2 次の方程式

$$\varphi(x,y,z) \equiv a_{11}x^2 + a_{22}y^2 + a_{33}z^2 + 2a_{23}yz + 2a_{31}zx + 2a_{12}xy + 2a_{14}x + 2a_{24}y + 2a_{34}z + a_{44} = 0$$

を満たす点の集まりを **2 次曲面**という．ここで

$$a_{ij} = a_{ji} \quad (i, j = 1, 2, 3, 4)$$

なる関係が成り立っているものとする．

今, (x, y, z) を直交座標とする．この章では直交座標系のみについて扱うことにする．このとき, 2 次曲面：

$$\varphi(x,y,z) \equiv a_{11}x^2 + a_{22}y^2 + a_{33}z^2 + 2a_{23}yz + 2a_{31}zx + 2a_{12}xy + 2a_{14}x + 2a_{24}y + 2a_{34}z + a_{44} = 0$$

$a_{ij} = a_{ji} \quad (i, j = 1, 2, 3, 4)$　に対して,

$$A_0 = \begin{pmatrix} a_{11} & a_{12} & a_{13} \\ a_{21} & a_{22} & a_{23} \\ a_{31} & a_{32} & a_{33} \end{pmatrix}, \qquad A = \begin{pmatrix} a_{11} & a_{12} & a_{13} & a_{14} \\ a_{21} & a_{22} & a_{23} & a_{24} \\ a_{31} & a_{32} & a_{33} & a_{34} \\ a_{41} & a_{42} & a_{43} & a_{44} \end{pmatrix}$$

（ただし, $a_{ij} = a_{ji}$ $(i, j = 1, 2, 3, 4)$ ）とおくと,

$$\varphi(x,y,z) \equiv \begin{pmatrix} x & y & z \end{pmatrix} A_0 \begin{pmatrix} x \\ y \\ z \end{pmatrix} + 2 \begin{pmatrix} a_{14} & a_{24} & a_{34} \end{pmatrix} \begin{pmatrix} x \\ y \\ z \end{pmatrix} + a_{44} = 0$$

または

$$\varphi(x,y,z) \equiv \begin{pmatrix} x & y & z & 1 \end{pmatrix} A \begin{pmatrix} x \\ y \\ z \\ 1 \end{pmatrix} = 0$$

と表すことができる.

この 2 つの対称行列 A_0 と A が 2 次曲面の分類に重要な役割を果たす.

5.1　2 次曲面の分類のための準備

5.1.1　空間での座標変換

空間内に 2 つの直交座標系 $\{\mathrm{O}; \boldsymbol{e}_1, \boldsymbol{e}_2, \boldsymbol{e}_3\}$ と $\{\mathrm{O}'; \boldsymbol{e}_1', \boldsymbol{e}_2', \boldsymbol{e}_3'\}$ が与えられたとき,

$$\overrightarrow{\mathrm{OO}'} = x_0\boldsymbol{e}_1 + y_0\boldsymbol{e}_2 + z_0\boldsymbol{e}_3$$

$$\begin{cases} \boldsymbol{e}_1' = \lambda_1\boldsymbol{e}_1 + \mu_1\boldsymbol{e}_2 + \nu_1\boldsymbol{e}_3 \\ \boldsymbol{e}_2' = \lambda_2\boldsymbol{e}_1 + \mu_2\boldsymbol{e}_2 + \nu_2\boldsymbol{e}_3 \\ \boldsymbol{e}_3' = \lambda_3\boldsymbol{e}_1 + \mu_3\boldsymbol{e}_2 + \nu_3\boldsymbol{e}_3 \end{cases}$$

という関係があるならば

$$P = \begin{pmatrix} \lambda_1 & \lambda_2 & \lambda_3 \\ \mu_1 & \mu_2 & \mu_3 \\ \nu_1 & \nu_2 & \nu_3 \end{pmatrix}$$

は直交行列で, 空間内の任意の点 Q に対して, $\{\mathrm{O}; \boldsymbol{e}_1, \boldsymbol{e}_2, \boldsymbol{e}_3\}$ と $\{\mathrm{O}'; \boldsymbol{e}_1', \boldsymbol{e}_2', \boldsymbol{e}_3'\}$ に関する点 Q の座標をそれぞれ (x,y,z), (x',y',z') とすると,

$$\begin{pmatrix} x \\ y \\ z \end{pmatrix} = P \begin{pmatrix} x' \\ y' \\ z' \end{pmatrix} + \begin{pmatrix} x_0 \\ y_0 \\ z_0 \end{pmatrix}$$

が成り立つ. これを座標変換の式という.

今, 2次曲面

$$\varphi(x,y,z) \equiv \begin{pmatrix} x & y & z \end{pmatrix} A_0 \begin{pmatrix} x \\ y \\ z \end{pmatrix} + 2\begin{pmatrix} a_{14} & a_{24} & a_{34} \end{pmatrix} \begin{pmatrix} x \\ y \\ z \end{pmatrix} + a_{44} = 0$$

または

$$\varphi(x,y,z) \equiv \begin{pmatrix} x & y & z & 1 \end{pmatrix} A \begin{pmatrix} x \\ y \\ z \\ 1 \end{pmatrix} = 0$$

ただし,

$$A_0 = \begin{pmatrix} a_{11} & a_{12} & a_{13} \\ a_{21} & a_{22} & a_{23} \\ a_{31} & a_{32} & a_{33} \end{pmatrix}, \qquad A = \begin{pmatrix} a_{11} & a_{12} & a_{13} & a_{14} \\ a_{21} & a_{22} & a_{23} & a_{24} \\ a_{31} & a_{32} & a_{33} & a_{34} \\ a_{41} & a_{42} & a_{43} & a_{44} \end{pmatrix}$$

$a_{ij} = a_{ji} \ (i,j = 1,2,3,4)$ に対して, 上の座標変換：

$$\begin{pmatrix} x \\ y \\ z \end{pmatrix} = P \begin{pmatrix} x' \\ y' \\ z' \end{pmatrix} + \begin{pmatrix} x_0 \\ y_0 \\ z_0 \end{pmatrix} \quad \text{あるいは} \quad \begin{pmatrix} x \\ y \\ z \\ 1 \end{pmatrix} = \overline{P} \begin{pmatrix} x' \\ y' \\ z' \\ 1 \end{pmatrix}$$

ただし,

$$\overline{P} = \begin{pmatrix} & & & x_0 \\ & P & & y_0 \\ & & & z_0 \\ 0 & 0 & 0 & 1 \end{pmatrix}$$

を施すことを考える．この変換により, 曲面を表す方程式が

$$\varphi'(x',y',z') \equiv \begin{pmatrix} x' & y' & z' \end{pmatrix} A'_0 \begin{pmatrix} x' \\ y' \\ z' \end{pmatrix} + 2 \begin{pmatrix} a'_{14} & a'_{24} & a'_{34} \end{pmatrix} \begin{pmatrix} x' \\ y' \\ z' \end{pmatrix} + a'_{44} = 0$$

または

$$\varphi'(x',y',z') \equiv \begin{pmatrix} x' & y' & z' & 1 \end{pmatrix} A' \begin{pmatrix} x' \\ y' \\ z' \\ 1 \end{pmatrix} = 0$$

ただし,

$$A'_0 = \begin{pmatrix} a'_{11} & a'_{12} & a'_{13} \\ a'_{21} & a'_{22} & a'_{23} \\ a'_{31} & a'_{32} & a'_{33} \end{pmatrix}, \qquad A' = \begin{pmatrix} a'_{11} & a'_{12} & a'_{13} & a'_{14} \\ a'_{21} & a'_{22} & a'_{23} & a'_{24} \\ a'_{31} & a'_{32} & a'_{33} & a'_{34} \\ a'_{41} & a'_{42} & a'_{43} & a'_{44} \end{pmatrix}$$

$a'_{ij} = a'_{ji}$ $(i,j = 1,2,3,4)$ になったとする．このとき,

$$\begin{pmatrix} a'_{14} & a'_{24} & a'_{34} \end{pmatrix} = \Big((\, a_{14}\; a_{24}\; a_{34}\,) + (\, x_0\; y_0\; z_0\,)\, A_0 \Big) P,$$

$$a'_{44} = \varphi(x_0, y_0, z_0).$$

また

$$A'_0 = {}^tPA_0P, \qquad A' = {}^t\overline{P}A\overline{P}$$

が成り立つことがわかる．ここで, P は直交行列, $\overline{P}$ は正則行列であり, $|P| = |\overline{P}| = \pm 1$ であることから, A_0 と A'_0 および A と A' の階数は等しいこと, さらに $|A_0| = |A'_0|$ および $|A| = |A'|$ であることがわかる．

定理 5.1　直交座標系 (x,y,z) において, 2 次曲面：

$$\varphi(x,y,z) \equiv a_{11}x^2 + a_{22}y^2 + a_{33}z^2$$
$$+ 2a_{23}yz + 2a_{31}zx + 2a_{12}xy + 2a_{14}x + 2a_{24}y + 2a_{34}z + a_{44} = 0$$

の係数によって作られた 2 つの行列：

$$A_0 = \begin{pmatrix} a_{11} & a_{12} & a_{13} \\ a_{21} & a_{22} & a_{23} \\ a_{31} & a_{32} & a_{33} \end{pmatrix}, \qquad A = \begin{pmatrix} a_{11} & a_{12} & a_{13} & a_{14} \\ a_{21} & a_{22} & a_{23} & a_{24} \\ a_{31} & a_{32} & a_{33} & a_{34} \\ a_{41} & a_{42} & a_{43} & a_{44} \end{pmatrix}$$

（ただし，$a_{ij} = a_{ji}$ $(i, j = 1, 2, 3, 4)$）を考えるとき，これらの階数および行列式の値は座標変換で不変である.

5.1.2　3 次の実対称行列に関する定理

3 次の実対称行列に関して次のような定理が成り立つ (第 6 章参照).

定理 5.2 (定理 6.21)　対称行列 A の固有値はすべて実数である.

定理 5.3 (定理 6.24)　零行列でない対称行列 A の固有値の少なくとも 1 つは 0 でない.

定理 5.4 (定理 6.19)　行列 $\overline{A}$ が対称行列 A と直交行列 P により

$$\overline{A} = {}^tPAP$$

と表されるならば, $\overline{A}$ と A の固有値は等しい.

この定理と前節より,

系 5.5　直交座標系 (x, y, z) における, 2 次曲面：

$$\varphi(x, y, z) \equiv a_{11}x^2 + a_{22}y^2 + a_{33}z^2 + 2a_{23}yz + 2a_{31}zx + 2a_{12}xy + 2a_{14}x + 2a_{24}y + 2a_{34}z + a_{44} = 0$$

の係数によって作られた行列：

$$A_0 = \begin{pmatrix} a_{11} & a_{12} & a_{13} \\ a_{21} & a_{22} & a_{23} \\ a_{31} & a_{32} & a_{33} \end{pmatrix}$$

の固有値は座標変換で不変である.

定理 5.6 (定理 6.22)　対称行列 A の異なる固有値に対する固有ベクトルは互いに直交する.

定理 5.7 (定理 6.23)　対称行列 A に対し, 適当な直交行列 P をとると, ${}^tPAP$ を A の固有値を対角成分にもつ対角行列にすることができる.

5.1.3　2 次曲面分類の方法

2 次曲面が座標系 (x, y, z) に関し、方程式

$$\varphi(x, y, z) \equiv \begin{pmatrix} x & y & z \end{pmatrix} A_0 \begin{pmatrix} x \\ y \\ z \end{pmatrix} + 2 \begin{pmatrix} a_{14} & a_{24} & a_{34} \end{pmatrix} \begin{pmatrix} x \\ y \\ z \end{pmatrix} + a_{44} = 0$$

または

$$\varphi(x, y, z) \equiv \begin{pmatrix} x & y & z & 1 \end{pmatrix} A \begin{pmatrix} x \\ y \\ z \\ 1 \end{pmatrix} = 0$$

ただし,

$$A_0 = \begin{pmatrix} a_{11} & a_{12} & a_{13} \\ a_{21} & a_{22} & a_{23} \\ a_{31} & a_{32} & a_{33} \end{pmatrix}, \qquad A = \begin{pmatrix} a_{11} & a_{12} & a_{13} & a_{14} \\ a_{21} & a_{22} & a_{23} & a_{24} \\ a_{31} & a_{32} & a_{33} & a_{34} \\ a_{41} & a_{42} & a_{43} & a_{44} \end{pmatrix}$$

$a_{ij} = a_{ji}\ \ (i, j = 1, 2, 3, 4)$ で与えられたとする.

定理 5.7 より, この対称行列 A_0 に対し, ${}^tPA_0P$ が A_0 の固有値 $\lambda_1, \lambda_2, \lambda_3$ を対角成分にもつ対角行列になるような適当な直交行列 P をとることができる. すなわち

$$ {}^tPA_0P = \begin{pmatrix} \lambda_1 & 0 & 0 \\ 0 & \lambda_2 & 0 \\ 0 & 0 & \lambda_3 \end{pmatrix} $$

となる直交行列 P をつくることができる. 新しい座標系 (x', y', z') に対する座標変換をこの直交行列 P を用いて,

$$ \begin{pmatrix} x \\ y \\ z \end{pmatrix} = P \begin{pmatrix} x' \\ y' \\ z' \end{pmatrix} $$

とすると, 2 次曲面の方程式はこの変換により,

$$ \lambda_1 x'^2 + \lambda_2 y'^2 + \lambda_3 z'^2 + 2 \begin{pmatrix} a'_{14} & a'_{24} & a'_{34} \end{pmatrix} \begin{pmatrix} x' \\ y' \\ z' \end{pmatrix} + a'_{44} = 0 $$

(ただし, $\lambda_1, \lambda_2, \lambda_3$ は A_0 の固有値) という形になる. また定理 5.1 より,

$$ |A_0| = \begin{vmatrix} \lambda_1 & 0 & 0 \\ 0 & \lambda_2 & 0 \\ 0 & 0 & \lambda_3 \end{vmatrix} = \lambda_1 \lambda_2 \lambda_3. $$

(1) $|A_0| \neq 0$ の場合

行列 A_0 の固有値 $\lambda_1, \lambda_2, \lambda_3$ はすべて 0 でない. このとき, 定理 5.1 から A_0 の

階数は 3 である．さらに座標変換

$$\begin{pmatrix} \overline{x} \\ \overline{y} \\ \overline{z} \end{pmatrix} = \begin{pmatrix} x' \\ y' \\ z' \end{pmatrix} + \begin{pmatrix} \dfrac{a'_{14}}{\lambda_1} \\ \dfrac{a'_{24}}{\lambda_2} \\ \dfrac{a'_{34}}{\lambda_3} \end{pmatrix}$$

により, 2 次曲面の方程式は

$$\lambda_1\overline{x}^2 + \lambda_2\overline{y}^2 + \lambda_3\overline{z}^2 + \overline{a_{44}} = 0$$

の形になる．ここで，　$\overline{a_{44}} = a'_{44} - \dfrac{a'^2_{14}}{\lambda_1} - \dfrac{a'^2_{24}}{\lambda_2} - \dfrac{a'^2_{34}}{\lambda_3}$　であり, また

$$|\,A| = \begin{vmatrix} \lambda_1 & 0 & 0 & 0 \\ 0 & \lambda_2 & 0 & 0 \\ 0 & 0 & \lambda_3 & 0 \\ 0 & 0 & 0 & \overline{a_{44}} \end{vmatrix} = \lambda_1\lambda_2\lambda_3\overline{a_{44}} \quad \text{より} \quad \overline{a_{44}} = \frac{|\,A|}{|\,A_0|}.$$

また, A の階数は $\overline{a_{44}} \neq 0$ すなわち $|A| \neq 0$ ならば 4,　$\overline{a_{44}} = 0$ すなわち $|A| = 0$ ならば 3 である．

（2）$|A_0| = 0$ の場合

行列 A_0 の固有値 $\lambda_1, \lambda_2, \lambda_3$ のどれか 1 つは 0 である．しかし定理 5.3 より, $\lambda_1, \lambda_2, \lambda_3$ の少なくとも 1 つは 0 でない．よって, さらに場合分けする．

（2.1）$\lambda_1 \neq 0, \lambda_2 \neq 0, \lambda_3 = 0$ の場合

定理 5.1 から A_0 の階数は 2 である．

(2.1.1) $a'_{34} \neq 0$ のとき, 座標変換

$$\begin{pmatrix} \overline{x} \\ \overline{y} \\ \overline{z} \end{pmatrix} = \begin{pmatrix} x' \\ y' \\ z' \end{pmatrix} + \begin{pmatrix} \dfrac{a'_{14}}{\lambda_1} \\ \dfrac{a'_{24}}{\lambda_2} \\ \dfrac{a'_{44} - \dfrac{a'^2_{14}}{\lambda_1} - \dfrac{a'^2_{24}}{\lambda_2}}{2a'_{34}} \end{pmatrix}$$

により, 2 次曲面の方程式はさらに

$$\lambda_1 \overline{x}^2 + \lambda_2 \overline{y}^2 + 2a'_{34}\overline{z} = 0$$

の形になる. 今, 定理 5.1 より,

$$|A| = \begin{vmatrix} \lambda_1 & 0 & 0 & 0 \\ 0 & \lambda_2 & 0 & 0 \\ 0 & 0 & 0 & a'_{34} \\ 0 & 0 & a'_{34} & 0 \end{vmatrix} = -\lambda_1\lambda_2 a'^2_{34} \neq 0 \quad \text{であるから,}$$

$$a'_{34} = \pm\sqrt{-\frac{|A|}{\lambda_1\lambda_2}}$$

となる. このとき, A の階数は 4 である.

(2.1.2) $a'_{34} = 0$ のとき, 座標変換

$$\begin{pmatrix} \overline{x} \\ \overline{y} \\ \overline{z} \end{pmatrix} = \begin{pmatrix} x' \\ y' \\ z' \end{pmatrix} + \begin{pmatrix} \dfrac{a'_{14}}{\lambda_1} \\ \dfrac{a'_{24}}{\lambda_2} \\ 0 \end{pmatrix}$$

により, 2 次曲面の方程式はさらに

$$\lambda_1 \overline{x}^2 + \lambda_2 \overline{y}^2 + \overline{a_{44}} = 0$$

の形になる．ここで

$$\overline{a_{44}} = a'_{44} - \frac{a'^2_{14}}{\lambda_1} - \frac{a'^2_{24}}{\lambda_2}$$

である．定理 5.1 より，

$$|A| = \begin{vmatrix} \lambda_1 & 0 & 0 & 0 \\ 0 & \lambda_2 & 0 & 0 \\ 0 & 0 & 0 & 0 \\ 0 & 0 & 0 & \overline{a_{44}} \end{vmatrix} = 0$$

であり，A の階数は $\overline{a_{44}} \neq 0$ ならば 3, $\overline{a_{44}} = 0$ ならば 2 である．

（2.2）$\lambda_1 \neq 0, \lambda_2 = 0, \lambda_3 = 0$ の場合

定理 5.1 から A_0 の階数は 1 である．

座標変換

$$\begin{pmatrix} \overline{x} \\ \overline{y} \\ \overline{z} \end{pmatrix} = \begin{pmatrix} x' \\ y' \\ z' \end{pmatrix} + \begin{pmatrix} \dfrac{a'_{14}}{\lambda_1} \\ 0 \\ 0 \end{pmatrix}$$

により，2 次曲面の方程式はさらに

$$\lambda_1 \overline{x}^2 + 2a'_{24}\overline{y} + 2a'_{34}\overline{z} + \overline{a_{44}} = 0$$

の形になる．ここで

$$\overline{a_{44}} = a'_{44} - \frac{a'^2_{14}}{\lambda_1}$$

である．また，a'_{24} と a'_{34} の少なくともひとつが 0 でないとき，座標変換

$$\begin{pmatrix} \overline{x} \\ \overline{y} \\ \overline{z} \end{pmatrix} = \frac{1}{\sqrt{a'^2_{24} + a'^2_{34}}} \begin{pmatrix} \sqrt{a'^2_{24} + a'^2_{34}} & 0 & 0 \\ 0 & a'_{24} & -a'_{34} \\ 0 & a'_{34} & a'_{24} \end{pmatrix} \begin{pmatrix} X \\ Y \\ Z \end{pmatrix} - \frac{\overline{a_{44}}}{2(a'^2_{24} + a'^2_{34})} \begin{pmatrix} 0 \\ a'_{24} \\ a'_{34} \end{pmatrix}$$

により, 2 次曲面の方程式はさらに

$$\lambda_1 X^2 + 2\sqrt{a'^2_{24} + a'^2_{34}}\,Y = 0$$

の形になる. 定理 5.1 より,

$$|A| = \begin{vmatrix} \lambda_1 & 0 & 0 & 0 \\ 0 & 0 & 0 & \sqrt{a'^2_{24} + a'^2_{34}} \\ 0 & 0 & 0 & 0 \\ 0 & \sqrt{a'^2_{24} + a'^2_{34}} & 0 & 0 \end{vmatrix} = 0$$

で, A の階数は 3 である.

$a'_{24} = a'_{34} = 0$ の場合, 2 次曲面の方程式は

$$\lambda_1 \overline{x}^2 + \overline{a_{44}} = 0$$

となり,

$$|A| = \begin{vmatrix} \lambda_1 & 0 & 0 & 0 \\ 0 & 0 & 0 & 0 \\ 0 & 0 & 0 & 0 \\ 0 & 0 & 0 & \overline{a_{44}} \end{vmatrix} = 0$$

で, A の階数は $\overline{a_{44}} \neq 0$ ならば 2, $\overline{a_{44}} = 0$ ならば 1 である.

5.2　2 次曲面の分類

5.2.1　2 次曲面の分類その 1

2 次曲面 $(*)$

$$\varphi(x,y,z) \equiv \begin{pmatrix} x & y & z \end{pmatrix} A_0 \begin{pmatrix} x \\ y \\ z \end{pmatrix} + 2\begin{pmatrix} a_{14} & a_{24} & a_{34} \end{pmatrix} \begin{pmatrix} x \\ y \\ z \end{pmatrix} + a_{44} = 0$$

または

$$\varphi(x,y,z) \equiv \begin{pmatrix} x & y & z & 1 \end{pmatrix} A \begin{pmatrix} x \\ y \\ z \\ 1 \end{pmatrix} = 0$$

ただし,

$$A_0 = \begin{pmatrix} a_{11} & a_{12} & a_{13} \\ a_{21} & a_{22} & a_{23} \\ a_{31} & a_{32} & a_{33} \end{pmatrix}, \qquad A = \begin{pmatrix} a_{11} & a_{12} & a_{13} & a_{14} \\ a_{21} & a_{22} & a_{23} & a_{24} \\ a_{31} & a_{32} & a_{33} & a_{34} \\ a_{41} & a_{42} & a_{43} & a_{44} \end{pmatrix}$$

$a_{ij} = a_{ji}\ \ (i, j = 1, 2, 3, 4)$　に対して, 適当に λ , μ , ν を選び, 座標系の変換：

$$x = \overline{x} + \lambda, \qquad y = \overline{y} + \mu, \qquad z = \overline{z} + \nu$$

を施し, 新しい座標系 $(\overline{x}, \overline{y}, \overline{z})$ で $(*)$ が表す図形の方程式の 1 次の項が消えるようにしたい. 実際にこの変換を式 $(*)$ に代入すると,

$$\begin{pmatrix} \overline{x} & \overline{y} & \overline{z} \end{pmatrix} A_0 \begin{pmatrix} \overline{x} \\ \overline{y} \\ \overline{z} \end{pmatrix} + 2(a_{11}\lambda + a_{12}\mu + a_{13}\nu + a_{14})\overline{x}$$

$$+2(a_{21}\lambda + a_{22}\mu + a_{23}\nu + a_{24})\overline{y} + 2(a_{31}\lambda + a_{32}\mu + a_{33}\nu + a_{34})\overline{z} + \varphi(\lambda, \mu, \nu) = 0$$

となる. よって, 1 次の項が消えるようにするためには λ, μ, ν を

$$(**) \qquad \begin{cases} a_{11}\lambda + a_{12}\mu + a_{13}\nu + a_{14} = 0 \\ a_{21}\lambda + a_{22}\mu + a_{23}\nu + a_{24} = 0 \\ a_{31}\lambda + a_{32}\mu + a_{33}\nu + a_{34} = 0 \end{cases}$$

なる連立 1 次方程式の解になるように選べばよい.

$|A_0| \neq 0$ の場合, クラーメルの公式より連立方程式 $(**)$ はただ一組の解

$$\lambda = \frac{\begin{vmatrix} -a_{14} & a_{12} & a_{13} \\ -a_{24} & a_{22} & a_{23} \\ -a_{34} & a_{32} & a_{33} \end{vmatrix}}{|A_0|}, \quad \mu = \frac{\begin{vmatrix} a_{11} & -a_{14} & a_{13} \\ a_{21} & -a_{24} & a_{23} \\ a_{31} & -a_{34} & a_{33} \end{vmatrix}}{|A_0|}, \quad \nu = \frac{\begin{vmatrix} a_{11} & a_{12} & -a_{14} \\ a_{21} & a_{22} & -a_{24} \\ a_{31} & a_{32} & -a_{34} \end{vmatrix}}{|A_0|}$$

をもつ. このとき,

$$\begin{aligned} \varphi(\lambda,\mu,\nu) &= (a_{11}\lambda + a_{12}\mu + a_{13}\nu + a_{14})\lambda + (a_{21}\lambda + a_{22}\mu + a_{23}\nu + a_{24})\mu \\ &\quad + (a_{31}\lambda + a_{32}\mu + a_{33}\nu + a_{34})\nu + a_{14}\lambda + a_{24}\mu + a_{34}\nu + a_{44} \\ &= a_{14}\lambda + a_{24}\mu + a_{34}\nu + a_{44} = \frac{|A|}{|A_0|} \end{aligned}$$

となる. よって, 新しい座標系 $(\overline{x}, \overline{y}, \overline{z})$ において $(*)$ が表す図形の方程式は

$$\begin{pmatrix} \overline{x} & \overline{y} & \overline{z} \end{pmatrix} A_0 \begin{pmatrix} \overline{x} \\ \overline{y} \\ \overline{z} \end{pmatrix} + \frac{|A|}{|A_0|} = 0$$

となる. この方程式の形から, 図形上の任意の点 $P(\overline{x}, \overline{y}, \overline{z})$ に対し, $(-\overline{x}, -\overline{y}, -\overline{z})$ を座標とする点もこの図形上に存在する. よって, この図形は新しい座標系の原点 $\overline{\mathrm{O}}$ に関し, 対称である.

一般に 2 次曲面がある点に対して対称であるとき, この点をこの **2 次曲面の中心**という.

逆に 2 次曲面の中心を原点にする座標系の平行移動を行うと, 曲面の方程式の 1 次の項は消えなければならないので, $|A_0| \neq 0$ をみたす 2 次曲面の中心は唯 1 つ決まる. 中心が唯 1 つの 2 次曲面を**有心 2 次曲面**という. それ以外の 2 次曲面を**無心 2 次曲面**という†.

以上のこと及び前節の考察より, 2 次曲面の 1 つの分類を与える.

† 中心をもつものを有心 2 次曲面, そうでないものを無心 2 次曲面とよぶこともある.

2 次曲面は, 適当な座標変換により, 次のいずれかの形になる. これらの形を **2 次曲面の標準形**と呼ぶことにする.

(Ｉ) $|A_0| \neq 0$

(1) $|A| \neq 0$ の場合

$$\begin{cases} \text{(a)} & \dfrac{x^2}{\alpha^2} + \dfrac{y^2}{\beta^2} + \dfrac{z^2}{\gamma^2} = 1 & \text{（楕円面）} \\ \text{(b)} & \dfrac{x^2}{\alpha^2} + \dfrac{y^2}{\beta^2} - \dfrac{z^2}{\gamma^2} = 1 & \text{（1 葉双曲面）} \\ \text{(c)} & -\dfrac{x^2}{\alpha^2} - \dfrac{y^2}{\beta^2} + \dfrac{z^2}{\gamma^2} = 1 & \text{（2 葉双曲面）} \\ \text{(d)} & \dfrac{x^2}{\alpha^2} + \dfrac{y^2}{\beta^2} + \dfrac{z^2}{\gamma^2} = -1 & \text{（虚楕円面）} \end{cases}$$

(2) $|A| = 0$ の場合

$$\begin{cases} \text{(a)} & \dfrac{x^2}{\alpha^2} + \dfrac{y^2}{\beta^2} + \dfrac{z^2}{\gamma^2} = 0 & \text{（点楕円面）} \\ \text{(b)} & \dfrac{x^2}{\alpha^2} + \dfrac{y^2}{\beta^2} - \dfrac{z^2}{\gamma^2} = 0 & \text{（2 次錐面）} \end{cases}$$

(II) $|A_0| = 0$

(1) $|A| \neq 0$ の場合

$$\begin{cases} \text{(a)} & \dfrac{x^2}{\alpha^2} + \dfrac{y^2}{\beta^2} = \pm 2z & \text{（楕円放物面）} \\ \text{(b)} & \dfrac{x^2}{\alpha^2} - \dfrac{y^2}{\beta^2} = 2z & \text{（双曲放物面）} \end{cases}$$

(2) $|A| = 0$ の場合

$$
\left\{
\begin{array}{lrcll}
\text{(a)} & \dfrac{x^2}{\alpha^2} + \dfrac{y^2}{\beta^2} & = & 1 & \text{(楕円柱面)} \\
\text{(b)} & \dfrac{x^2}{\alpha^2} - \dfrac{y^2}{\beta^2} & = & 1 & \text{(双曲柱面)} \\
\text{(c)} & \dfrac{x^2}{\alpha^2} + \dfrac{y^2}{\beta^2} & = & -1 & \text{(虚楕円柱面)} \\
\text{(d)} & \dfrac{x^2}{\alpha^2} + \dfrac{y^2}{\beta^2} & = & 0 & \text{(虚の交わる 2 平面)} \\
\text{(e)} & \dfrac{x^2}{\alpha^2} - \dfrac{y^2}{\beta^2} & = & 0 & \text{(交わる 2 平面)} \\
\text{(f)} & x^2 - 4py & = & 0 & (p \neq 0) \ \text{(放物柱面)} \\
\text{(g)} & x^2 - \alpha^2 & = & 0 & (\alpha \neq 0) \ \text{(平行 2 平面)} \\
\text{(h)} & x^2 + \alpha^2 & = & 0 & (\alpha \neq 0) \ \text{(虚の平行 2 平面)} \\
\text{(i)} & x^2 & = & 0 & \text{(一致した 2 平面)}
\end{array}
\right.
$$

5.2.2 2 次曲面の分類その 2

前節では 2 次曲面を $|A_0|$ と $|A|$ が 0 になるかどうかで分類したが, ここでは行列 A および A_0 の階数によって分類する.

行列 A の階数が 4 である, 虚でない 2 次曲面を**固有な 2 次曲面**という. また, 平面に分解しない 2 次曲面を**既約 2 次曲面**と呼ぶことにする.

A の階数	A_0 の階数	曲面
4	3	楕円面, 1 葉双曲面, 2 葉双曲面, 虚楕円面
4	2	楕円放物面, 双曲放物面
3	3	2 次錐面, 点楕円面
3	2	楕円柱面, 双曲柱面, 虚楕円柱面
3	1	放物柱面
2	2	交わる 2 平面, 虚の交わる 2 平面
2	1	平行 2 平面, 虚の平行 2 平面
1	1	一致した 2 平面

問 4　次の方程式はどんな曲面を表すか.

(1)　$2y^2+z^2-\sqrt{3}xy-2\sqrt{2}yz-\sqrt{6}zx-\sqrt{6}y+4\sqrt{3}z-\dfrac{3}{2}=0$

(2)　$x^2+y^2+z^2-xy-yz-zx+\sqrt{3}x+\sqrt{3}y+\sqrt{3}z+3=0$

解答　(1) この式を

$$\begin{pmatrix} x & y & z \end{pmatrix}\begin{pmatrix} 0 & -\dfrac{\sqrt{3}}{2} & -\dfrac{\sqrt{6}}{2} \\ -\dfrac{\sqrt{3}}{2} & 2 & -\sqrt{2} \\ -\dfrac{\sqrt{6}}{2} & -\sqrt{2} & 1 \end{pmatrix}\begin{pmatrix} x \\ y \\ z \end{pmatrix}-\sqrt{6}y+4\sqrt{3}z-\frac{3}{2}=0$$

と表す. このとき, 対称行列　$A_0=\begin{pmatrix} 0 & -\dfrac{\sqrt{3}}{2} & -\dfrac{\sqrt{6}}{2} \\ -\dfrac{\sqrt{3}}{2} & 2 & -\sqrt{2} \\ -\dfrac{\sqrt{6}}{2} & -\sqrt{2} & 1 \end{pmatrix}$　の固有値と固有ベクトルを求めると, 固有値　$3, \dfrac{3}{2}, -\dfrac{3}{2}$　のときの固有ベクトルはそれぞれ

$$t\begin{pmatrix} 0 \\ -2 \\ \sqrt{2} \end{pmatrix},\quad t\begin{pmatrix} -\sqrt{3} \\ 1 \\ \sqrt{2} \end{pmatrix},\quad t\begin{pmatrix} \sqrt{3} \\ 1 \\ \sqrt{2} \end{pmatrix}$$

となる. ここで t は 0 でない任意の実数である. 次にそれぞれの長さ 1 の固有ベクトルを選んで, 並べて直交行列 P をつくる. 具体的には例えば

$$X_3=\begin{pmatrix} 0 \\ -\dfrac{2}{\sqrt{6}} \\ \dfrac{1}{\sqrt{3}} \end{pmatrix},\quad X_{\frac{3}{2}}=\begin{pmatrix} -\dfrac{1}{\sqrt{2}} \\ \dfrac{1}{\sqrt{6}} \\ \dfrac{1}{\sqrt{3}} \end{pmatrix},\quad X_{-\frac{3}{2}}=\begin{pmatrix} \dfrac{1}{\sqrt{2}} \\ \dfrac{1}{\sqrt{6}} \\ \dfrac{1}{\sqrt{3}} \end{pmatrix}$$

とおき, 行列　$P=\begin{pmatrix} X_3 & X_{\frac{3}{2}} & X_{-\frac{3}{2}} \end{pmatrix}=\begin{pmatrix} 0 & -\dfrac{1}{\sqrt{2}} & \dfrac{1}{\sqrt{2}} \\ -\dfrac{2}{\sqrt{6}} & \dfrac{1}{\sqrt{6}} & \dfrac{1}{\sqrt{6}} \\ \dfrac{1}{\sqrt{3}} & \dfrac{1}{\sqrt{3}} & \dfrac{1}{\sqrt{3}} \end{pmatrix}$　をつくる.

$\begin{pmatrix} x \\ y \\ z \end{pmatrix} = P \begin{pmatrix} x' \\ y' \\ z' \end{pmatrix}$ とすると, 2 次曲面の方程式はこの変換により,

$$
\begin{aligned}
3x'^2 + \frac{3}{2}y'^2 - \frac{3}{2}z'^2 - \sqrt{6}(-\frac{2}{\sqrt{6}}x' + \frac{1}{\sqrt{6}}y' + \frac{1}{\sqrt{6}}z') \\
+ 4\sqrt{3}\left(\frac{1}{\sqrt{3}}x' + \frac{1}{\sqrt{3}}y' + \frac{1}{\sqrt{3}}z'\right) - \frac{3}{2} \\
= 3x'^2 + \frac{3}{2}y'^2 - \frac{3}{2}z'^2 + 6x' + 3y' + 3z' - \frac{3}{2} = 0
\end{aligned}
$$

という形になる. さらに

$$
3(x'+1)^2 + \frac{3}{2}(y'+1)^2 - \frac{3}{2}(z'-1)^2 = \frac{9}{2}
$$

と変形して, 座標軸の平行移動： $x' = \overline{x} - 1,\ \ y' = \overline{y} - 1,\ \ z' = \overline{y} + 1$ により,

$$
3\overline{x}^2 + \frac{3}{2}\overline{y}^2 - \frac{3}{2}\overline{z}^2 = \frac{9}{2} \qquad \text{すなわち} \qquad \frac{2}{3}\overline{x}^2 + \frac{1}{3}\overline{y}^2 - \frac{1}{3}\overline{z}^2 = 1
$$

となる. これは 1 葉双曲面である.

(2) この式を

$$
\begin{pmatrix} x & y & z \end{pmatrix} \begin{pmatrix} 1 & -\frac{1}{2} & -\frac{1}{2} \\ -\frac{1}{2} & 1 & -\frac{1}{2} \\ -\frac{1}{2} & -\frac{1}{2} & 1 \end{pmatrix} \begin{pmatrix} x \\ y \\ z \end{pmatrix} + \sqrt{3}x + \sqrt{3}y + \sqrt{3}z + 3 = 0
$$

と表す. このとき, 対称行列 $A_0 = \begin{pmatrix} 1 & -\frac{1}{2} & -\frac{1}{2} \\ -\frac{1}{2} & 1 & -\frac{1}{2} \\ -\frac{1}{2} & -\frac{1}{2} & 1 \end{pmatrix}$ の

長さ 1 の固有ベクトルを固有値 0 に対して 1 つ, 固有値 $\frac{3}{2}$ に対して互いに直交

するものを 2 つ選ぶ．例えば

$$\begin{pmatrix} \frac{1}{\sqrt{3}} \\ \frac{1}{\sqrt{3}} \\ \frac{1}{\sqrt{3}} \end{pmatrix}, \quad \text{および} \quad \begin{pmatrix} \frac{1}{\sqrt{2}} \\ -\frac{1}{\sqrt{2}} \\ 0 \end{pmatrix}, \begin{pmatrix} \frac{1}{\sqrt{6}} \\ \frac{1}{\sqrt{6}} \\ -\frac{2}{\sqrt{6}} \end{pmatrix}$$

とする．次にそれぞれの長さ 1 の固有ベクトルを並べて直交行列

$$P = \begin{pmatrix} \frac{1}{\sqrt{3}} & \frac{1}{\sqrt{2}} & \frac{1}{\sqrt{6}} \\ \frac{1}{\sqrt{3}} & -\frac{1}{\sqrt{2}} & \frac{1}{\sqrt{6}} \\ \frac{1}{\sqrt{3}} & 0 & -\frac{2}{\sqrt{6}} \end{pmatrix} \quad \text{をつくり，} \quad \begin{pmatrix} x \\ y \\ z \end{pmatrix} = P \begin{pmatrix} x' \\ y' \\ z' \end{pmatrix} \quad \text{とすると，}$$

2 次曲面の方程式はこの変換により，

$$\begin{aligned}
&\frac{3}{2}y'^2 + \frac{3}{2}z'^2 + \sqrt{3}\left(\frac{1}{\sqrt{3}}x' + \frac{1}{\sqrt{2}}y' + \frac{1}{\sqrt{6}}z'\right) \\
&\qquad + \sqrt{3}\left(\frac{1}{\sqrt{3}}x' - \frac{1}{\sqrt{2}}y' + \frac{1}{\sqrt{6}}z'\right) + \sqrt{3}\left(\frac{1}{\sqrt{3}}x' - \frac{2}{\sqrt{6}}z'\right) + 3 \\
&= \frac{3}{2}y'^2 + \frac{3}{2}z'^2 + 3x' + 3 = 0.
\end{aligned}$$

$$\therefore \quad \frac{3}{2}y'^2 + \frac{3}{2}z'^2 = -3(x'+1)$$

となり，座標軸の平行移動： $x' = \overline{x} - 1, \quad y' = \overline{y}, \quad z' = \overline{y}$ により，

$$\frac{3}{2}\overline{y}^2 + \frac{3}{2}\overline{z}^2 = -3\overline{x}, \qquad \text{すなわち} \qquad \overline{y}^2 + \overline{z}^2 = -2\overline{x}$$

となる．これは楕円放物面である． □

5.3　固有な 2 次曲面

固有な 2 次曲面は楕円面，1 葉双曲面，2 葉双曲面，楕円放物面，双曲放物面の 5 種類である．

5.3.1　楕円面

楕円面の標準的な方程式は

$$\frac{x^2}{a^2}+\frac{y^2}{b^2}+\frac{z^2}{c^2}=1$$

で与えられる．a, b, c の大小関係は座標軸を取りかえることによって変えることができるので，今後 $a \geqq b \geqq c > 0$ とする．この方程式の形より，楕円面は xy 平面，yz 平面，zx 平面のそれぞれに対して対称であり，原点を中心とする有心 2 次曲面である．また，楕円面上の点 (x, y, z) に対して，方程式より

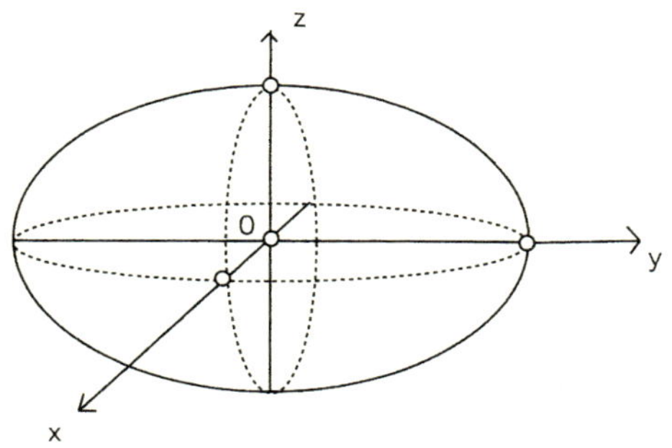

図 **5.1** 楕円面

$$\frac{x^2}{a^2} \leqq 1,\ \ \frac{y^2}{b^2} \leqq 1,\ \ \frac{z^2}{c^2} \leqq 1.\quad \therefore\ -a \leqq x \leqq a,\ -b \leqq y \leqq b,\ \ -c \leqq z \leqq c$$

であるから，楕円面はこの範囲になければならない．また，楕円面と各座標平面およびそれぞれに平行な平面との交線は楕円である．例えば，xy 平面に平行な平面 $z=k$, $(|k|<c)$ との交線は

$$\frac{x^2}{a^2(1-\dfrac{k^2}{c^2})}+\frac{y^2}{b^2(1-\dfrac{k^2}{c^2})}=1, \quad z=k$$

なる楕円である．

また，$a=b$ または $b=c$ の場合には，それぞれ z 軸，x 軸を回転軸とする回転体（**回転楕円面**という）になる．

特に $a=b=c$ の場合には原点を中心とする，半径 $a=r$ の球面を表す．

5.3.2　楕円面のパラメータ表示

楕円面の図をコンピュータで描くとき, パラメータ表示を用いると便利である. よく使われる**楕円面のパラメータ表示**は

$$x = a\cos\theta\cos\phi, \quad y = b\sin\theta\cos\phi, \quad z = c\sin\phi$$
$$0 \leqq \theta < 2\pi, \quad -\frac{\pi}{2} \leqq \phi < \frac{\pi}{2}$$

である.

5.3.3　楕円面に関する問題

問 5　楕円面
$$\frac{x^2}{a^2} + \frac{y^2}{b^2} + \frac{z^2}{c^2} = 1, \quad a > b > c > 0$$
を平面で切るとき, 切り口の曲線が円になる平面を求めよ.

解答　一般に 2 次曲面:

$$a_{11}x^2 + a_{22}y^2 + a_{33}z^2 + 2a_{23}yz + 2a_{31}zx + 2a_{12}xy + 2a_{14}x + 2a_{24}y + 2a_{34}z + a_{44} = 0$$

を平面 $z = k$ で切ると, 切り口の曲線は

$$a_{11}x^2 + a_{22}y^2 + 2a_{12}xy + 2(a_{14} + a_{31}k)x + 2(a_{24} + a_{23}k)y + a_{33}k^2$$
$$+2a_{34}k + a_{44} = 0,$$
$$z = k$$

である. x, y の 2 次の項は k の値に無関係なので, この切り口の 2 次曲線は一般に相似である. 従って, 楕円面の切り口が円になる 原点を通る平面を求めればよい. この平面に平行な平面はすべてこの性質をもつ.

今, 原点を通る平面を

$$\lambda x + \mu y + \nu z = 0, \qquad \lambda^2 + \mu^2 + \nu^2 = 1$$

とする. 平面 $z = 0$ での切り口は楕円 $\dfrac{x^2}{a^2} + \dfrac{y^2}{b^2} = 1$ なので, λ または μ は 0 でないとしてよい.

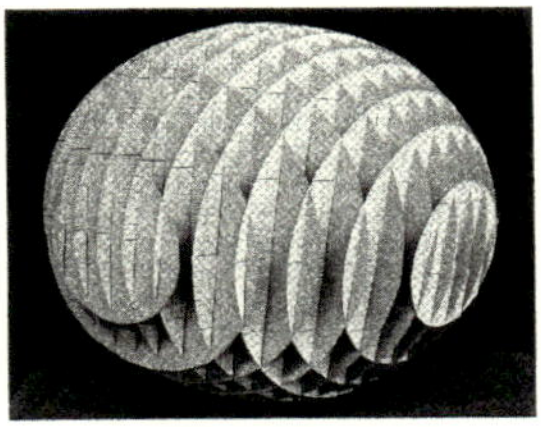

図 **5.2** 紙でつくった楕円面

まず, 座標変換

$$\begin{pmatrix} x \\ y \\ z \end{pmatrix} = \begin{pmatrix} \cos\theta & -\sin\theta & 0 \\ \sin\theta & \cos\theta & 0 \\ 0 & 0 & 1 \end{pmatrix} \begin{pmatrix} x' \\ y' \\ z' \end{pmatrix}, \qquad \begin{cases} \cos\theta = \dfrac{\mu}{\sqrt{\lambda^2 + \mu^2}} \\ \sin\theta = \dfrac{-\lambda}{\sqrt{\lambda^2 + \mu^2}} \end{cases}$$

をこの平面に施すと,

$$\sqrt{\lambda^2 + \mu^2}\, y' + \nu z' = 0$$

となる. さらに座標変換

$$\begin{pmatrix} x' \\ y' \\ z' \end{pmatrix} = \begin{pmatrix} 1 & 0 & 0 \\ 0 & \cos\phi & -\sin\phi \\ 0 & \sin\phi & \cos\phi \end{pmatrix} \begin{pmatrix} X \\ Y \\ Z \end{pmatrix}, \qquad \begin{cases} \cos\phi = \nu \\ \sin\phi = -\sqrt{\lambda^2 + \mu^2} \end{cases}$$

をこの平面に施すと,

$$Z = 0$$

となる. よって, 上の 2 つの座標変換を楕円面 $\dfrac{x^2}{a^2} + \dfrac{y^2}{b^2} + \dfrac{z^2}{c^2} = 1$ にも施すと,

$$\frac{1}{a^2}\left(\frac{\mu}{\sqrt{\lambda^2 + \mu^2}} X + \frac{\lambda\nu}{\sqrt{\lambda^2 + \mu^2}} Y + \lambda Z\right)^2 + \frac{1}{b^2}\left(\frac{-\lambda}{\sqrt{\lambda^2 + \mu^2}} X + \frac{\mu\nu}{\sqrt{\lambda^2 + \mu^2}} Y + \mu Z\right)^2 + \frac{1}{c^2}\left(-\sqrt{\lambda^2 + \mu^2}\, Y + \nu Z\right)^2 = 1$$

となる．このことから，この曲面を平面 $Z=0$ で切ったときの切り口の曲線は

$$\frac{1}{\lambda^2+\mu^2}\left(\frac{\mu^2}{a^2}+\frac{\lambda^2}{b^2}\right)X^2+\frac{1}{\lambda^2+\mu^2}\left(\frac{\lambda^2\nu^2}{a^2}+\frac{\mu^2\nu^2}{b^2}+\frac{(\lambda^2+\mu^2)^2}{c^2}\right)Y^2 \\ +\frac{2\lambda\mu\nu}{\lambda^2+\mu^2}\left(\frac{1}{a^2}-\frac{1}{b^2}\right)XY=1$$

よって，この曲線が円であるためには

(1)　$\dfrac{1}{\lambda^2+\mu^2}\left(\dfrac{\mu^2}{a^2}+\dfrac{\lambda^2}{b^2}\right)=\dfrac{1}{\lambda^2+\mu^2}\left(\dfrac{\lambda^2\nu^2}{a^2}+\dfrac{\mu^2\nu^2}{b^2}+\dfrac{(\lambda^2+\mu^2)^2}{c^2}\right)$，　かつ

(2)　$\dfrac{2\lambda\mu\nu}{\lambda^2+\mu^2}\left(\dfrac{1}{a^2}-\dfrac{1}{b^2}\right)=0$

が成り立たなければならない．(2) より，$\lambda\mu\nu=0$ すなわち，λ,μ,ν の少なくともひとつは 0 である．よって，それぞれが成り立つ場合について考察する．

（$\lambda=0$ のとき）(1) と，$\mu^2+\nu^2=1$ より

$$\mu^2\left(\left(\frac{1}{c^2}-\frac{1}{b^2}\right)\mu^2+\frac{1}{b^2}-\frac{1}{a^2}\right)=0.$$

$\lambda=\mu=0$ とはならないので，$\left(\dfrac{1}{c^2}-\dfrac{1}{b^2}\right)\mu^2+\dfrac{1}{b^2}-\dfrac{1}{a^2}=0$ であるが，$a>b>c>0$ より，この式を満たす μ は存在しない．

（$\nu=0$ のとき）(1) と，$\lambda^2+\mu^2=1$ より

$$\left(\frac{1}{a^2}-\frac{1}{b^2}\right)\mu^2+\frac{1}{b^2}-\frac{1}{c^2}=0.$$

$a>b>c>0$ より，この式を満たす μ は存在しない．

（$\mu=0$ のとき）(1) と，$\lambda^2+\nu^2=1$ より

$$\lambda^2\left(\left(\frac{1}{c^2}-\frac{1}{a^2}\right)\lambda^2+\frac{1}{a^2}-\frac{1}{b^2}\right)=0.$$

$\lambda=\mu=0$ とはならないので $\left(\dfrac{1}{c^2}-\dfrac{1}{a^2}\right)\lambda^2+\dfrac{1}{a^2}-\dfrac{1}{b^2}=0$ である．これと $\lambda^2+\nu^2=1$ より

$$\lambda^2=\frac{\dfrac{1}{b^2}-\dfrac{1}{a^2}}{\dfrac{1}{c^2}-\dfrac{1}{a^2}},\qquad \nu^2=\frac{\dfrac{1}{c^2}-\dfrac{1}{b^2}}{\dfrac{1}{c^2}-\dfrac{1}{a^2}}$$

であるから,

$$\lambda : \mu : \nu = \frac{\sqrt{a^2 - b^2}}{a} : 0 : \pm\frac{\sqrt{b^2 - c^2}}{c}$$

を得る. よって, 切り口が円になるような平面は

$$\frac{\sqrt{a^2 - b^2}}{a}x \pm \frac{\sqrt{b^2 - c^2}}{c}z = k, \qquad k \text{ は定数}$$

で与えられる.

5.3.4　1 葉双曲面

1 葉双曲面の標準的な方程式は

$$\frac{x^2}{a^2} + \frac{y^2}{b^2} - \frac{z^2}{c^2} = 1,\ \ a, b, c > 0$$

である.

この方程式の形より, 1 葉双曲面は xy 平面, yz 平面, zx 平面のそれぞれに対して対称であり, 原点を中心とする有心 2 次曲面である. また, 1 葉双曲面上の点 (x, y, z) に対して, 方程式より

$$\frac{x^2}{a^2} + \frac{y^2}{b^2} = 1 + \frac{z^2}{c^2} \geqq 1$$

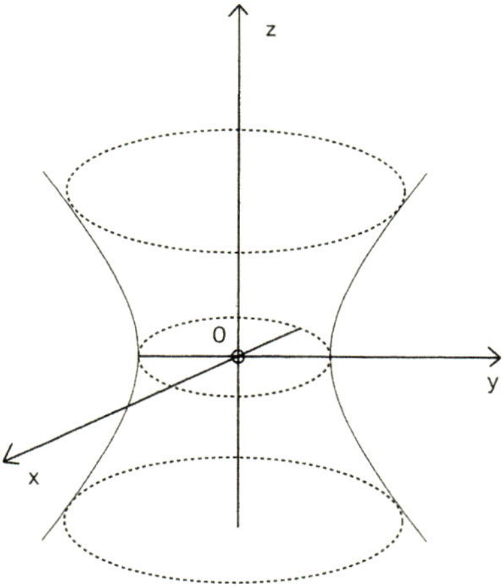

図 5.3　1 葉双曲面

であるから, 1 葉双曲面はこの範囲になければならない. また, 1 葉双曲面と yz, zx 平面およびそれぞれに平行な平面との交線は双曲線または 2 直線である. さらに, xy 平面および平行な平面との交線は楕円になる. また, $a = b$ の場合には, z 軸を回転軸とする回転体 (**回転 1 葉双曲面**という) になる.

5.3.5　線織面としての 1 葉双曲面

1 葉双曲面 Γ の標準的な方程式 : $\dfrac{x^2}{a^2} + \dfrac{y^2}{b^2} - \dfrac{z^2}{c^2} = 1$　を

$$\left(\frac{y}{b} + \frac{z}{c}\right)\left(\frac{y}{b} - \frac{z}{c}\right) = \left(1 + \frac{x}{a}\right)\left(1 - \frac{x}{a}\right)$$

と変形する．任意の実数比 $\lambda:\mu$ に対して，平面 $\pi_{\lambda:\mu}$：

$$\lambda\left(\frac{y}{b}+\frac{z}{c}\right)=\mu\left(1+\frac{x}{a}\right)$$

を考える．1 葉双曲面 Γ と平面 $\pi_{\lambda:\mu}$ との交わりは，2 平面 $1+\dfrac{x}{a}=0$ と $\dfrac{y}{b}+\dfrac{z}{c}=0$ の交わりの直線と，連立方程式:

$$(1)\quad \lambda\left(\frac{y}{b}+\frac{z}{c}\right)=\mu\left(1+\frac{x}{a}\right),\qquad (2)\quad \mu\left(\frac{y}{b}-\frac{z}{c}\right)=\lambda\left(1-\frac{x}{a}\right)$$

を解いたものとして表すことができる．この (1), (2) の方程式は互いに平行でない平面を表しており，よって交線は $\lambda:\mu$ で決まる直線 $l_{\lambda:\mu}$ になる．直線 $l_{\lambda:\mu}$ は 1 葉双曲面 Γ 上にのり，異なる実数の比 $\lambda:\mu$ と $\overline{\lambda}:\overline{\mu}$ に対して，直線 $l_{\lambda:\mu}$ と $l_{\overline{\lambda}:\overline{\mu}}$ は交わらない．

あらゆる実数比 $\lambda:\mu$ を与えるとき，$\pi_{\lambda:\mu}$ は 2 平面 $\dfrac{y}{b}+\dfrac{z}{c}=0$ と $1+\dfrac{x}{a}=0$ の交わりの直線を軸とする平面束をつくり，連立方程式 (1), (2) によって定まる直線族 $l_{\lambda:\mu}$ によって，1 葉双曲面 Γ は生成されていることがわかる．

同様にして，1 葉双曲面 Γ は，連立方程式:

$$(3)\quad \lambda\left(\frac{y}{b}+\frac{z}{c}\right)=\mu\left(1-\frac{x}{a}\right),\qquad (4)\quad \mu\left(\frac{y}{b}-\frac{z}{c}\right)=\lambda\left(1+\frac{x}{a}\right)$$

で定まる直線族 $\bar{l}_{\lambda:\mu}$ によって生成されていることがわかる．

1 葉双曲面を生成するこれらの直線を 1 葉双曲面 Γ の**母線**という．このようにして，1 葉双曲面は 2 系の直線族によって生成されていることがわかる．

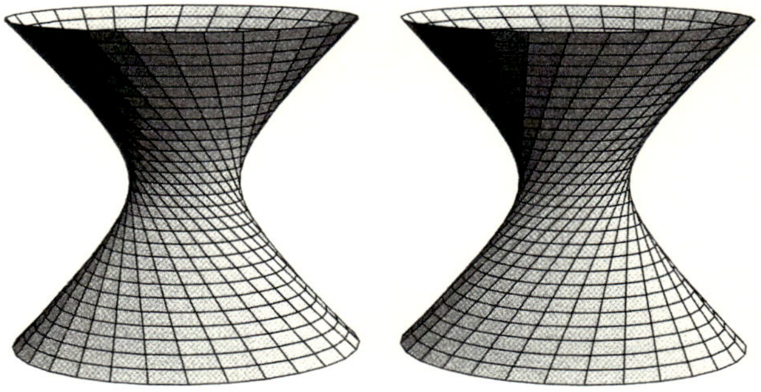

図 5.4　直線でつくられている

5.3.6　1 葉双曲面のパラメータ表示

1 葉双曲面 $\dfrac{x^2}{a^2}+\dfrac{y^2}{b^2}-\dfrac{z^2}{c^2}=1$ が 2 系の直線族によって生成されている図をコンピュータで描くとき, パラメータ表示を用いると便利である.

1 葉双曲面上の点 $(a\cos\theta, b\sin\theta, 0)$ を通る 1 葉双曲面上の 2 直線の方向ベクトルは

$$(a\sin\theta,\ -b\cos\theta,\ \pm c)$$

であるから, この **1 葉双曲面の直線を用いたパラメータ表示**は

$$x=a\cos\theta+ta\sin\theta,\ y=b\sin\theta-tb\cos\theta,\ z=tc$$

または

$$x=a\cos\theta+ta\sin\theta,\ y=b\sin\theta-tb\cos\theta,\ z=-tc$$

$$(0\leqq\theta<2\pi,\ -\infty<t<\infty)$$

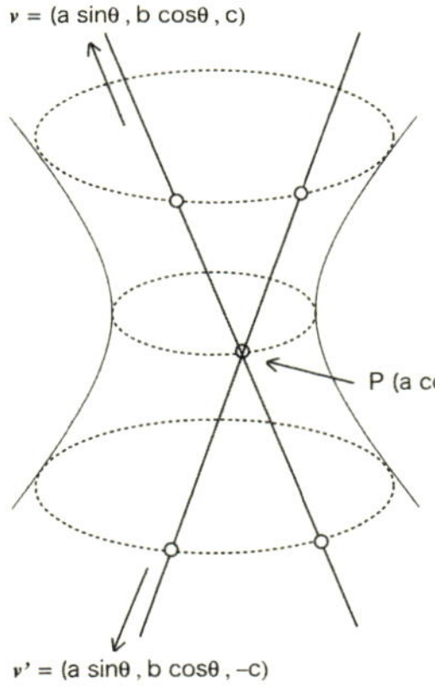

図 5.5　1 葉双曲面のパラメータ表示

図 5.6　金沢駅前の 1 葉双曲面

問 6　1 葉双曲面の直線を用いたパラメータ表示が上のようになることを示せ.

5.3.7　2 葉双曲面

2 葉双曲面の標準的な方程式は

$$-\frac{x^2}{a^2}-\frac{y^2}{b^2}+\frac{z^2}{c^2}=1, \quad a,b,c>0$$

である.

この方程式の形より, 2 葉双曲面は xy 平面, yz 平面, zx 平面のそれぞれに対して対称であり, 原点を中心とする有心 2 次曲面である.

また, 2 葉双曲面上の点 (x,y,z) に対して, 方程式より

$$z^2=c^2\left(1+\frac{x^2}{a^2}+\frac{y^2}{b^2}\right)\geqq c^2$$

であるから, 2 葉双曲面はこの範囲になければならない. また, 2 葉双曲面と yz, zx 平面およびそれぞれに平行な平面との交線は双曲線である. さらに, xy 平面に平行な平面 $z=k$, $(|k|>c)$ との交線は楕円になる. また, $a=b$ の場合には, z 軸を回転軸とする回転体（**回転 2 葉双曲面**という）になる.

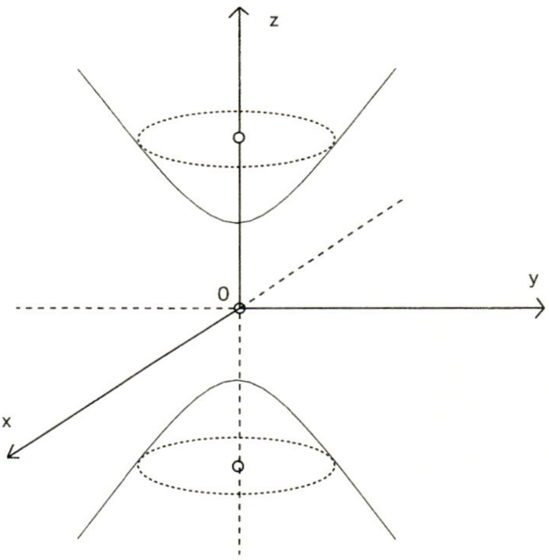

図 5.7　2 葉双曲面

5.3.8　楕円放物面

楕円放物面の標準的な方程式は

$$\frac{x^2}{a^2}+\frac{y^2}{b^2}=2z, \quad a,b>0$$

である.

この方程式の形より，楕円放物面は yz 平面，zx 平面のそれぞれに対して対称であり，$z \geqq 0$ なる領域に横たわっている．また，楕円放物面と yz, zx 平面およびそれぞれに平行な平面との交線は放物線である．さらに，平面 $z = z_1$ （但し，$z_1 > 0$）との交線は楕円になる．

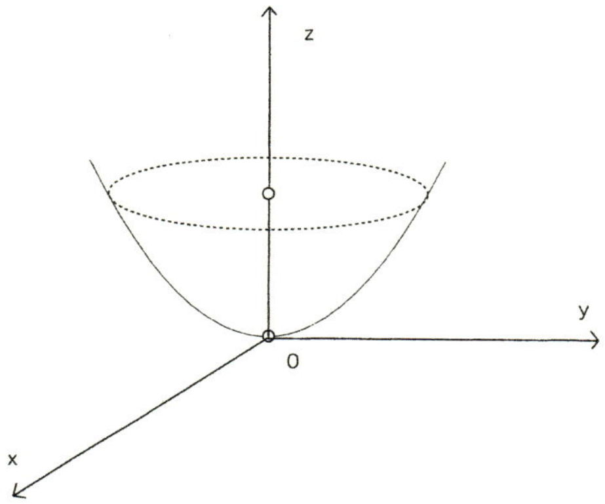

図 5.8 楕円放物面

5.3.9 双曲放物面

双曲放物面の標準的な方程式は

$$\frac{x^2}{a^2} - \frac{y^2}{b^2} = 2z, \quad a, b > 0$$

である．

この方程式の形より，双曲放物面は yz 平面，zx 平面のそれぞれに対して対称である．また，双曲放物面と yz, zx 平面およびそれぞれに平行な平面との交線は放物線である．さらに，平面 $z = z_1$（但し，$z_1 \neq 0$）との交線は双曲線になる．平面 $z = 0$ との交線は点 $(0, 0, 0)$ で交わる 2 直線である．

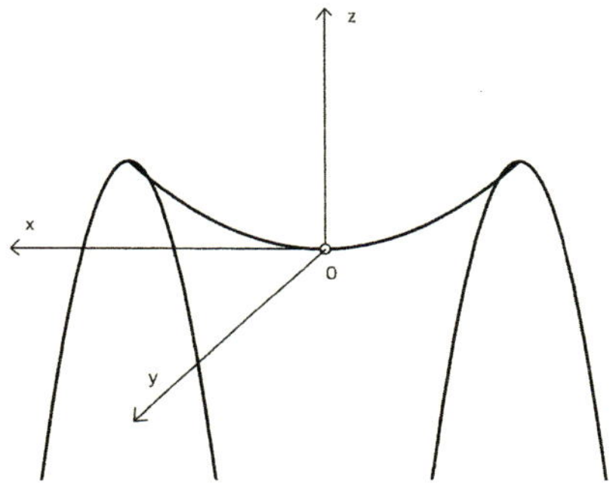

図 5.9 双曲放物面

5.3.10　線織面としての双曲放物面

双曲放物面 Γ の標準的な方程式：

$$\frac{x^2}{a^2} - \frac{y^2}{b^2} = 2z$$

を

$$\left(\frac{x}{a} + \frac{y}{b}\right)\left(\frac{x}{a} - \frac{y}{b}\right) = 2z$$

と変形する．このとき, 任意の実数 λ に対して, 平面 π：

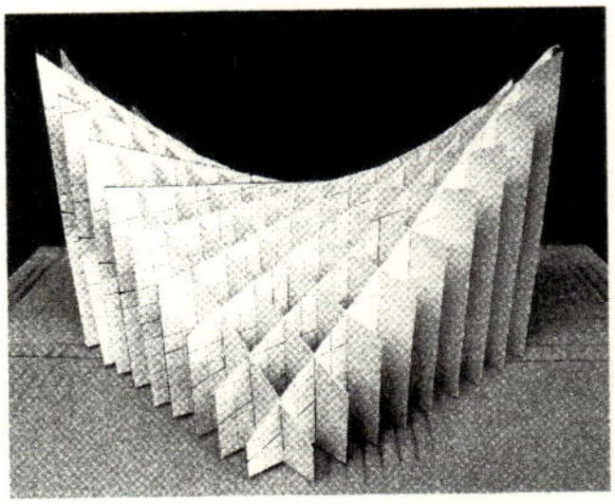

図 5.10　紙でつくった双曲放物面

$$\frac{x}{a} + \frac{y}{b} = 2\lambda$$

を考える．双曲放物面 Γ と平面 π との交線は, 連立方程式:

$$(1)\quad \frac{x}{a} + \frac{y}{b} = 2\lambda, \qquad (2)\quad \lambda\left(\frac{x}{a} - \frac{y}{b}\right) = z$$

を解いたものとして表すことができる．この (1), (2) の方程式は互いに平行でない平面を表しており, よって交線は直線になる．すなわちあらゆる実数 λ に対して, λ で定まる直線 l_λ は双曲放物面 Γ 上にのることがわかる．異なる実数 $\lambda, \overline{\lambda}$ に対して, 直線 l_λ と $l_{\overline{\lambda}}$ は交わらない．

以上のことにより, 連立方程式 (1),(2) によって定まる直線族 l_λ によって, 双曲放物面 Γ は生成されていることがわかる．

同様にして, 双曲放物面 Γ は, 連立方程式:

$$(3)\quad \frac{x}{a} - \frac{y}{b} = 2\mu, \qquad (4)\quad \mu\left(\frac{x}{a} + \frac{y}{b}\right) = z$$

で定まる直線族 l_μ によって生成されていることがわかる．

双曲放物面を生成するこれらの直線を双曲放物面 Γ の**母線**という．このようにして, 双曲放物面は 2 系の直線族によって生成されていることがわかる．

5.3.11　双曲放物面のパラメータ表示

双曲放物面 $\dfrac{x^2}{a^2} - \dfrac{y^2}{b^2} = 2z$ が 2 系の直線族によって生成されていることを用いてパラメータ表示を考える．双曲放物面上の点 $(au,\ 0,\ \dfrac{u^2}{2})$ を通る双曲放物面上の 2 直線の方向ベクトルは

$$(a,\ \pm b,\ u)$$

であるから，この**双曲放物面の直線を用いたパラメータ表示**は

図 5.11　バレンシア（スペイン）の双曲放物面

$$x = a(u+v), \quad y = bv, \quad z = \frac{u^2}{2} + uv, \qquad \text{または}$$
$$x = a(u+v), \quad y = -bv, \quad z = \frac{u^2}{2} + uv, \quad -\infty < u < \infty, \quad -\infty < v < \infty.$$

問 7　双曲放物面の直線を用いたパラメータ表示が上のようになることを示せ.

5.4　その他の 2 次曲面

5.4.1　2 次錐面

2 次錐面 の標準的な方程式は

$$\frac{x^2}{a^2} + \frac{y^2}{b^2} - \frac{z^2}{c^2} = 0$$

である.

この曲面と平面: $z = k$（但し, $k \neq 0$）との交線を, 楕円 E

$$\frac{x^2}{a^2} + \frac{y^2}{b^2} = \frac{k^2}{c^2}, \quad z = k$$

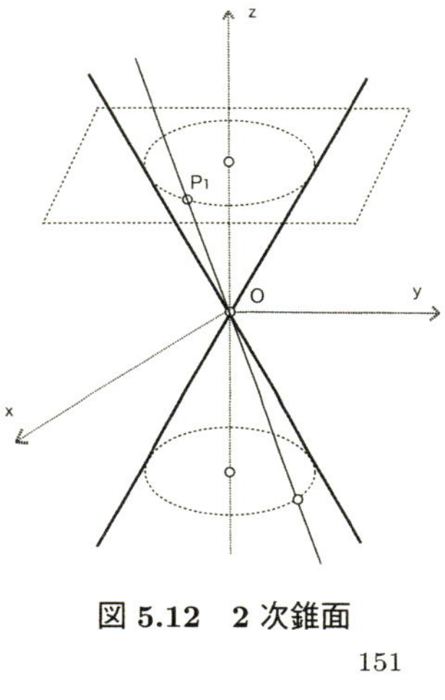

図 5.12　2 次錐面

とする.

この楕円上の任意の点 $\mathrm{P}_1(x_1, y_1, k)$ と原点 $\mathrm{O}(0,0,0)$ を結ぶ直線上の点 (x, y, z) はパラメータ t を用いて,

$$x = tx_1, \quad y = ty_1, \quad z = tk$$

と表される. 上の式と x_1, y_1 の関係式 $\dfrac{x_1^2}{a^2} + \dfrac{y_1^2}{b^2} = \dfrac{k^2}{c^2}$ より,

$$\frac{x^2}{a^2} + \frac{y^2}{b^2} - \frac{z^2}{c^2} = 0$$

が得られるので, この 2 次錐面は楕円 E 上の任意の点 P_1 と原点 O とを結ぶ直線 $\mathrm{P}_1\mathrm{O}$ の軌跡として得られる.

直線 $\mathrm{P}_1\mathrm{O}$ を 2 次錐面の **母線**, 原点 O を **頂点** と呼ぶ. また, このときの楕円 E を **導線** と呼ぶ.

5.4.2　2 次曲面に於ける柱面

2 次曲面に於ける柱面の標準的な方程式は

$$\frac{x^2}{a^2} + \frac{y^2}{b^2} = 1, \quad \frac{x^2}{a^2} - \frac{y^2}{b^2} = 1, \quad y^2 = 4px (p \neq 0)$$

であり, それぞれ, **楕円柱面**, **双曲柱面**, **放物柱面** と呼ばれている.

この楕円柱面と平面: $z = k$ との交線を, 楕円 E

$$\frac{x^2}{a^2} + \frac{y^2}{b^2} = 1, \quad z = k$$

とすると, この楕円上の任意の点 $\mathrm{P}_1(x_1, y_1, k)$ を通る, z 軸と平行な直線上の点 (x, y, z) は (x_1, y_1, z) なる座標をもつ. よって, x_1, y_1 の関係式 $\dfrac{x_1^2}{a^2} + \dfrac{y_1^2}{b^2} = 1$ より, この直線は楕円柱面 $\dfrac{x^2}{a^2} + \dfrac{y^2}{b^2} = 1$ 上にのることがわかる.

このようにしてこの楕円柱面は楕円 E 上の任意の点 P_1 を通る, z 軸と平行な直線の軌跡として得られる. 楕円柱面を構成しているこれらの直線を **母線**, このときの楕円 E を **導線** と呼ぶ.

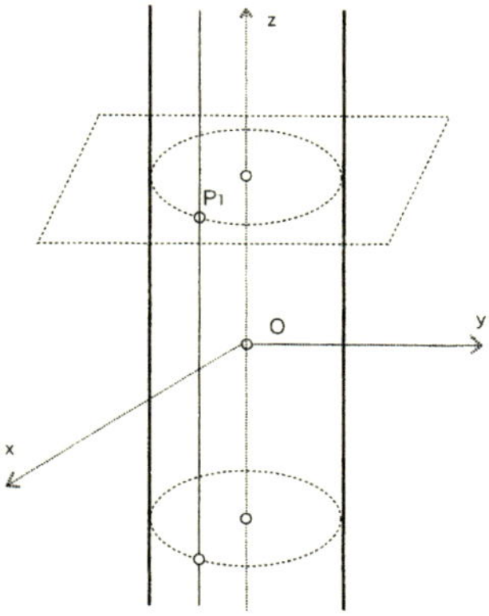

図 5.13 楕円柱面

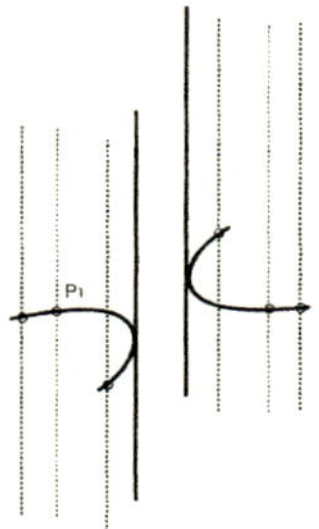

図 5.14 双曲柱面

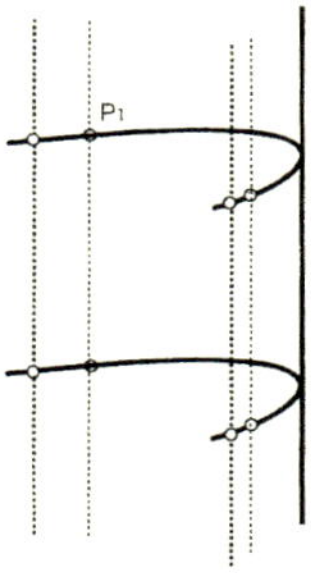

図 5.15 放物柱面

同様にして, 双曲柱面, 放物柱面もそれぞれ, 双曲線および放物線である曲線

$$\frac{x^2}{a^2} - \frac{y^2}{b^2} = 1, \quad z = k, \qquad y^2 = 4px, \quad z = k$$

上の任意の点 P_1 を通る, z 軸 と平行な直線の軌跡として得られる.

5.5 接平面

2 次曲面 Γ が

$$\varphi(x, y, z) \equiv a_{11}x^2 + a_{22}y^2 + a_{33}z^2 + 2a_{23}yz + 2a_{31}zx + 2a_{12}xy$$
$$+ 2a_{14}x + 2a_{24}y + 2a_{34}z + a_{44} = 0, \quad a_{ij} = a_{ji} \ (i, j = 1, 2, 3, 4)$$

で与えられているとする. Γ 上の点 $\mathrm{P}_1(x_1, y_1, z_1)$ を通る直線 L は方向余弦 (λ,μ,ν) を用いて

$$(1) \qquad x = x_1 + \lambda t, \quad y = y_1 + \mu t, \quad z = z_1 + \nu t$$

と表すことができる. ここでパラメータ t は点 P_1 から L 上の点 $\mathrm{P}(x, y, z)$ までの符号のついた距離である. Γ と直線 L との共有点は, Γ の方程式 $\varphi(x, y, z) = 0$

に L のパラメータ表示式を代入して得られる t に関する 2 次方程式：

$$F(\lambda,\mu,\nu)t^2+2G(\lambda,\mu,\nu;x_1,y_1,z_1)t=0$$

の解より決まる. 但し,

$$F(\lambda,\mu,\nu)=a_{11}\lambda^2+a_{22}\mu^2+a_{33}\nu^2+2a_{23}\mu\nu+2a_{31}\nu\lambda+2a_{12}\lambda\mu,$$

$$G(\lambda,\mu,\nu;x_1,y_1,z_1)=(a_{11}x_1+a_{12}y_1+a_{13}z_1+a_{14})\lambda$$
$$+(a_{21}x_1+a_{22}y_1+a_{23}z_1+a_{24})\mu+(a_{31}x_1+a_{32}y_1+a_{33}z_1+a_{34})\nu$$

とする. したがって, t^2 の係数 $F(\lambda,\mu,\nu)$ と t の係数 $G(\lambda,\mu,\nu;x_1,y_1,z_1)$ が共に 0 となる場合を除けば, 2 次曲面 Γ は直線 L と高々 2 点でしか交わらない. $F(\lambda,\mu,\nu)$ と $G(\lambda,\mu,\nu;x_1,y_1,z_1)$ が共に 0 の場合, 直線 L は 2 次曲面 Γ にまるまる乗っている. この t に関する 2 次方程式：

$$F(\lambda,\mu,\nu)t^2+2G(\lambda,\mu,\nu;x_1,y_1,z_1)t=0$$

が重根をもつ条件は

$$(2)\qquad G(\lambda,\mu,\nu;x_1,y_1,z_1)=0$$

である. 今, 点 $\mathrm{P}_1(x_1,y_1,z_1)$ は

$$\begin{cases} a_{11}x_1+a_{12}y_1+a_{13}z_1+a_{14}=0\\ a_{21}x_1+a_{22}y_1+a_{23}z_1+a_{24}=0\\ a_{31}x_1+a_{32}y_1+a_{33}z_1+a_{34}=0\end{cases}$$

が同時には成立しない点とする. このとき, 上の (2) の条件を満たす方向余弦 (λ,μ,ν) をもつ直線 L は点 $\mathrm{P}_1(x_1,y_1,z_1)$ において 2 次曲面 Γ に接していると定義する.

よってこのような直線上の点 (x,y,z) は (1),(2) より, λ,μ,ν を消去して

$$(a_{11}x_1+a_{12}y_1+a_{13}z_1+a_{14})(x-x_1)+(a_{21}x_1+a_{22}y_1+a_{23}z_1+a_{24})(y-y_1)$$
$$+(a_{31}x_1+a_{32}y_1+a_{33}z_1+a_{34})(z-z_1)=0$$

なる方程式で表される平面に乗ることが分かる．逆にこの平面上で P_1 を通る任意の直線は P_1 で Γ に接している．また P_1 は Γ 上の点なので, この平面は

$$(a_{11}x_1 + a_{12}y_1 + a_{13}z_1 + a_{14})x + (a_{21}x_1 + a_{22}y_1 + a_{23}z_1 + a_{24})y$$
$$+(a_{31}x_1 + a_{32}y_1 + a_{33}z_1 + a_{34})z + a_{41}x_1 + a_{42}y_1 + a_{43}z_1 + a_{44} = 0$$

とも表すことができる．この平面を 2 次曲面 Γ 上の点 $\mathrm{P}_1(x_1, y_1, z_1)$ における **接平面** と定義する．

以上のことより x, y, z の係数がすべて 0, すなわち

$$\begin{cases} a_{11}x_1 + a_{12}y_1 + a_{13}z_1 + a_{14} = 0 \\ a_{21}x_1 + a_{22}y_1 + a_{23}z_1 + a_{24} = 0 \\ a_{31}x_1 + a_{32}y_1 + a_{33}z_1 + a_{34} = 0 \end{cases}$$

が成り立つ Γ 上の点 $\mathrm{P}_1(x_1, y_1, z_1)$ では接平面が存在しない．このような点を 2 次曲面 Γ の **特異点** という．2 次錐面の頂点, 2 平面に分解した際の 2 平面の交線上の点, 一致した 2 平面上の任意の点が特異点である．

特に, 標準形で書かれた固有な 2 次曲面の点 $\mathrm{P}_1(x_1, y_1, z_1)$ における接平面は:

$$\begin{cases} \text{楕円面} & \dfrac{x^2}{a^2} + \dfrac{y^2}{b^2} + \dfrac{z^2}{c^2} = 1 & \text{のとき} & \dfrac{x_1x}{a^2} + \dfrac{y_1y}{b^2} + \dfrac{z_1z}{c^2} = 1 \\ \text{1 葉双曲面} & \dfrac{x^2}{a^2} + \dfrac{y^2}{b^2} - \dfrac{z^2}{c^2} = 1 & \text{のとき} & \dfrac{x_1x}{a^2} + \dfrac{y_1y}{b^2} - \dfrac{z_1z}{c^2} = 1 \\ \text{2 葉双曲面} & -\dfrac{x^2}{a^2} - \dfrac{y^2}{b^2} + \dfrac{z^2}{c^2} = 1 & \text{のとき} & -\dfrac{x_1x}{a^2} - \dfrac{y_1y}{b^2} + \dfrac{z_1z}{c^2} = 1 \\ \text{楕円放物面} & \dfrac{x^2}{a^2} + \dfrac{y^2}{b^2} = 2z & \text{のとき} & \dfrac{x_1x}{a^2} + \dfrac{y_1y}{b^2} = z + z_1 \\ \text{双曲放物面} & \dfrac{x^2}{a^2} - \dfrac{y^2}{b^2} = 2z & \text{のとき} & \dfrac{x_1x}{a^2} - \dfrac{y_1y}{b^2} = z + z_1 \end{cases}$$

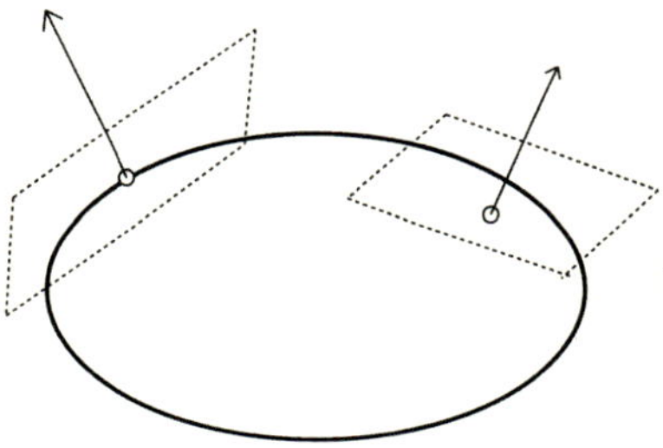

図 5.16　楕円面の接平面

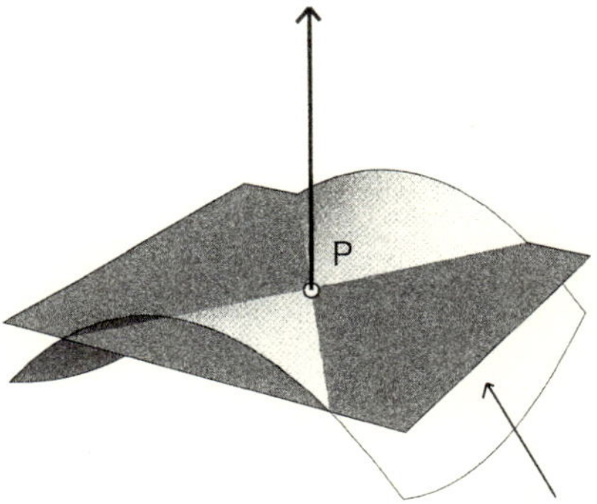

図 5.17　双曲放物面の接平面

5.6　極と極平面

既約 2 次曲面 Γ:

$$\varphi(x,y,z) \equiv a_{11}x^2 + a_{22}y^2 + a_{33}z^2 + 2a_{23}yz + 2a_{31}zx + 2a_{12}xy$$

$$+ 2a_{14}x + 2a_{24}y + 2a_{34}z + a_{44} = 0, \quad a_{ij} = a_{ji} \ \ (i,j = 1,2,3,4)$$

と Γ 上にない点 $\mathrm{P}_1(x_1,y_1,z_1)$ が与えられているとする．点 $\mathrm{P}_1(x_1,y_1,z_1)$ を通る直線は方向余弦 (λ,μ,ν) を用いて　$x = x_1 + \lambda t,\quad y = y_1 + \mu t,\quad z = z_1 + \nu t$ と表せる．ここでパラメータ t は点 P_1 から直線上の点 $\mathrm{P}(x,y,z)$ までの符号のついた距離であり，それを今 $\mathrm{P}_1\mathrm{P}$ と書くことにする．Γ と直線が異なる 2 点 P_2, P_3 のみで交わるとき，符号のついた距離 $\mathrm{P}_1\mathrm{P}_2$ および $\mathrm{P}_1\mathrm{P}_2$ は 2 次曲面 Γ の方程式に直線のパラメータ表示式を代入して得られる t に関する 2 次方程式：

$$F(\lambda,\mu,\nu)t^2 + 2G(\lambda,\mu,\nu;x_1,y_1,z_1)t + \varphi(x_1,y_1,z_1) = 0$$

の解 t_2, t_3 になる．但し，

$$F(\lambda,\mu,\nu) = a_{11}\lambda^2 + a_{22}\mu^2 + a_{33}\nu^2 + 2a_{23}\mu\nu + 2a_{31}\nu\lambda + 2a_{12}\lambda\mu$$

$$G(\lambda,\mu,\nu;x_1,y_1,z_1) = (a_{11}x_1 + a_{12}y_1 + a_{13}z_1 + a_{14})\lambda$$

$$+ (a_{21}x_1 + a_{22}y_1 + a_{23}z_1 + a_{24})\mu + (a_{31}x_1 + a_{32}y_1 + a_{33}z_1 + a_{34})\nu.$$

今, この直線上に P_1, P, P_2, P_3 が調和点列となるような点 P を考える. この条件は

$$\frac{2}{\mathrm{P_1P}} = \frac{1}{\mathrm{P_1P_2}} + \frac{1}{\mathrm{P_1P_3}}, \quad \text{すなわち} \quad \frac{2}{t} = \frac{1}{t_2} + \frac{1}{t_3} = \frac{t_2+t_3}{t_2t_3}$$

である. ここで解と係数の関係より

$$\begin{cases} t_2 + t_3 &= \dfrac{-2G(\lambda,\mu,\nu;x_1,y_1,z_1)}{F(\lambda,\mu,\nu)} \\ t_2t_3 &= \dfrac{\varphi(x_1,y_1,z_1)}{F(\lambda,\mu,\nu)} \end{cases}$$

であるから上の式に代入して

$$\frac{1}{t} = \frac{-G(\lambda,\mu,\nu;x_1,y_1,z_1)}{\varphi(x_1,y_1,z_1)}, \qquad \text{すなわち}$$

$$(*) \quad (a_{11}x_1 + a_{12}y_1 + a_{13}z_1 + a_{14})\lambda t + (a_{21}x_1 + a_{22}y_1 + a_{23}z_1 + a_{24})\mu t$$
$$+ (a_{31}x_1 + a_{32}y_1 + a_{33}z_1 + a_{34})\nu t + \varphi(x_1,y_1,z_1) = 0.$$

さらに, 点 P_1 を通る直線を 2 次曲面 Γ と 2 交点をもつような範囲で動かすとき, この P の軌跡を調べてみる. 点 $P_1(x_1,y_1,z_1)$ を通る直線のパラメータ表示:

$$x - x_1 = \lambda t, \qquad y - y_1 = \mu t, \qquad z - z_1 = \nu t$$

と式 (*) より,

$$(a_{11}x_1 + a_{12}y_1 + a_{13}z_1 + a_{14})(x - x_1) + (a_{21}x_1 + a_{22}y_1 + a_{23}z_1 + a_{24})(y - y_1)$$
$$+(a_{31}x_1 + a_{32}y_1 + a_{33}z_1 + a_{34})(z - z_1) + \varphi(x_1,y_1,z_1) = 0$$

すなわち

$$(a_{11}x_1 + a_{12}y_1 + a_{13}z_1 + a_{14})x + (a_{21}x_1 + a_{22}y_1 + a_{23}z_1 + a_{24})y$$
$$+(a_{31}x_1 + a_{32}y_1 + a_{33}z_1 + a_{34})z + a_{41}x_1 + a_{42}y_1 + a_{43}z_1 + a_{44} = 0$$

という x,y,z に関する 1 次方程式が得られる. これは平面である.

点 P_1 を任意の位置にとるとき, 点 P_1 に対するこの平面を形式的に用いて, 2 次曲面の極と極平面に関する定義を次のように与えることにする.

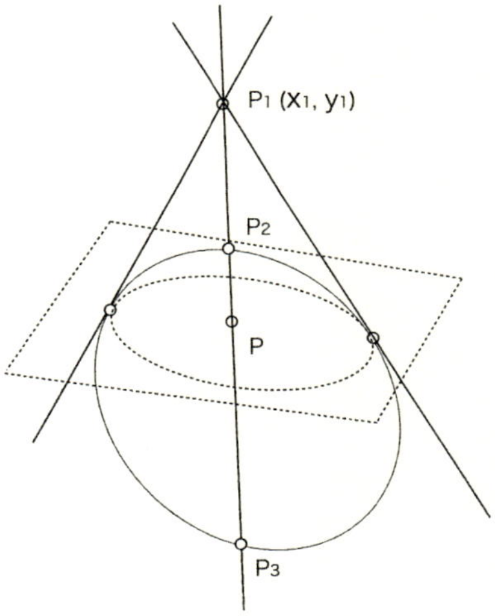

図 5.18　極と極平面

定義 5.2 (既約 2 次曲面の極と極平面)

既約 2 次曲面 Γ:

$$\varphi(x,y,z) \equiv a_{11}x^2 + a_{22}y^2 + a_{33}z^2 + 2a_{23}yz + 2a_{31}zx + 2a_{12}xy + 2a_{14}x + 2a_{24}y + 2a_{34}z + a_{44} = 0,$$

$$a_{ij} = a_{ji} \quad (i,j = 1,2,3,4)$$

が与えられているとき,

$$(a_{11}x_1 + a_{12}y_1 + a_{13}z_1 + a_{14})x + (a_{21}x_1 + a_{22}y_1 + a_{23}z_1 + a_{24})y + (a_{31}x_1 + a_{32}y_1 + a_{33}z_1 + a_{34})z + a_{41}x_1 + a_{42}y_1 + a_{43}z_1 + a_{44} = 0$$

を点 $P_1(x_1, y_1, z_1)$ の Γ に関する**極平面**と呼ぶ. また, 点 P_1 をその**極**という.

点 $P_1(x_1, y_1, z_1)$ が 2 次曲面 Γ 上の点ならば, P_1 の Γ に関する極平面は P_1 での接平面と一致する. また, 有心 2 次曲面の中心の極平面は存在しない.

以下, 既約 2 次曲面について考える.

定理 5.8　2 次曲面 Γ に関する, 点 P_1 の極平面上に点 P_2 がのるならば, 点 P_2 の極平面上に点 P_1 はのる.

証明　2 次曲線の場合と同様な方法で行えばよい.

定理 5.9　点 P を通り, P と異なる点 Q で 2 次曲面 Γ に接する平面をつくることができるとき, Q は P の極平面にのる. さらにこのとき, P の極平面と Γ との交わりの上の点 R での接平面に P はのる。

証明　点 $P(x_1, y_1, z_1)$, 点 $Q(x_2, y_2, z_2)$ とする. Q における Γ の接平面は

$$\begin{aligned}&(a_{11}x_2 + a_{12}y_2 + a_{13}z_2 + a_{14})x + (a_{21}x_2 + a_{22}y_2 + a_{23}z_2 + a_{24})y\\&+(a_{31}x_2 + a_{32}y_2 + a_{33}z_2 + a_{34})z + a_{41}x_2 + a_{42}y_2 + a_{43}z_2 + a_{44} = 0\end{aligned}$$

である. 点 P はこの平面上に乗っているので

$$\begin{aligned}&(a_{11}x_2 + a_{12}y_2 + a_{13}z_2 + a_{14})x_1 + (a_{21}x_2 + a_{22}y_2 + a_{23}z_2 + a_{24})y_1\\&+(a_{31}x_2 + a_{32}y_2 + a_{33}z_2 + a_{34})z_1 + a_{41}x_2 + a_{42}y_2 + a_{43}z_2 + a_{44} = 0.\end{aligned}$$

すなわち

$$\begin{aligned}&(a_{11}x_1 + a_{21}y_1 + a_{31}z_1 + a_{41})x_2 + (a_{12}x_1 + a_{22}y_1 + a_{32}z_1 + a_{42})y_2\\&+(a_{13}x_1 + a_{23}y_1 + a_{33}z_1 + a_{43})z_2 + a_{14}x_1 + a_{24}y_1 + a_{34}z_1 + a_{44} = 0.\end{aligned}$$

$a_{ij} = a_{ji}$ であるから Q は P の Γ に関する極平面 π 上にのることがわかる. このとき, 点 P は定理 5.8 により π と Γ との交わりの上の点 R における接平面上に乗ることがわかる. □

5.7 球面の性質

中心 $O(a, b, c)$ で半径 r の球面の方程式は

$$(x-a)^2 + (y-b)^2 + (z-c)^2 = r^2$$

で表される. よって, 球面の方程式は次の形で表せる:

$$S(x, y, z) \equiv x^2 + y^2 + z^2 + 2Ax + 2By + 2Cz + D = 0.$$

5.7.1 2 球面のなす角

2 つの球面 $\begin{cases} k_1(x^2+y^2+z^2) + 2A_1x + 2B_1y + 2C_1z + D_1 = 0, \\ k_2(x^2+y^2+z^2) + 2A_2x + 2B_2y + 2C_2z + D_2 = 0 \end{cases}$

が交わるとき, その交角 θ を 2 球面の交点 P でのそれぞれの球面における接平面のなす角とする. 2 円のなす角を求めたときと同様にして

$$\cos\theta = \frac{2A_1A_2 + 2B_1B_2 + 2C_1C_2 - k_1D_2 - k_2D_1}{2\sqrt{A_1^2 + B_1^2 + C_1^2 - k_1D_1}\sqrt{A_2^2 + B_2^2 + C_2^2 - k_2D_2}}.$$

この公式は $k_1 = k_2 = 0$ あるいは, $k_1 = 0$ かつ $k_2 \neq 0$ のとき, すなわち 2 平面のなす角, あるいは平面と球面のなす角についても成立する.

問 8　上のことを証明せよ.

5.7.2　反転

空間内に中心 O, 半径 r の球面がある. このとき, 空間内の任意の点 P に対して, 半直線 OP 上に

$$\overline{\mathrm{OP}} \cdot \overline{\mathrm{OP'}} = r^2$$

であるような点 P′ を対応させる点変換を考える. これを中心 O, 半径 r の球面に関する**反転**と呼ぶことにする.

今, 直交座標系において, 原点 O を中心, 半径 r の球面に関する反転を考える. このとき, 点 $\mathrm{P}(x, y, z)$ に点 $\mathrm{P}'(x', y', z')$ を対応させる変換は

$$\begin{cases} x' = \dfrac{r^2x}{x^2+y^2+z^2} \\ y' = \dfrac{r^2y}{x^2+y^2+z^2} \\ z' = \dfrac{r^2z}{x^2+y^2+z^2} \end{cases} \quad \text{あるいは} \quad \begin{cases} x = \dfrac{r^2x'}{x'^2+y'^2+z'^2} \\ y = \dfrac{r^2y'}{x'^2+y'^2+z'^2} \\ z = \dfrac{r^2z'}{x'^2+y'^2+z'^2} \end{cases}$$

定理 5.10　反転の中心 O を通らない球面は O を通らない球面に移り, O を通る球面は平面に移る. また中心 O を通らない平面は球面に移り, O を通る平面は自身に移る.

定理 5.11　反転によって 2 つの球面（あるいは平面）のなす角は不変である.

問 9　上の 2 つの定理を証明せよ.

第6章
補足：行列と行列式

この章では行列と行列式について簡単にまとめておく．詳しくは線形代数学の教科書 [1, 2] を参照して頂きたい．

6.1 行列

6.1.1 行列の定義

一般に, mn 個の数 a_{ij} $(i = 1, 2, \cdots, m;\ j = 1, 2, \cdots, n)$ や文字を次の様に縦 m 個, 横 n 個の長方形状に並べた配列を $\boldsymbol{(m, n)}$ **型の行列**, $\boldsymbol{m \times n}$ **行列**, または $\boldsymbol{m}$ **行** $\boldsymbol{n}$ **列の行列**, などという:

$$\begin{pmatrix} a_{11} & a_{12} & \cdots & a_{1n} \\ a_{21} & a_{22} & \cdots & a_{2n} \\ \vdots & \vdots & \ddots & \vdots \\ a_{m1} & a_{m2} & \cdots & a_{mn} \end{pmatrix} \tag{6.1}$$

一般に, 行列は $A, B, \ldots$ の様に大文字で表す．また, 上の行列 (6.1) は略記して

$$A = (a_{ij})_{i=1,\ldots,m,\ j=1,\ldots,n}, \quad A = (a_{ij})$$

などと表す．特に $m = n$ のとき, (n, n) 型の行列を n **次正方行列** という．また, $(1, n)$ 型の行列を n 次元**行ベクトル** といい, $(m, 1)$ 型の行列を m 次元**列ベクトル** という．さらに, これらを総称して **数ベクトル** という．行ベクトル, 列ベクトルは幾何ベクトルと同じく太字の記号 $\boldsymbol{a}, \boldsymbol{b}, \ldots, \boldsymbol{x}, \boldsymbol{y}, \ldots$ で表す．

2 次元や 3 次元の数ベクトルは平面や空間の点の座標, あるいは幾何ベクトルの成分とみなすことが出来る．また, $(1, 1)$ 型の行列 (a) は数 a とみなされ, 直

線上の点の座標や幾何ベクトルの成分とみなすことが出来る.

行列を構成する数や文字を **成分** または **要素** といい, 特に, 上から i 番目, 左から j 番目の成分 a_{ij} を $\boldsymbol{(i,j)}$ **成分** という. 行列 A の (i,j) 成分を $(A)_{ij}$ とも表す. 特に (i,i) 成分 $a_{11}, a_{22}, \ldots$ を総称して **対角成分** といい, それらを結ぶ線を行列の**対角線**という.

行列の成分の横の並びを **行** といい, 特に, 上から i 番目の成分の横の並び

$$(a_{i1}\, a_{i2}\, \cdots\, a_{in})$$

を **第** i **行** または **第** i **行ベクトル** という. これを $\boldsymbol{a}^i$ で表す†. また, 縦の並びを **列** という. 特に, 左から j 番目の並び

$$\begin{pmatrix} a_{1j} \\ a_{2j} \\ \vdots \\ a_{mj} \end{pmatrix}$$

を **第** j **列** または **第** j **列ベクトル** といい, $\boldsymbol{a}_j$ で表す.

行列 A は行ベクトル $\boldsymbol{a}^1, \ldots, \boldsymbol{a}^m$ を縦に並べたもの, また, 列ベクトル $\boldsymbol{a}_1, \ldots, \boldsymbol{a}_n$ を横に並べたものとみなされ

$$A = \begin{pmatrix} \boldsymbol{a}^1 \\ \vdots \\ \boldsymbol{a}^m \end{pmatrix}, \qquad A = (\boldsymbol{a}_1\, \cdots\, \boldsymbol{a}_n)$$

などとも表される. 前者を行列 A の **行ベクトル分割**, 後者を A の **列ベクトル分割** という. 行列はまた, 列の間を 「, 」 で区切って次の様にも表される:

$$A = (\boldsymbol{a}_1, \boldsymbol{a}_2, \ldots, \boldsymbol{a}_n), \qquad \boldsymbol{a} = (a_1, a_2, \ldots, a_n)$$

†ここで, 上付き添え字の i は単なる添え字であり, $\boldsymbol{a}$ の i 乗を表すものではない. 一般に, ベクトルの i 乗は定義されない.

成分がすべて実数の行列を **実行列**, 成分がすべて複素数の行列を **複素行列** という. また, 成分がすべて実数の行ベクトルおよび列ベクトルを, **実数上の**行ベクトルおよび列ベクトルといい, 総称して実数上の数ベクトルというが, ここでは単に **実ベクトル** ということにする. 一般には複素行列を考えるが, 本書では主として実行列を扱う.

6.1.2 行列の演算

同じ型の行列の相等, 和, 差, およびスカラー倍（＝定数倍）は成分ごとの相等, 和, 差, および定数倍として定義される. 以下, 行列

$$A = (a_{ij}), \quad B = (b_{ij})$$

はともに (m, n) 型とする.

行列の相等　同じ型の行列 A, B の対応する (i, j) 成分が全て等しいとき, A と B は **等しい** といい $A = B$ で表す. すなわち

$$A = B \iff a_{ij} = b_{ij} \quad (i = 1, \ldots, m,\ j = 1, \ldots, n) \tag{6.2}$$

また, A, B が等しくないときは $A \neq B$ と表す.

行列の和, 差　同じ型の行列 A, B には **和**, **差** が成分ごとの和, 差として定義される. すなわち, $A + B$, $A - B$ の (i, j) 成分 $(A + B)_{ij}$, $(A - B)_{ij}$ が

$$(A + B)_{ij} = a_{ij} + b_{ij}, \quad (A - B)_{ij} = a_{ij} - b_{ij} \quad (i = 1, \ldots, m,\ j = 1, \ldots, n) \tag{6.3}$$

で与えられる. なお, 異なる型の行列には和, 差は定義されない.

行列のスカラー倍　行列 A とスカラー（=定数）t に対し, 各成分を t 倍した行列を tA, At と書く. すなわち,

$$(tA)_{ij} = ta_{ij}, \quad (At)_{ij} = a_{ij}t \quad (i = 1, \ldots, m,\ j = 1, \ldots n) \tag{6.4}$$

なお，$(-1)A$ は $-A$ と表す．

以上の定義から行列の和，スカラー倍は数の和，積と同様の次の性質を持つ：

$$
\begin{array}{lll}
1.\ (交換法則) & A+B=B+A,\ sA=As & \\
2.\ (結合法則) & (A+B)+C=A+(B+C),\ (st)A=s(tA) & \\
3.\ (分配法則) & (s+t)A=sA+tA,\ s(A+B)=sA+sB & \\
4.\ (単位性) & 1A=A &
\end{array}
\tag{6.5}
$$

零行列　成分が全て 0 の $m \times n$ 行列を零行列といい，$O_{m,n}$，または略して O と表す．零行列は数における 0 と同じ次の性質を持っている．すなわち，同じ型の行列 A に対し

$$A+O=A=O+A, \quad A+(-A)=O=-A+A, \quad 0A=O \tag{6.6}$$

特に，全ての成分が 0 である行ベクトル，または列ベクトルを**零ベクトル**といい，幾何ベクトルと同じ $\mathbf{0}$ で表す．

6.1.3　行列の積

n 次元の行ベクトル $\boldsymbol{a}$ と n 次元の列ベクトル $\boldsymbol{b}$ の積 $\boldsymbol{ab}$ を対応する成分の積の和と定める．すなわち

$$\boldsymbol{ab}=(a_1 \ \cdots \ a_n)\begin{pmatrix} b_1 \\ \vdots \\ b_n \end{pmatrix}=a_1b_1+\cdots+a_nb_n=\sum_{k=1}^{n} a_kb_k \tag{6.7}$$

$A=(a_{ij})$ を $m \times n$ 行列，$B=(b_{ij})$ を $n \times \ell$ 行列とする．このとき A の第 i 行ベクトル $\boldsymbol{a}^i$ と B の第 j 列ベクトル $\boldsymbol{b}_j$ はともに n 次元である．そこで，A,B の積 AB は，それらの積 $\boldsymbol{a}^i\boldsymbol{b}_j$ を (i,j) 成分 $(AB)_{ij}$ とする行列であると定めると AB は $m \times \ell$ 行列になる．すなわち

$$(AB)_{ij}=\boldsymbol{a}^i\boldsymbol{b}_j=\sum_{k=1}^{n} a_{ik}b_{kj} \qquad (i=1,\ldots,m,\ \ j=1,\ldots,\ell), \tag{6.8}$$

$$
AB = \begin{pmatrix} \boldsymbol{a}^1\boldsymbol{b}_1 & \cdots & \cdots & \cdots & \boldsymbol{a}^1\boldsymbol{b}_\ell \\ \vdots & \vdots & \boldsymbol{a}^i\boldsymbol{b}_j & \vdots & \vdots \\ \boldsymbol{a}^m\boldsymbol{b}_1 & \cdots & \cdots & \cdots & \boldsymbol{a}^m\boldsymbol{b}_\ell \end{pmatrix} \tag{6.9}
$$

注意 4 A の列数と B の行数が一致しないときは積は定義されない.

単位行列 対角成分 が全て 1 で 他の成分が全て 0 の n 次正方行列を **単位行列** といい, E_n または, 単に E と表す. 従って その (i,j) 成分は δ_{ij} (**クロネッカーのデルタ**) である. すなわち

$$
E = E_n = (\delta_{ij}) = \begin{pmatrix} 1 & 0 & \cdots & 0 \\ 0 & 1 & \cdots & 0 \\ \vdots & \vdots & \ddots & \vdots \\ 0 & 0 & \cdots & 1 \end{pmatrix} = (\boldsymbol{e}_1\,\boldsymbol{e}_2\,\cdots\,\boldsymbol{e}_n) = \begin{pmatrix} \boldsymbol{e}^1 \\ \boldsymbol{e}^2 \\ \vdots \\ \boldsymbol{e}^n \end{pmatrix} \tag{6.10}
$$

ここで, $\boldsymbol{e}_1, \boldsymbol{e}_2, \ldots, \boldsymbol{e}_n$ を **基本列ベクトル**, $\boldsymbol{e}^1, \boldsymbol{e}^2, \ldots, \boldsymbol{e}^n$ を **基本行ベクトル** といい, 総称して **基本ベクトル** という.

単位行列は数の 1 と同様の役割を果たし, $m \times n$ 行列 A に対し

$$
E_m A = A, \qquad AE_n = A \tag{6.11}
$$

行列の積は一般には交換法則をみたさず, $AB \neq BA$ である. 例えば, $m \neq \ell$ であれば BA は定義されない.

しかし, 行列は積が定義できるときは, 数の積と同様の次の性質を持つ:

$$
\begin{array}{lll}
1. \text{(結合法則)} & (AB)C = A(BC),\ s(AB) = (sA)B = A(sB) & \\
2. \text{(分配法則)} & A(B+C) = AB + AC,\ (B+C)D = BD + CD & (6.12) \\
3. \text{(単位性)} & EA = A, \quad AE = A &
\end{array}
$$

また, 零行列 O と $m \times n$ 行列 A に対し

$$
AO_{n,\ell} = O_{m,\ell}, \qquad O_{\ell,m}A = O_{\ell,n} \tag{6.13}
$$

注意 5　実数が四則演算で閉じている, すなわち, 実数同士の和, 差, 積, 商がまた実数になることより, 実行列同士の和, 差, 積, 実数倍は実行列になる. 同様に, 全ての成分が有理数である行列を **有理行列**ということにすると, 有理行列同士の演算結果は有理行列になる.

6.1.4　転置行列

転置行列　$m \times n$ 行列 $A = (a_{ij})$ の行と列を入れ替えてできる $n \times m$ 行列を A の **転置行列**といい ${}^tA$ で表す. すなわち $({}^tA)_{ij} = a_{ji}$.

転置行列は次の性質を持つ.

$$\begin{array}{llll} (1) & {}^t({}^tA) = A & (2) & {}^t(A+B) = {}^tA + {}^tB \\ (3) & {}^t(AB) = ({}^tB)({}^tA) & (4) & {}^t(sA) = s({}^tA) \end{array} \tag{6.14}$$

対称行列　正方行列 $A = (a_{ij})$ が転置をとっても変わらないとき, すなわち

$${}^tA = A \quad (\iff a_{ji} = a_{ij} \quad (i, j = 1, \ldots, n))$$

のとき A を **対称行列** という.

対角行列　対角成分以外の成分が全て 0 である正方行列を**対角行列** という.

6.1.5　正則行列と逆行列

正方行列 A に対し

$$AX = E \quad \text{かつ} \quad XA = E \tag{6.15}$$

となる正方行列 X が存在するとき, A は**正則** (または **正則行列**) であるという. また, この様な行列 X は存在すれば唯 1 つであることが示され, そのような X を A の **逆行列**といい, A^{-1} と表す.

$XA = E$, または $AX = E$ となる正方行列 X が存在すれば A は正則で $X = A^{-1}$ となることを示すことが出来る. 正則行列は次の性質を持つ.

定理 6.1 (逆行列の性質)

(1) A が正則ならば 逆行列 A^{-1} も正則で, $(A^{-1})^{-1} = A$

(2) A, B が n 次正則行列ならば, AB も正則で, $(AB)^{-1} = B^{-1}A^{-1}$

(3) A が正則ならば 転置行列 ${}^tA$ も正則で, $({}^tA)^{-1} = {}^t(A^{-1})$

6.1.6　行列の分割

行列 A は, 例えば列ベクトルに分割して $A = (\boldsymbol{a}_1 \cdots \boldsymbol{a}_n)$ の様に考えられるが, 2 つ以上の行列に分割して表すと便利なことも多い. 例えば, 行列 A のある分割は

$$A = \left(\begin{array}{cc|c} a_{11} & a_{12} & a_{13} \\ a_{21} & a_{22} & a_{23} \\ \hline a_{31} & a_{32} & a_{33} \end{array}\right) = \left(\begin{array}{c|c} P & Q \\ \hline R & S \end{array}\right)$$

の様に幾つかの縦線と横線で区切って表される. ここで, P と Q, R と S の行数はそれぞれ等しく, P と R, Q と S の列数もそれぞれ等しい. また, 区切り線を除いて,

$$A = \begin{pmatrix} P & Q \\ R & S \end{pmatrix}$$

の様に表されることもある. 分割された P, Q などの小さな行列を A の **小行列** という.

分割された行列の積は行列の積と同様に計算出来る. 例えば

$$AB = \begin{pmatrix} A_1 & A_2 \\ A_3 & A_4 \end{pmatrix} \begin{pmatrix} B_1 & B_2 \\ B_3 & B_4 \end{pmatrix} = \begin{pmatrix} A_1B_1 + A_2B_3 & A_1B_2 + A_2B_4 \\ A_3B_1 + A_4B_3 & A_3B_2 + A_4B_4 \end{pmatrix}$$

6.2　連立 1 次方程式

6.2.1　連立 1 次方程式と行列

n 個の未知数 $x_1, x_2, \ldots, x_n$ に関する m 個の方程式からなる
連立 1 次方程式

$$\begin{cases} a_{11}x_1 & + & a_{12}x_2 & + & \cdots & + & a_{1n}x_n & = & b_1 \\ a_{21}x_1 & + & a_{22}x_2 & + & \cdots & + & a_{2n}x_n & = & b_2 \\ & & & & \cdots & & & & \\ a_{m1}x_1 & + & a_{m2}x_2 & + & \cdots & + & a_{mn}x_n & = & b_m \end{cases} \tag{6.16}$$

において, 係数, 未知数, および右辺の定数の作る行列をそれぞれ

$$A = \begin{pmatrix} a_{11} & a_{12} & \cdots & a_{1n} \\ a_{21} & a_{22} & \cdots & a_{2n} \\ \vdots & \vdots & \ddots & \vdots \\ a_{m1} & a_{m2} & \cdots & a_{mn} \end{pmatrix}, \quad \boldsymbol{x} = \begin{pmatrix} x_1 \\ x_2 \\ \vdots \\ x_n \end{pmatrix}, \quad \boldsymbol{b} = \begin{pmatrix} b_1 \\ b_2 \\ \vdots \\ b_m \end{pmatrix} \tag{6.17}$$

とおくと, 上の連立 1 次方程式 (6.16) は次の様に表示できる.

$$A\boldsymbol{x} = \boldsymbol{b} \tag{6.18}$$

この $m \times n$ 行列 A を連立 1 次方程式 (6.16) の**係数行列**といい, 右辺の定数項ベクトル $\boldsymbol{b}$ を付け加えた $m \times (n+1)$ 行列

$$(A\,\boldsymbol{b}) = \begin{pmatrix} a_{11} & a_{12} & \cdots & a_{1n} & b_1 \\ a_{21} & a_{22} & \cdots & a_{2n} & b_2 \\ \vdots & \vdots & \ddots & \vdots & \vdots \\ a_{m1} & a_{m2} & \cdots & a_{mn} & b_m \end{pmatrix} \tag{6.19}$$

を連立 1 次方程式 (6.16) の **拡大係数行列** という.

連立 1 次方程式の**消去法**による解法とは,

(1) 1 つの方程式に 0 でない数を掛ける.

(2) 1 つの方程式にある数を掛けて, 他の方程式に加える.

(3) 2 つの方程式を入れ替える.

の 3 種の操作により未知数を消去して方程式を簡単化しながら最終的に解を求める方法である. この 3 種の操作は, 連立 1 次方程式の拡大係数行列の**行基本変形** と呼ばれる次の 3 つの操作に対応する:

(R1) ある行に 0 でない数 c を掛ける.

(R2) ある行に他の行の定数倍を加える.

(R3) 2 つの行を入れ替える.

行基本変形は単に **基本変形** とも呼ばれる.

単位行列 E に行基本変形をほどこした次の行列を**基本行列** という.

$$\begin{aligned} P_i(c) &= E \text{ の第 } i \text{ 行を } c(\neq 0) \text{ 倍した行列} \\ P_{ij}(c) &= E \text{ の第 } i \text{ 行に第 } j \text{ 行の } c \text{ 倍を加えた行列} \quad (i \neq j) \\ P_{ij} &= E \text{ の第 } i \text{ 行と第 } j \text{ 行を入れ替えた行列} \ (i \neq j) \end{aligned}$$

これらは正則で

$$P_i(c)^{-1} = P_i\left(\frac{1}{c}\right), \quad P_{ij}(c)^{-1} = P_{ij}(-c), \quad P_{ij}^{-1} = P_{ij}$$

行基本変形は, 行列に左から基本行列を掛けることに対応することが計算により分かる.

6.2.2 階段行列と階数

$m \times n$ 行列 B が **階段行列** とは, $B = O$ であるか, または次の 3 条件をみたす行列のことである:

$1 \leqq q_1 < q_2 < \cdots < q_r \leqq n$ となる r 個の自然数 $q_1, q_2, \ldots, q_r$ が存在して, $i = 1, 2, \ldots, r$ について,

(1) 第 i 行の成分を第 1 列から順に見て最初に 0 でない成分は (i, q_i) 成分,

(2) 第 q_i 列は基本ベクトル $\boldsymbol{e}_i$ である. (従って, (i, q_i) 成分は 1.)

$i = r+1, \ldots, m$ について,

(3) 第 i 行は零ベクトル $\mathbf{0}$ である. ($r = m$ のときはこの条件はない.)

このとき j が, $1 \leqq j < q_1$ ならば 第 j 列は $\mathbf{0}$ であり, $q_i < j < q_{i+1}$ ならば 第 j 列の第 $(i+1)$ 行以下の成分は全て 0 である. (ただし $i = r$ のときは $q_{r+1} = m+1$ としておく.)

また, ここに現れる B の零ベクトルでない行の個数 r (=階段の段数) を B の **階数** (rank) といい $\operatorname{rank} B$ と表す. すなわち

$$\operatorname{rank} B = \text{階段行列 } B \text{ の零ベクトルでない行の個数.}$$

定理 6.2 (行簡約化定理)　行列 A は行基本変形を繰り返すことにより, 階段行列 B に変形できる. すなわち, (基本行列の積である) 正則行列 P が存在して

$$B = PA$$

と表せる. A が実行列ならば階段行列 B も実行列になる. また, A が有理行列ならば B も有理行列になる.

行列を行基本変形を繰り返して階段行列に変形する仕方は幾通りもあるが, 得られた階段行列は変形の仕方によらず一意的に定まることが示せる.　すなわち次が成り立つ.

定理 6.3 (階段行列の一意性)　行列 A の階段行列は変形の仕方によらず一意的に定まる.

これにより, 行列 A から得られる階段行列 B を「A の階段行列」ということにする. また, 得られた階段行列の階数も一意的に定まるので, 行列 A の **階数** を A の階段行列 B の階数と定め $\operatorname{rank} A$ と表す. すなわち

$$\operatorname{rank} A = \operatorname{rank} B = A \text{ の階段行列 } B \text{ の零ベクトルでない行の個数}$$

零行列 O に対しては $\operatorname{rank} O = 0$ である.

6.2.3 連立 1 次方程式の解法

連立 1 次方程式 $A\boldsymbol{x}=\boldsymbol{b}$ は, 拡大係数行列 $(A\,\boldsymbol{b})$ を 行基本変形を繰り返して係数行列 A の部分を階段行列 $B\,(=PA)$ に簡約化する ($P(A\,\boldsymbol{b})=(B\,P\boldsymbol{b})$ とする) ことにより解くことが出来る.

定理 6.4 (連立 1 次方程式の解) 未知数が n 個の連立 1 次方程式 $A\boldsymbol{x}=\boldsymbol{b}$ において次が成り立つ.

(1) $\mathrm{rank}(A\,\boldsymbol{b})>\mathrm{rank}\,A$ のとき $A\boldsymbol{x}=\boldsymbol{b}$ は解をもたない.

(2) $\mathrm{rank}(A\,\boldsymbol{b})=\mathrm{rank}\,A=n$ のとき $A\boldsymbol{x}=\boldsymbol{b}$ は唯 1 つの解をもつ.

(3) $\mathrm{rank}(A\,\boldsymbol{b})=\mathrm{rank}\,A<n$ のとき $A\boldsymbol{x}=\boldsymbol{b}$ は無限個の解をもつ.

注意 6 $(A\,\boldsymbol{b})$ が実行列 (有理行列) のときは $(B\,P\boldsymbol{b})$ も実行列 (有理行列) になる. 連立 1 次方程式の解は $(B\,P\boldsymbol{b})$ の列ベクトルと基本ベクトルより構成されるので, 実係数の連立 1 次方程式で, 定数項もすべて実数ならばその解も実ベクトルに取れる. また, 係数および定数項がすべて有理数ならば解も有理ベクトルに取れる.

6.2.4 同次連立 1 次方程式と 1 次独立性

連立 1 次方程式 $A\boldsymbol{x}=\boldsymbol{b}$ において $\boldsymbol{b}=\boldsymbol{0}$ のとき, すなわち, 方程式

$$A\boldsymbol{x}=\boldsymbol{0}$$

を **同次連立 1 次方程式** という. このとき $\boldsymbol{x}=\boldsymbol{0}$ は常に解になる. この解を $A\boldsymbol{x}=\boldsymbol{0}$ の **自明な解** という. 一般に, 関心があるのは自明でない解 $\boldsymbol{x}\neq\boldsymbol{0}$ を持つ場合である. これについては定理 6.4 により次が成り立つ.

定理 6.5 (同次連立 1 次方程式の解) 未知数が n 個の同次連立 1 次方程式 $A\boldsymbol{x}=\boldsymbol{0}$ において

(1) $A\boldsymbol{x}=\boldsymbol{0}$ が自明な解のみをもつ $\Longleftrightarrow$ $\mathrm{rank}\,A=n$

(2)　$A\boldsymbol{x} = \boldsymbol{0}$ が自明でない解をもつ $\iff$ $\operatorname{rank} A < n$

一般にベクトルの組 $\boldsymbol{a}_1, \boldsymbol{a}_2, \ldots, \boldsymbol{a}_n$ について, 幾何ベクトルの場合と同様に,

$$t_1\boldsymbol{a}_1 + t_2\boldsymbol{a}_2 + \cdots + t_n\boldsymbol{a}_n \qquad (t_1, t_2, \ldots, t_n \text{ はスカラー}) \tag{6.20}$$

の形のベクトルを $\boldsymbol{a}_1, \boldsymbol{a}_2, \ldots, \boldsymbol{a}_n$ の **1 次結合**, または **線形結合** といい,

$$\boldsymbol{b} = t_1\boldsymbol{a}_1 + t_2\boldsymbol{a}_2 + \cdots + t_n\boldsymbol{a}_n \tag{6.21}$$

のとき, $\boldsymbol{b}$ は $\boldsymbol{a}_1, \boldsymbol{a}_2, \ldots, \boldsymbol{a}_n$ の 1 次結合で表せるという. また, 式

$$t_1\boldsymbol{a}_1 + t_2\boldsymbol{a}_2 + \cdots + t_n\boldsymbol{a}_n = \boldsymbol{0} \tag{6.22}$$

を **1 次関係式**, または **線形関係式** といい, これが成り立つのが $t_1 = t_2 = \cdots = t_n = 0$ の場合に限る, すなわち, $\boldsymbol{t} = {}^t(t_1\, t_2\, \cdots\, t_n) = \boldsymbol{0}$ の場合に限るとき, ベクトルの組 $\boldsymbol{a}_1, \boldsymbol{a}_2, \ldots, \boldsymbol{a}_n$ は **1 次独立**, または **線形独立** であるという. また, $\boldsymbol{a}_1, \boldsymbol{a}_2, \ldots, \boldsymbol{a}_n$ は 1 次独立でないとき **1 次従属**, または **線形従属** であるという. これは, $t_1, t_2, \ldots, t_n$ の中で少なくともどれか 1 つは 0 でないとき, すなわち $\boldsymbol{t} \neq \boldsymbol{0}$ の場合である.

ベクトルの組 $\boldsymbol{a}_1, \boldsymbol{a}_2, \ldots, \boldsymbol{a}_n$ の 1 次独立性, 1 次従属性は次の様に言い換えられる. $A = (\boldsymbol{a}_1\, \boldsymbol{a}_2\, \cdots\, \boldsymbol{a}_n)$ とおくとき, 1 次関係式 (6.22) は

$$t_1\boldsymbol{a}_1 + t_2\boldsymbol{a}_2 + \cdots + t_n\boldsymbol{a}_n = (\boldsymbol{a}_1\, \cdots\, \boldsymbol{a}_n)\begin{pmatrix} t_1 \\ \vdots \\ t_n \end{pmatrix} = A\boldsymbol{t}$$

より $A\boldsymbol{t} = \boldsymbol{0}$ となる. すなわち $\boldsymbol{t}$ は方程式 $A\boldsymbol{x} = \boldsymbol{0}$ の解である. 従って, 定理 6.5 より次を得る.

定理 6.6 (1 次独立性と同次連立 1 次方程式)　m 次元列ベクトルの n 個の組 $\boldsymbol{a}_1, \boldsymbol{a}_2, \ldots, \boldsymbol{a}_n$ に対し $A = (\boldsymbol{a}_1\, \boldsymbol{a}_2\, \cdots\, \boldsymbol{a}_n)$ とおくとき,

(1) $\boldsymbol{a}_1, \boldsymbol{a}_2, \ldots, \boldsymbol{a}_n$ が1次独立 $\Longleftrightarrow$ $A\boldsymbol{x} = \boldsymbol{0}$ は自明な解しかもたない $\Longleftrightarrow$ $\operatorname{rank} A = n$

(2) $\boldsymbol{a}_1, \boldsymbol{a}_2, \ldots, \boldsymbol{a}_n$ が1次従属 $\Longleftrightarrow$ $A\boldsymbol{x} = \boldsymbol{0}$ は自明でない解をもつ $\Longleftrightarrow$ $\operatorname{rank} A < n$

6.2.5 逆行列

n 次正方行列 A の階段行列を B とする. このとき次が成り立つ.

定理 6.7 (正則性の判定法) n 次正方行列 A について次は同値.

(1) A は正則

(2) $\operatorname{rank} A = n$

(3) A の階段行列 B は単位行列 E_n

A が正則かどうかを判定し, 正則ならば逆行列を求めるには $n \times (2n)$ 行列 $(A\,E)$ を行簡約化し A を階段行列 $B = PA$ (P は正則行列) に変形すると

$$P(A\,|\,E) = (PA\,|\,PE) = (B\,|\,P)$$

A が正則 $\Longleftrightarrow$ $B = E$ で, $B = E$ のとき $A = P^{-1}$, $A^{-1} = P$. よって A が正則ならば行基本変形により A^{-1} が求まる. $B \neq E$ となれば A は正則ではない.

6.3 行列式

第1章の1.3.5節において行列式を帰納的に定義したが, ここでは他の定義, 性質等について述べる. なお, この節では行列はすべて正方行列とする.

6.3.1　行列式の定義

異なる n 個のものをすべて 1 列に並べる順列を n 次の **置換** という．異なる n 個のものは自然数 $1, \ldots, n$ に対応付けられるので，n 次の置換 (ここでは $1, 2, \ldots, n$ の順列) を行ベクトルと同じ記号を用いて次の様に表す：

$$\boldsymbol{p} = (p_1\, p_2\, \cdots\, p_n) \qquad (1 \leqq p_1, p_2, \ldots, p_n \leqq n)$$

n 次の置換 $\boldsymbol{p} = (p_1\, p_2\, \cdots\, p_n)$ において $1 \leqq i < j \leqq n$ なる自然数の組の中で $p_i > p_j$ となる様な組の個数を置換 $\boldsymbol{p}$ の **転倒数** といい，$t(\boldsymbol{p})$, $t(p_1\, p_2\, \cdots\, p_n)$ と表す．また，$(-1)^{t(\boldsymbol{p})}$ を **置換 $\boldsymbol{p}$ の 符号** (signature) といい $\varepsilon(\boldsymbol{p})$, $\varepsilon(p_1\, p_2\, \cdots\, p_n)$ や，$\operatorname{sgn} \boldsymbol{p}$ と表す．すなわち

$$\varepsilon(\boldsymbol{p}) = \varepsilon(p_1\, p_2\, \cdots\, p_n) = \operatorname{sgn} \boldsymbol{p} = (-1)^{t(\boldsymbol{p})} \tag{6.23}$$

n 次正方行列 $A = (a_{ij})$ の **行列式 (determinant)** $\det A$ を

$$\det A = \sum_{\boldsymbol{p}=(p_1\, \cdots\, p_n)} \varepsilon(\boldsymbol{p}) a_{1p_1} a_{2p_2} \cdots a_{np_n} \tag{6.24}$$

(n 次の置換 $\boldsymbol{p} = (p_1\, \cdots\, p_n)$ 全てにわたる $n!$ 項の和)　と定義する．

6.3.2　行列式の性質

この定義より以下の行列式の性質が導かれる．

定理 6.8 (転置不変性)　転置行列の行列式はもとの行列の行列式に等しい．すなわち，正方行列 A に対し　$|{}^t A| = |A|$

[行列式の基本的性質 I (n 重 (多重) 線形性)]　A のある列 $\boldsymbol{a}_j$ が

(1)　$\boldsymbol{a}_j = \boldsymbol{a}' + \boldsymbol{a}''$　のとき，

$$\begin{aligned} &\det(\boldsymbol{a}_1 \cdots \boldsymbol{a}_j \cdots \boldsymbol{a}_n) = \det(\boldsymbol{a}_1 \cdots (\boldsymbol{a}' + \boldsymbol{a}'') \cdots \boldsymbol{a}_n) \\ &= \det(\boldsymbol{a}_1 \cdots \boldsymbol{a}' \cdots \boldsymbol{a}_n) + \det(\boldsymbol{a}_1 \cdots \boldsymbol{a}'' \cdots \boldsymbol{a}_n) \end{aligned}$$

(2) $\boldsymbol{a}_j = c\boldsymbol{a}'$ のとき,

$$\det(\boldsymbol{a}_1 \cdots \boldsymbol{a}_j \cdots \boldsymbol{a}_n) = \det(\boldsymbol{a}_1 \cdots c\boldsymbol{a}' \cdots \boldsymbol{a}_n) = c\det(\boldsymbol{a}_1 \cdots \boldsymbol{a}' \cdots \boldsymbol{a}_n)$$

[行列式の基本的性質 II (交代性)] A の 2 つの列 $\boldsymbol{a}_i, \boldsymbol{a}_j\ (i \neq j)$ を入れ換えると行列式の値は (-1) 倍になる:

$$\det(\boldsymbol{a}_1 \cdots \boldsymbol{a}_i \cdots \boldsymbol{a}_j \cdots \boldsymbol{a}_n) = -\det(\boldsymbol{a}_1 \cdots \boldsymbol{a}_j \cdots \boldsymbol{a}_i \cdots \boldsymbol{a}_n)$$

[行列式の基本的性質 III (正規性)] 単位行列 E の行列式は 1. ($|E| = 1$)

転置不変性定理 6.8 により, 行列式の列に対する性質は, すべて行についても成り立つことが分かる. 行列式の基本性質 (I,II) および, これらを行に読み替えたものにより以下の種々の性質が導かれる.

例 6.9 次の行列 A の行列式の値は 0 になる:

(1) ある列, またはある行の成分が全て 0.

(2) ある 2 つの列が等しいか, またはある 2 つの行が等しい.

(3) ある列が他の列の定数倍に等しいか, ある行が他の行の定数倍に等しい.

[基本変形と行列式]

(R1) ある行を c 倍すると行列式の値も c 倍になる.

(R2) ある行に他の行の c 倍を加えても行列式の値は変わらない.

(R3) 2 つの行を入れ替えると行列式の値は (-1) 倍になる.

基本変形の行と列を入れ換えて列基本変形が定義される. すなわち,

(C1) ある列を定数倍 ($c\ (\neq 0)$ 倍) する.

(C2) ある列を定数倍を他の列に加える.

(C3) 2 つの列を入れ換える.

(これらは基本行列を右から掛けることで実現される.)

[列基本変形と行列式]　これらの操作による行列式の変化は

(C1) ある列を c 倍すると行列式の値も c 倍になる.

(C2) ある列に他の列の c 倍を加えても行列式の値は変わらない.

(C3) 2 つの列を入れ替えると行列式の値は (-1) 倍になる.

定理 6.10 (正則性と行列式)　正方行列 A が正則であることと同値な条件は

$$|A| \neq 0$$

定理 6.11 (積の行列式)　任意の n 次正方行列 A, B に対し, $|AB| = |A||B|$

6.3.3　逆行列とクラーメルの公式

行列式の展開　n 次正方行列 $A = (a_{ij})$ に対し, A から第 i 行と第 j 列を除いた $(n-1)$ 次正方行列を第 (i,j) **小行列** といい, その行列式を第 (i,j) **小行列式** という. それに符号 $(-1)^{i+j}$ を掛けたものを A の 第 (i,j) **余因子** といい, ここでは A_{ij} と表す.

定理 6.12 (行列式の余因子展開)　n 次正方行列 A に対し 次が成立する.

(1)　(第 i 行に関する余因子展開)　$|A| = \sum_{j=1}^{n} a_{ij}A_{ij}$　$(i = 1, \ldots, n)$

(2)　(第 j 列に関する余因子展開)　$|A| = \sum_{i=1}^{n} a_{ij}A_{ij}$　$(j = 1, \ldots, n)$

余因子行列　余因子 A_{ij} を並べた行列の**転置行列**を **余因子行列** といい, ここでは $\tilde{A}$ と表す. すなわち,

$$(\tilde{A})_{ij} = A_{ji} \tag{6.25}$$

定理 6.13 (余因子行列と逆行列)　n 次正方行列 A に対し, $|A| \neq 0$ のとき

$$A^{-1} = \frac{1}{|A|}\tilde{A}$$

クラーメル (Cramer) の公式　未知数の個数と方程式の個数が一致し，係数行列の行列式が 0 でないとき，連立 1 次方程式の唯 1 つの解を行列式を用いて表す方法がある．

定理 6.14 (クラーメルの公式)　未知数の個数と方程式の個数がともに n の連立 1 次方程式

$$A\boldsymbol{x} = \boldsymbol{b}, \quad A = (\boldsymbol{a}_1\,\boldsymbol{a}_2\,\cdots\,\boldsymbol{a}_n), \quad \boldsymbol{x} = {}^t(x_1\,x_2\,\cdots\,x_n)$$

において $|A| \neq 0$ のとき

$$x_1 = \frac{|\boldsymbol{b}\,\boldsymbol{a}_2\,\cdots\,\boldsymbol{a}_n|}{|A|},\ x_2 = \frac{|\boldsymbol{a}_1\,\boldsymbol{b}\,\cdots\,\boldsymbol{a}_n|}{|A|},\ \ldots,\ x_n = \frac{|\boldsymbol{a}_1\,\boldsymbol{a}_2\,\cdots\,\boldsymbol{b}|}{|A|}$$

6.4　数ベクトルの内積と直交行列

第 1 章 1.3.4 節において幾何ベクトルの内積を定義し，正規直交基底に関する成分についての内積の式 (1.32), (1.37) を得た．それは空間ベクトルでは

$$\boldsymbol{a} = (a_1, a_2, a_3), \quad \boldsymbol{b} = (b_1, b_2, b_3) \implies (\boldsymbol{a}, \boldsymbol{b}) = a_1b_1 + a_2b_2 + a_3b_3$$

であった．ここではこの式を拡張して，数ベクトルの標準内積を定義する．なお，この節では，主として実数上の n 次元列ベクトル，すなわち成分が全て実数である n 次元列ベクトルを考える．実数上の n 次元列ベクトル全体の集合を $\mathbb{R}^n$ と表し，**実数上の n 次元数ベクトル空間**，または略して n **次元ベクトル空間** という．以下，実数上の n 次元列ベクトルを $\mathbb{R}^n$ のベクトル，あるいは n 次元 **実ベクトル** という．

この節では，単にベクトルと言えば $\mathbb{R}^n$ のベクトルを指すものとする．

6.4.1　標準内積

$\mathbb{R}^n$ のベクトル $\boldsymbol{a}$, $\boldsymbol{b}$ に対し, 実数 $(\boldsymbol{a}, \boldsymbol{b})$ を

$$\boldsymbol{a} = \begin{pmatrix} a_1 \\ \vdots \\ a_n \end{pmatrix},\ \boldsymbol{b} = \begin{pmatrix} b_1 \\ \vdots \\ b_n \end{pmatrix} \Longrightarrow (\boldsymbol{a}, \boldsymbol{b}) = a_1 b_1 + \cdots + a_n b_n = {}^t\boldsymbol{a}\boldsymbol{b} \tag{6.26}$$

で定義し, $\boldsymbol{a}$ と $\boldsymbol{b}$ の **標準内積** という. また, $\mathbb{R}^n$ の標準内積ともいう. 数ベクトル空間 $\mathbb{R}^n$ に標準内積を合わせて考えるときは $\mathbb{R}^n$ を **ユークリッド (Euclid) 空間** という.

注意 7　すべての成分が実数である行ベクトル $\boldsymbol{a} = (a_1\, a_2\, \cdots\, a_n)$, $\boldsymbol{b} = (b_1\, b_2\, \cdots\, b_n)$ に対しても, $\boldsymbol{a}$, $\boldsymbol{b}$ の **標準内積** $(\boldsymbol{a}, \boldsymbol{b})$ を列ベクトルと同様に

$$(\boldsymbol{a}, \boldsymbol{b}) = a_1 b_1 + a_2 b_2 + \cdots + a_n b_n = \boldsymbol{a}\,{}^t\boldsymbol{b}$$

で定める.

このとき, 内積の性質 (1 章 (1.29))

$$\begin{array}{ll} (1)\ (\text{対称性}) & (\boldsymbol{a}, \boldsymbol{b}) = (\boldsymbol{b}, \boldsymbol{a}) \\ (2)\ (\text{双線形性 } 1) & (\boldsymbol{a}+\boldsymbol{b}, \boldsymbol{c}) = (\boldsymbol{a}, \boldsymbol{c}) + (\boldsymbol{b}, \boldsymbol{c}),\ \ (\boldsymbol{a}, \boldsymbol{b}+\boldsymbol{c}) = (\boldsymbol{a}, \boldsymbol{b}) + (\boldsymbol{a}, \boldsymbol{c}) \\ (3)\ (\text{双線形性 } 2) & (s\boldsymbol{a}, \boldsymbol{b}) = (\boldsymbol{a}, s\boldsymbol{b}) = s(\boldsymbol{a}, \boldsymbol{b}) \\ (4)\ (\text{正値性}) & (\boldsymbol{a}, \boldsymbol{a}) \geqq 0,\ \ (\boldsymbol{a}, \boldsymbol{a}) = 0 \iff \boldsymbol{a} = \boldsymbol{0} \end{array} \tag{6.27}$$

が上の定義より確かめられる. ここで (4) は

$$(\boldsymbol{a}, \boldsymbol{a}) = a_1 a_1 + a_2 a_2 + \cdots + a_n a_n = \sum_{i=1}^{n} a_i^2 = \sum_{i=1}^{n} |a_i|^2 \geqq 0$$

であり, $n = 1, 2, 3$ のとき $\boldsymbol{a}$ の長さの 2 乗を与えている. そこで, $n \geqq 4$ のときもこの式が $\boldsymbol{a}$ の長さの 2 乗を与えると定める. すなわち, ベクトル $\boldsymbol{a}$ の長さ

（大きさ, ノルム） $\|\boldsymbol{a}\|$ を

$$\|\boldsymbol{a}\| = \sqrt{(\boldsymbol{a}, \boldsymbol{a})} \tag{6.28}$$

と定める. このとき, 長さの性質 (1 章 (1.30)) が成り立つ:

$$\begin{array}{lll} (5) & \|s\boldsymbol{a}\| = |s|\,\|\boldsymbol{a}\| & \\ (6)\ (\text{シュヴァルツ (Schwarz) の不等式}) & |(\boldsymbol{a}, \boldsymbol{b})| \leqq \|\boldsymbol{a}\|\,\|\boldsymbol{b}\| & (6.29) \\ (7)\ (\text{3 角不等式}) & \|\boldsymbol{a}+\boldsymbol{b}\| \leqq \|\boldsymbol{a}\| + \|\boldsymbol{b}\| & \end{array}$$

注意 8　複素数上の n 次元数ベクトル (以下, **複素ベクトル** という) の標準内積は, 複素数 $z = x + yi$, $(x, y \in \mathbb{R},\ i = \sqrt{-1})$ の共役複素数を $\bar{z} = x - yi$ と表すとき

$$(\boldsymbol{a}, \boldsymbol{b}) = a_1\bar{b}_1 + a_2\bar{b}_2 + \cdots + a_n\bar{b}_n = \sum_{i=1}^{n} a_i\bar{b}_i \tag{6.30}$$

で定義される. このとき, $z\bar{z} = x^2 + y^2$ より z の絶対値 $|z|$ が $|z| = \sqrt{z\bar{z}} = \sqrt{x^2 + y^2}$ で定義され,

$$(\boldsymbol{a}, \boldsymbol{a}) = \sum_{i=1}^{n} a_i\bar{a}_i = \sum_{i=1}^{n} |a_i|^2 \geqq 0$$

となり, (4) の正値性をみたす. (1) の対称性と, (3) の双線形性 (2) は次の様に変更される. 複素数 s に対し,

$$\begin{array}{lll} (1)'\ (\text{エルミート性}) & (\boldsymbol{b}, \boldsymbol{a}) = \overline{(\boldsymbol{a}, \boldsymbol{b})} & \\ (3)'\ (\text{線形性}) & (s\boldsymbol{a}, \boldsymbol{b}) = s(\boldsymbol{a}, \boldsymbol{b}) & (6.31) \\ (3)''\ (\text{共役線形性}) & (\boldsymbol{a}, s\boldsymbol{b}) = \bar{s}(\boldsymbol{a}, \boldsymbol{b}) & \end{array}$$

(2) をみたすことは $\overline{a+b} = \bar{a} + \bar{b}$ より出る.

なお, 複素行列 $A = (a_{ij})$ の複素共役 $\bar{A}$ は各成分の複素共役として定義される. すなわち, $\bar{A} = (\bar{a}_{ij})$.　このとき, 複素列ベクトルの内積の定義式 (6.30) は次の様に表される.

$$(\boldsymbol{a}, \boldsymbol{b}) = {}^t\boldsymbol{a}\,\bar{\boldsymbol{b}} \tag{6.32}$$

複素数 a が実数であることと $\bar{a}=a$ は同値なので,

$$\text{複素行列 } A \text{ が実行列} \iff \bar{A}=A$$

であり, 上式 (6.31) において $\boldsymbol{a}, \boldsymbol{b}$ が実ベクトル, s が実数のときは (1)' , (3)" 式はそれぞれ内積の性質の (1), (3) 式になる. すなわち, (6.31) 式は (6.27) 式を複素ベクトルに拡張したものになっている.

6.4.2　正規直交系

幾何ベクトルと同様, 内積 $(\boldsymbol{a},\boldsymbol{b})=0$ のとき $\boldsymbol{a}$ と $\boldsymbol{b}$ は **直交** するという. また, **垂直**であるともいう.

$\|\boldsymbol{u}\|=1$ のとき $\boldsymbol{u}$ を **単位ベクトル** という. $\boldsymbol{a}\neq\boldsymbol{0}$ のとき, $\boldsymbol{a}$ を長さ $\|\boldsymbol{a}\|$ で割って, 単位ベクトル

$$\boldsymbol{u}=\frac{1}{\|\boldsymbol{a}\|}\boldsymbol{a} \quad \left(=\frac{\boldsymbol{a}}{\|\boldsymbol{a}\|} \text{ とも表す}\right)$$

にすることを $\boldsymbol{a}$ を **正規化**する という. $\boldsymbol{u}$ の長さが 1 になることは

$$(\boldsymbol{u},\boldsymbol{u})=\left(\frac{1}{\|\boldsymbol{a}\|}\boldsymbol{a},\frac{1}{\|\boldsymbol{a}\|}\boldsymbol{a}\right)=\frac{1}{\|\boldsymbol{a}\|^2}(\boldsymbol{a},\boldsymbol{a})=1$$

ベクトルの組 $(\boldsymbol{a}_1 \cdots \boldsymbol{a}_n)$ が すべて $\boldsymbol{0}$ でなく, 互いに直交するとき, すなわち

$$\begin{aligned} &(\boldsymbol{a}_i,\boldsymbol{a}_j)=0 \ \ (i\neq j), \quad \|\boldsymbol{a}\|\neq 0 \ \ (i=1,\ldots,n) \\ \therefore \ \ &(\boldsymbol{a}_i,\boldsymbol{a}_j)=(\boldsymbol{a}_i,\boldsymbol{a}_i)\delta_{ij}=\|\boldsymbol{a}_i\|^2\delta_{ij} \end{aligned} \tag{6.33}$$

のとき $(\boldsymbol{a}_1 \cdots \boldsymbol{a}_n)$ は**直交系** であるという. 直交系 $(\boldsymbol{a}_1 \cdots \boldsymbol{a}_n)$ が基底になるとき **直交基底**, $\boldsymbol{a}_i$ がすべて単位ベクトルのとき, すなわち

$$(\boldsymbol{a}_i,\boldsymbol{a}_j)=\delta_{ij} \tag{6.34}$$

のとき **正規直交系**, さらに基底になるとき **正規直交基底** であるという.

$(\boldsymbol{a}_1 \cdots \boldsymbol{a}_n)$ が直交系 (直交基底) ならば, $\boldsymbol{u}_i=\dfrac{1}{\|\boldsymbol{a}_i\|}\boldsymbol{a}_i \ \ (i=1,\ldots,n)$ と, 各 $\boldsymbol{a}_i$ を正規化すれば $(\boldsymbol{u}_1 \cdots \boldsymbol{u}_n)$ は正規直交系 (正規直交基底) になる.

補題 6.15 (直交射影)　直交系 $(\boldsymbol{b}_1 \cdots \boldsymbol{b}_n)$ とベクトル $\boldsymbol{a}$ に対し

$$s_j = \frac{(\boldsymbol{a}, \boldsymbol{b}_j)}{(\boldsymbol{b}_j, \boldsymbol{b}_j)} = \frac{(\boldsymbol{a}, \boldsymbol{b}_j)}{\|\boldsymbol{b}_j\|^2} \quad (j = 1, 2, \ldots, n),$$

$$\boldsymbol{a}' = s_1 \boldsymbol{b}_1 + \cdots + s_n \boldsymbol{b}_n = \sum_{j=1}^{n} \frac{(\boldsymbol{a}, \boldsymbol{b}_j)}{(\boldsymbol{b}_j, \boldsymbol{b}_j)} \boldsymbol{b}_j$$

とするとき

(1)　$(\boldsymbol{a} - \boldsymbol{a}', \boldsymbol{b}_i) = 0 \quad (i = 1, \ldots, n)$

(2)　$\boldsymbol{a} = t_1 \boldsymbol{b}_1 + \cdots + t_n \boldsymbol{b}_n$ ならば　$t_i = s_i \qquad (i = 1, 2, \ldots, n),$

$$\boldsymbol{a} = \boldsymbol{a}' = s_1 \boldsymbol{b}_1 + \cdots + s_n \boldsymbol{b}_n = \sum_{i=1}^{n} \frac{(\boldsymbol{a}, \boldsymbol{b}_i)}{(\boldsymbol{b}_i, \boldsymbol{b}_i)} \boldsymbol{b}_i = \sum_{i=1}^{n} \frac{(\boldsymbol{a}, \boldsymbol{b}_i)}{\|\boldsymbol{b}_i\|^2} \boldsymbol{b}_i$$

この補題における $\boldsymbol{a}'$ は $n = 1, 2$ のときに幾何ベクトルに読み替えれば，$\boldsymbol{b}_1$ の張る直線や $\boldsymbol{b}_1, \boldsymbol{b}_2$ の張る平面への $\boldsymbol{a}$ の直交射影 (正射影) を表している.

定理 6.16 (直交系の 1 次独立性)　(正規) 直交系 $(\boldsymbol{b}_1 \cdots \boldsymbol{b}_n)$ は 1 次独立.

6.4.3　シュミット (Schmidt) の直交化法

補題 6.15 を用いて 1 次独立なベクトルの組 $(\boldsymbol{a}_1 \cdots \boldsymbol{a}_n)$ から直交系 $(\boldsymbol{b}_1 \cdots \boldsymbol{b}_n)$ や正規直交系 $(\boldsymbol{u}_1 \cdots \boldsymbol{u}_n)$ を構成する方法がある. すなわち, $\boldsymbol{b}_1 = \boldsymbol{a}_1$ とし, 帰納的に $\boldsymbol{b}_1, \ldots, \boldsymbol{b}_{k-1}$ が構成されたとき, $\boldsymbol{a}_k$ を補題の $\boldsymbol{a}$, $\boldsymbol{b}_k$ を補題の $\boldsymbol{a} - \boldsymbol{a}'$ とすればよい. この構成法を **シュミットの直交化法** といい, 以下に詳しく述べる.

$(\boldsymbol{a}_1\, \boldsymbol{a}_2 \cdots \boldsymbol{a}_n)$ は 1 次独立とし,

$\boldsymbol{b}_1 = \boldsymbol{a}_1$ とする. ($\boldsymbol{b}_1 \neq \boldsymbol{0}$ より $(\boldsymbol{b}_1, \boldsymbol{b}_1) \neq 0$)

$$\boldsymbol{b}_2 = \boldsymbol{a}_2 - \frac{(\boldsymbol{a}_2, \boldsymbol{b}_1)}{(\boldsymbol{b}_1, \boldsymbol{b}_1)} \boldsymbol{b}_1 = \boldsymbol{a}_2 - \frac{(\boldsymbol{a}_2, \boldsymbol{b}_1)}{\|\boldsymbol{b}_1\|^2} \boldsymbol{b}_1$$

$$\boldsymbol{b}_3 = \boldsymbol{a}_3 - \frac{(\boldsymbol{a}_3, \boldsymbol{b}_1)}{(\boldsymbol{b}_1, \boldsymbol{b}_1)} \boldsymbol{b}_1 - \frac{(\boldsymbol{a}_3, \boldsymbol{b}_2)}{(\boldsymbol{b}_2, \boldsymbol{b}_2)} \boldsymbol{b}_2 = \boldsymbol{a}_3 - \frac{(\boldsymbol{a}_3, \boldsymbol{b}_1)}{\|\boldsymbol{b}_1\|^2} \boldsymbol{b}_1 - \frac{(\boldsymbol{a}_3, \boldsymbol{b}_2)}{\|\boldsymbol{b}_2\|^2} \boldsymbol{b}_2$$

とし, 以下同様に $\boldsymbol{b}_1, \ldots, \boldsymbol{b}_{k-1}$ が構成されたとき

$$\begin{aligned} \boldsymbol{b}_k &= \boldsymbol{a}_k - \frac{(\boldsymbol{a}_k, \boldsymbol{b}_1)}{(\boldsymbol{b}_1, \boldsymbol{b}_1)} \boldsymbol{b}_1 - \cdots - \frac{(\boldsymbol{a}_k, \boldsymbol{b}_{k-1})}{(\boldsymbol{b}_{k-1}, \boldsymbol{b}_{k-1})} \boldsymbol{b}_{k-1} \\ &= \boldsymbol{a}_k - \sum_{i=1}^{k-1} \frac{(\boldsymbol{a}_k, \boldsymbol{b}_i)}{(\boldsymbol{b}_i, \boldsymbol{b}_i)} \boldsymbol{b}_i = \boldsymbol{a}_k - \sum_{i=1}^{k-1} \frac{(\boldsymbol{a}_k, \boldsymbol{b}_i)}{\|\boldsymbol{b}_i\|^2} \boldsymbol{b}_i \end{aligned} \tag{6.35}$$

と定めれば, $\boldsymbol{a}_1, \ldots, \boldsymbol{a}_k$ の 1 次独立性より $\boldsymbol{b}_k \neq \boldsymbol{0}$ であり, 補題 6.15 により $\boldsymbol{b}_k$ は $\boldsymbol{b}_1, \ldots, \boldsymbol{b}_{k-1}$ に直交している. 従って 直交系 $(\boldsymbol{b}_1 \cdots \boldsymbol{b}_n)$ が得られた. ここで

$$\boldsymbol{u}_i = \frac{1}{\|\boldsymbol{b}_i\|}\boldsymbol{b}_i \qquad (i = 1, 2, \ldots, n)$$

と正規化すれば正規直交系 $(\boldsymbol{u}_1 \cdots \boldsymbol{u}_n)$ が得られる. 特に, $(\boldsymbol{a}_1 \cdots \boldsymbol{a}_n)$ が基底なら $(\boldsymbol{b}_1 \cdots \boldsymbol{b}_n)$ は直交基底, $(\boldsymbol{u}_1 \cdots \boldsymbol{u}_n)$ は正規直交基底となる.

6.4.4　直交行列

n 次実正方行列 U が

$${}^tU\,U = E_n$$

を満たすとき U を n 次 **直交行列** (orthogonal matrix) という. 単位行列 E は直交行列である. さらに次が成り立つ.

定理 6.17 (直交行列)　U, U' を直交行列とするとき
${}^tU = U^{-1}$, UU' も直交行列であり, 直交行列の行列式の値は ± 1 である.

定理 6.18 (直交行列の性質)
n 次実正方行列 $U = (\boldsymbol{u}_1 \cdots \boldsymbol{u}_n)$ について次は同値.

(1)　U は直交行列である. すなわち, ${}^tU\,U = E$

(2)　U は内積を保つ. すなわち, n 次元ベクトル $\boldsymbol{a}, \boldsymbol{b}$ に対し

$$(U\boldsymbol{a}, U\boldsymbol{b}) = (\boldsymbol{a}, \boldsymbol{b})$$

(3)　$(\boldsymbol{u}_1 \cdots \boldsymbol{u}_n)$ は $\mathbb{R}^n$ の正規直交基底. すなわち, $(\boldsymbol{u}_i, \boldsymbol{u}_j) = \delta_{ij}$

(4)　U は長さを保つ. すなわち, n 次元ベクトル $\boldsymbol{a}$ に対し　$\|U\boldsymbol{a}\| = \|\boldsymbol{a}\|$

注意 9 (直交行列の構成法)　正則行列 $P = (\boldsymbol{p}_1 \cdots \boldsymbol{p}_n)$ の列ベクトルの組は基底をなすので, シュミットの直交化法により正規直交基底 $(\boldsymbol{u}_1 \cdots \boldsymbol{u}_n)$ を構成すれば この定理の (3) により $U = (\boldsymbol{u}_1 \cdots \boldsymbol{u}_n)$ は直交行列になる.

6.5 実対称行列の対角化

この節では実対称行列 A はある直交行列 U により $U^{-1}AU = {}^tUAU$ が対角行列になることを示す. 以下, 行列は全て (n 次) 正方行列とする.

6.5.1 固有値, 固有ベクトルと固有方程式

固有値と固有ベクトル 正方行列 A に対し,

$$A\boldsymbol{p} = \alpha\boldsymbol{p}, \quad \boldsymbol{p} \neq \boldsymbol{0} \tag{6.36}$$

となる数 (一般には複素数) α が存在するとき, α を A の **固有値** (eigen value), $\boldsymbol{p}$ を 固有値 α に対する A の **固有ベクトル** (eigen vector) という.

固有方程式 上の式 (6.36) を書き直すと:

$$(6.36) \iff (A - \alpha E)\boldsymbol{p} = \boldsymbol{0}, \ \boldsymbol{p} \neq \boldsymbol{0}$$

$$\iff \boldsymbol{p} \text{ は方程式 } (A - \alpha E)\boldsymbol{x} = \boldsymbol{0} \text{ の } \boldsymbol{x} \neq \boldsymbol{0} \text{ なる解}$$

$$(A - \alpha E)\boldsymbol{x} = \boldsymbol{0} \text{ は } \boldsymbol{x} = \boldsymbol{p} \neq \boldsymbol{0} \text{ なる解をもつ}$$

$$\iff (A - \alpha E) \text{ は正則でない}$$

$$\iff \det(A - \alpha E) = (-1)^n \det(\alpha E - A) = 0$$

$$\iff \alpha \text{ は方程式 } \det(xE - A) = 0 \text{ の解}$$

$f_A(x) = \det(xE - A)$ とおくと

$$f_A(x) = \begin{vmatrix} x - a_{11} & -a_{12} & \cdots & -a_{1n} \\ -a_{21} & x - a_{22} & \cdots & -a_{2n} \\ \vdots & \vdots & \ddots & \vdots \\ -a_{n1} & \cdots & \cdots & x - a_{nn} \end{vmatrix}$$

$$= (x - a_{11})(x - a_{22})\cdots(x - a_{nn}) + (x \text{ の } (n-2) \text{ 次以下の項})$$

$$= x^n - (a_{11} + \cdots + a_{nn})x^{n-1} + \cdots + (-1)^n|A|$$

$$= x^n - (\operatorname{tr} A)x^{n-1} + \cdots + (-1)^n|A|$$

ここで，$\operatorname{tr} A = a_{11} + \cdots + a_{nn} =$ 対角成分の和 であり, 定数項は $f_A(0) = |-A| = (-1)^n|A|$ である．よって

$$f_A(x) = |xE - A| = x^n - (\operatorname{tr} A)x^{n-1} + \cdots + (-1)^n|A| \tag{6.37}$$

だから $f_A(x)$ は n 次多項式である．これを A の **固有多項式** (eigen polynomial) または, **特性多項式** (characteristic polynomial) という．

また, n 次方程式 $f_A(x) = 0$ を A の **固有方程式** (eigen equation), または **特性方程式** (characteristic equation) という．このとき

$$\alpha \text{ が } A \text{ の固有値} \iff \alpha \text{ は固有方程式 } f_A(x) = |xE - A| = 0 \text{ の解} \tag{6.38}$$

代数学の基本定理により, n 次方程式 (代数方程式) ($n \geqq 1$) は複素数の範囲で解を持ち, n 次多項式は n 個の 1 次式の積に分解する, すなわち

$$f_A(x) = |xE - A| = (x - \alpha_1)(x - \alpha_2)\cdots(x - \alpha_n) \tag{6.39}$$

ここで $\alpha_1, \alpha_2, \ldots, \alpha_n$ の中に同じものがあって良い．従って n 次方程式 $f_A(x) = 0$ は重複も数えてちょうど n 個の**根** (こん, root) $x = \alpha_1, \alpha_2, \ldots, \alpha_n$ をもつ．
(このとき「解」の代わりに「根」という用語を使う．)

注意 10 A が実行列であっても固有値は一般には複素数であり, 固有ベクトルは複素ベクトルとなる. この故に, 固有値や固有ベクトルを考えるときは行列 A も一般には複素行列の範囲で考えておく.

A が実行列で 固有値 α が実数の場合は $(A-\alpha E)$ も実行列だから, 連立 1 次方程式 $(A-\alpha E)\boldsymbol{x}=\boldsymbol{0}$ の解である固有ベクトルは実ベクトルに取れる.

固有方程式の同じ根をまとめて, 相異なる根を $\beta_1,\beta_2,\ldots,\beta_k$ とすると (6.39) は

$$f_A(x)=(x-\beta_1)^{m_1}(x-\beta_2)^{m_2}\cdots(x-\beta_k)^{m_k},\quad m_1+m_2+\cdots+m_k=n \quad (6.40)$$

と表される. m_i を β_i の **重複度** (multiplicity) といい, β_i を m_i **重根** という. なお, 1 重根を単根といい, 2 重根は単に 重根といわれることがある.

固有値は次の性質をもつ.

定理 6.19 (固有値の性質) n 次正方行列 A の固有値 $\alpha_1,\alpha_2,\ldots,\alpha_n$ について,

(1) $\operatorname{tr} A=\alpha_1+\cdots+\alpha_n,\quad \det A=\alpha_1\cdots\alpha_n$

(2) P が正則行列ならば A と $P^{-1}AP$ の固有多項式は等しい. 従って A と $P^{-1}AP$ の固有値もすべて一致する.

証明 (1): (6.37), (6.39) 式より,

$$|xE-A|=x^n-(\operatorname{tr} A)x^{n-1}+\cdots+(-1)^n|A|=(x-\alpha_1)(x-\alpha_2)\cdots(x-\alpha_n)$$

右辺を展開して, x^{n-1} の係数および定数項を比較すれば結論を得る.
(2): $xE=P^{-1}(xE)P$ と $|P^{-1}|=|P|^{-1}$ に注意すれば

$$|xE-P^{-1}AP|=|P^{-1}(xE-A)P|=|P^{-1}||xE-A||P|=|xE-A| \qquad \square$$

(1) より, 「A が正則 $\Longleftrightarrow$ 固有値が全て 0 でない」ことが分かる.

6.5.2　行列の 3 角化

定理 6.20 (正則行列による 3 角化)　n 次 (複素) 正方行列 A は 3 角化可能, すなわち, ある正則行列 P により

$$P^{-1}AP = \begin{pmatrix} \alpha_1 & & & * \\ & \alpha_2 & & \\ & & \ddots & \\ & & & \alpha_n \end{pmatrix}$$

とできる. さらに, A の固有値 $\alpha_1, \alpha_2, \ldots, \alpha_n$ は任意の順序, 特に相異なる固有値ごとに重複度と同じ個数だけ並ぶ様に出来る. また, A が実行列で固有値が全て実数のときは P として実正則行列を取ることが出来る.

証明　n に関する帰納法で示す. $n = 1$, $A = (\alpha)$ のときは明らか.
$(n-1)$ 次行列まで定理が成り立つと仮定する.

A の固有値を任意に取って α_1 とし, α_1 に対する固有ベクトルを $\boldsymbol{p}_1$ とし, $\boldsymbol{p}_1$ を第 1 列に持つ正則行列を $Q = (\boldsymbol{p}_1 \cdots \boldsymbol{p}_n)$ とする. このとき,

$$AQ = (A\boldsymbol{p}_1\ A\boldsymbol{p}_2 \cdots A\boldsymbol{p}_n) = (\alpha_1\boldsymbol{p}_1\ A\boldsymbol{p}_2 \cdots A\boldsymbol{p}_n) = (\boldsymbol{p}_1 \cdots \boldsymbol{p}_n)\left(\begin{array}{c|c} \alpha_1 & * \\ \hline \mathbf{0} & A_1 \end{array}\right)$$

従って

$$AQ = Q\begin{pmatrix} \alpha_1 & * \\ \mathbf{0} & A_1 \end{pmatrix} \qquad \therefore\quad Q^{-1}AQ = \begin{pmatrix} \alpha_1 & * \\ \mathbf{0} & A_1 \end{pmatrix}$$

帰納法の仮定より A_1 には

$$P_1^{-1}A_1P_1 = \begin{pmatrix} \alpha_2 & & * \\ & \ddots & \\ & & \alpha_n \end{pmatrix}$$

となる $(n-1)$ 次正則行列 P_1 がある．このとき

$$R = \begin{pmatrix} 1 & \mathbf{0} \\ \mathbf{0} & P_1 \end{pmatrix}$$

とおけば R は正則であり, $P = QR$ とおけば 正則行列の積である P も正則である．このとき

$$\begin{aligned} P^{-1}AP &= (QR)^{-1}A(QR) = R^{-1}(Q^{-1}AQ)R \\ &= \begin{pmatrix} 1 & \mathbf{0} \\ \mathbf{0} & P_1^{-1} \end{pmatrix} \begin{pmatrix} \alpha_1 & * \\ \mathbf{0} & A_1 \end{pmatrix} \begin{pmatrix} 1 & \mathbf{0} \\ \mathbf{0} & P_1 \end{pmatrix} = \begin{pmatrix} \alpha_1 & * \\ \mathbf{0} & P_1^{-1}A_1P_1 \end{pmatrix} \\ &= \begin{pmatrix} \alpha_1 & & & \\ & \alpha_2 & & * \\ & & \ddots & \\ & & & \alpha_n \end{pmatrix} \end{aligned}$$

より定理が示された．A が実行列のとき, α_1 が実数ならば, $(A - \alpha_1)\boldsymbol{x} = \mathbf{0}$ の解である $\boldsymbol{p}_1$ も実ベクトルに取れ, Q も実正則行列に取れる． $\alpha_2, \ldots, \alpha_n$ も実数なら $\boldsymbol{p}_2, \ldots, \boldsymbol{p}_n$ も実ベクトルに取れ, 帰納的に P も実正則行列に取れる． □

6.5.3 実対称行列の固有値

複素列ベクトル $\boldsymbol{a}, \boldsymbol{b}$ の内積は注意 8, (6.32) 式: $(\boldsymbol{a}, \boldsymbol{b}) = {}^t\boldsymbol{a}\,\bar{\boldsymbol{b}}$ で定められた．実対称行列 A ($\bar{A} = A,\ {}^tA = A$) においては

$$(A\boldsymbol{a}, \boldsymbol{b}) = {}^t(A\boldsymbol{a})\,\bar{\boldsymbol{b}} = {}^t\boldsymbol{a}\,{}^tA\,\bar{\boldsymbol{b}} = {}^t\boldsymbol{a}\,A\,\bar{\boldsymbol{b}} = {}^t\boldsymbol{a}\,\overline{A\boldsymbol{b}} = (\boldsymbol{a},\ A\boldsymbol{b})$$

より

$$(A\boldsymbol{a}, \boldsymbol{b}) = (\boldsymbol{a}, A\boldsymbol{b}) \tag{6.41}$$

が成り立つ．このことを利用して実対称行列の固有値が実数であることを示そう．

定理 6.21 (実対称行列の固有値) 実対称行列 A の固有値は全て実数である．

証明　α を A の任意の固有値, $\boldsymbol{p}$ を固有ベクトルとする. すなわち $A\boldsymbol{p} = \alpha\boldsymbol{p}$, $\boldsymbol{p} \neq \boldsymbol{0}$ とすると

$$\alpha(\boldsymbol{p}, \boldsymbol{p}) = (\alpha\boldsymbol{p}, \boldsymbol{p}) = (A\boldsymbol{p}, \boldsymbol{p}) = (\boldsymbol{p}, A\boldsymbol{p}) = (\boldsymbol{p}, \alpha\boldsymbol{p}) = \bar{\alpha}(\boldsymbol{p}, \boldsymbol{p})$$

$(\boldsymbol{p}, \boldsymbol{p}) = \|\boldsymbol{p}\|^2 \neq 0$ より $\alpha = \bar{\alpha}$. よって α は実数. □

この定理により実対称行列の固有ベクトルとして実ベクトルが取れることが分かった. 従って, 以後は実ベクトルのみを考えることにする.

定理 6.22 (列ベクトルの直交性)　実対称行列 A の異なる固有値 β_1, β_2 に対する固有ベクトルは直交する.

証明　β_1, β_2 に対する固有ベクトルをそれぞれ $\boldsymbol{p}_1, \boldsymbol{p}_2$ とすると,

$$\beta_1(\boldsymbol{p}_1, \boldsymbol{p}_2) = (A\boldsymbol{p}_1, \boldsymbol{p}_2) = (\boldsymbol{p}_1, A\boldsymbol{p}_2) = (\boldsymbol{p}_1, \beta_2\boldsymbol{p}_2) = \beta_2(\boldsymbol{p}_1, \boldsymbol{p}_2)$$

$\beta_1 \neq \beta_2$ より $(\boldsymbol{p}_1, \boldsymbol{p}_2) = 0$. よって $\boldsymbol{p}_1$ と $\boldsymbol{p}_2$ は直交する. □

6.5.4　実対称行列の対角化

定理 6.23 (直交行列による対角化)　n 次実対称行列 A はある直交行列 U で対角化される. すなわち, A の固有値を $\alpha_1, \alpha_2, \ldots, \alpha_n$ とするとき:

$$U^{-1}AU = {}^tUAU = \begin{pmatrix} \alpha_1 & & O \\ & \ddots & \\ O & & \alpha_n \end{pmatrix} \tag{6.42}$$

証明　前の定理 6.21 により実対称行列の固有値は全て実数である. 従って定理 6.20 の証明の中の全ての行列は実行列に取れる. その証明の中で $Q = (\boldsymbol{p}_1 \cdots \boldsymbol{p}_n)$ の列ベクトル $\boldsymbol{p}_1, \ldots, \boldsymbol{p}_n$ からシュミットの直交化法により正規直交基底 $U' = (\boldsymbol{u}_1 \cdots \boldsymbol{u}_n)$ を構成すれば U' は定理 6.18 により直交行列である. また, 帰納的に定理 6.20 の証明の P_1 も $(n-1)$ 次直交行列に取れ, R も直交行列

になる. 直交行列の積は直交行列になるので $U = U'R$ も直交行列になる. 従って, A は直交行列 U で 3 角化される. すなわち

$$U^{-1}AU = \begin{pmatrix} \alpha_1 & & * \\ & \ddots & \\ O & & \alpha_n \end{pmatrix}$$

$U^{-1} = {}^tU$, ${}^t({}^tU) = U$, ${}^tA = A$ より

$${}^t(U^{-1}AU) = {}^t({}^tUAU) = {}^tU\,{}^tA\,{}^t({}^tU) = {}^tUAU = U^{-1}AU$$

従って $U^{-1}AU$ も対称行列で, $*$ の部分は全て 0 となり定理を得る. □

定理 6.24 零行列でない実対称行列 A の固有値の少なくとも 1 つは 0 でない.

証明 A を直交行列 U で対角化するとき, 固有値がすべて 0 ならば $U^{-1}AU = O$ となる. このとき $A = UOU^{-1} = O$. 対偶を取れば結論を得る. □

第7章
付録：幾何学と変換群

7.1　集合と写像

7.1.1　集合とその基本的性質

変換や変換群を定義する前に, 準備として, 集合と写像について簡単に述べる. 集合は現代の数学を記述する言語として, 必要不可欠なものであり, とりあえず数学を記述するための言語としての集合について述べるものとする. この章では, 第1章や第2章で準備した, ベクトルや行列の理論の一般化である一般次元の, 数ベクトルや行列に関する線形代数の基本的知識を仮定する. それらは大体, 理系の大学の1年次に習う内容であり, 第6章にも一部まとめられているが, 詳しい内容は参考書 [1, 2] 等を参照して欲しい.

線形代数の知識のない読者は, この章に現れる $\mathbb{R}^n$ 等を, $n=2$ や $n=3$ の場合と解釈して読み進めれば, 第1章や第2章での知識のみで読み進めることが出来る.

集合とは何か？と言うことを突き詰めて考えて行くと, 数学の基礎（存在基盤）に関わる問題となるので, ここでは, **集合**とは「物の集まり」であると言う素朴な立場をとる. ただし, この「集まり」の中に,「物」が属しているか, 属していないかが明確に定まっていることを前提とする.

例 7.1　$\mathbb{N}$ で1から始まる $1, 2, 3, \ldots$ と言った自然数全体を表す. また $\mathbb{Z}$ で自然数に零や負の数も合わせた整数全体を表す. さらに, $\mathbb{Q}$ で整数に分数全体も合わせた有理数全体を表す.

A を集合とするとき, $a \in A$ で「a は集合 A に属している」ことを表す. このとき,「a は A の**元**である」と言う．また $b \notin A$ で「b は集合 A の属していない」ことを表し,「b は A の元でない」と言う．

例 7.2　$2 \in \mathbb{N}$ であるが $-2 \notin \mathbb{N}$ である．また $\sqrt{2} \notin \mathbb{Q}$ であり, $\dfrac{2}{3} \in \mathbb{Q}$ である．

ここでよく使われる集合としては, 実数全体の集合 $\mathbb{R}$ や複素数全体の集合 $\mathbb{C}$ がある．これらの記号は, 標準的なものであるが, 本によっては違う記号を使うものもある．

集合の書き表し方としては,

$$A = \{x \mid C(x)\}$$

で, A は $C(x)$ と言う性質を満たす x 全体の集合を表す．

例 7.3　$\{x \mid x \in \mathbb{R}, x^3 = 1\}$ は $x^3 = 1$ の解で実数のもの全体を表す．

A, B を集合とする．A の元がすべて B の元であるとき, 言い換えると $x \in A$ ならば $x \in B$ が成り立つとき, A は B の**部分集合**であると言い, $A \subset B$ と書き表す．

例 7.4　$x \in \mathbb{N}$ とすると, 自然数は整数の 1 種なので, $x \in \mathbb{Z}$ が成り立ち, $\mathbb{N} \subset \mathbb{Z}$ である．

また, A と B が**等しい**とは $A \subset B$ かつ $A \supset B$ が成り立つ事と定義する．

例 7.5　$A = \{x \mid x \in \mathbb{R}, x^2 = 1\}$, $B = \{x \mid x = \pm 1\}$ とすると $A = B$ である．

証明　$x \in A$ と言うことは, x は実数で $x^2 = 1$ を満たすと言うことである．従って, $(x-1)(x+1) = x^2 - 1 = 0$ をみたし, $x = 1$ または $x = -1$ となる．従って, $x \in B$ となり, $A \subset B$ が成り立つ．一方 $x \in B$ とすると, $x = 1$ または $x = -1$ である．このとき, $x^2 = (\pm 1)^2 = 1$ なので, $x \in A$ となり, $A \supset B$ が成り立つ．故に $A = B$ である．□

A, B を集合とするとき,

$$A \cup B = \{x \mid x \in A \text{ または } x \in B\}$$

を A と B の**和集合**と呼ぶ. また,

$$A \cap B = \{x \mid x \in A \text{ かつ } x \in B\}$$

を A と B の**共通部分（集合）**と呼ぶ. さらに,

$$A \setminus B = \{x \mid x \in A \text{ かつ } x \notin B\}$$

を A と B の**差集合**と呼ぶ.

次に, A, B を集合とし, その元 $a \in A, b \in B$ に対して, 対 (a, b) を考える. ここで, $(a, b) = (a', b')$ であるとは $a = a', b = b'$ であると定める. このような対 (a, b) を**順序対**と呼ぶ. A, B の定める順序対全体の集合を A と B の**直積**と呼び, $A \times B$ と表す. 言い換えると

$$A \times B = \{(a, b) \mid a \in A, b \in B\}$$

である.

例 7.6 実数全体の集合 $\mathbb{R}$ とそれ自身の直積 $\mathbb{R} \times \mathbb{R}$ は $\mathbb{R}^2$ と表し, **平面**と見なす事ができる.

7.1.2 写像とその基本的性質

X, Y を集合とする. X から Y へ, ある規則によって X の任意の元に対して Y の元を 1 つずつ対応させる**対応** f があるとき, f を X から Y への**写像**と呼び, $f: X \longrightarrow Y$ と表す. $x \in X$ に対して対応する $y \in Y$ を $y = f(x)$ と表す. また, この対応の「様子」を $x \mapsto f(x)$ と表す. X を写像 f の**定義域**と呼び, Y を f の**値域**と呼ぶ. さらに

$$f(X) = \{y \mid y \in Y, \exists x \in X, y = f(x)\}$$

を f の**像**と呼び, $\operatorname{Im} f$ と書く事もある.

注意 11　$x \in \mathbb{R}$ に対して, $f(x) = x^2$ と定めると写像 $f : \mathbb{R} \longrightarrow \mathbb{R}$ が定義されるが, $x \in (0, +\infty)$ に対して, $g(x) = \pm\sqrt{x}$ は 1 つの元 x に対して 2 つの元 $\pm\sqrt{x}$ を対応させる対応なので, 写像ではない．また, $x \in \mathbb{R}$ に対して, $g(x) = \sqrt{x}$ は, $g : \mathbb{R} \longrightarrow \mathbb{C}$ と言う写像だが, $x \in (-\infty, 0) \subset \mathbb{R}$ に対しては, $g(x) = \sqrt{x} \notin \mathbb{R}$ なので, $g : \mathbb{R} \longrightarrow \mathbb{R}$ と言う写像ではない．しかし, $g : (0, \infty) \longrightarrow \mathbb{R}$ は写像である．

このように, 写像 $f : X \longrightarrow Y$ を決めるのは, 定義域 X, 値域 Y と対応規則 $x \mapsto f(x)$ の 3 つの情報である．従って, そのうちのどれか 1 つでも異なっていれば写像として異なる．

例 7.7　$X = Y = \mathbb{N}$, $Z = \{2n \mid n \in \mathbb{Z}\}$ とするとき, $f : X \longrightarrow Y$, $f(n) = 2n$ と $g : X \longrightarrow Z$, $g(n) = 2n$ は対応規則は同じでも値域が異なっているので, 写像として異なる．

例 7.8　(1) $m \times n$ 行列 A によって, 1 次写像 $f_A : \mathbb{R}^n \longrightarrow \mathbb{R}^m$, $f_A(\boldsymbol{v}) = A\boldsymbol{v}$ が得られる．ただし, 数ベクトルは列ベクトル $\boldsymbol{v} = {}^t(v_1, \ldots, v_n)$ とする．

(2) 集合 X の各元 x に対してその x 自身を対応させる X から X への写像が考えられる．これを X の**恒等写像**といい, $1_X : X \longrightarrow X$ と表す．

(3) n 次単位行列 E から決まる写像 $f_E : \mathbb{R}^n \longrightarrow \mathbb{R}^n$ は $\mathbb{R}^n$ の恒等写像 $1_{\mathbb{R}^n}$ である．

(4) A を集合 X の部分集合とする．A の各元 a に対して, a を X の元と考えて, $a \in X$ を対応させることにより, A から X への写像がえられる．これを A の**包含写像**と言い, $i_A : A \longrightarrow X$ と表す．

X, Y, Z を 3 つの集合とし, $f : X \longrightarrow Y, g : Y \longrightarrow Z$ を 2 つの写像とする．このとき, X の元 x に対して f により Y の元 $f(x)$ が定まり, さらに g によりこの元 $f(x)$ の像として Z の元 $g(f(x))$ が定まる．従って, x に対して $g(f(x))$ を対応させる X から Z への写像 $x \mapsto g(f(x))$ （$x \in X$）が得られる．この写像を f と g の**合成写像**といい, 記号 $g \circ f$ で表す．すなわち写像 $g \circ f : X \longrightarrow Z$ は $g \circ f(x) = g(f(x))$ で定まる．

例 7.9 A を $\ell \times m$ 実行列, B を $m \times n$ 実行列とし, これらの行列により定義される 1 次写像をそれぞれ, $f_A : \mathbb{R}^m \longrightarrow \mathbb{R}^\ell$, $f_B : \mathbb{R}^n \longrightarrow \mathbb{R}^m$ とする. このとき, 合成写像 $f_A \circ f_B : \mathbb{R}^n \longrightarrow \mathbb{R}^\ell$ は行列の積 AB によって定まる 1 次写像 f_{AB} に等しい. 即ち, $f_A \circ f_B = f_{AB}$ である.

問 10 3 つの写像 $f : X \longrightarrow Y$, $g : Y \longrightarrow Z$, $h : Z \longrightarrow W$ の合成について, 等式 $h \circ (g \circ f) = (h \circ g) \circ f$ が成り立つ事（合成に関する**結合法則**）を証明せよ.

写像 $f : X \longrightarrow Y$ について, Y のどんな元 y に対しても $y = f(x)$ をみたす X の元 x が存在するとき, 写像は**全射**であるという. また, X の元 x, x' に対して $x \neq x'$ ならばつねに $f(x) \neq f(x')$ となるとき, 写像 f は**単射**であるという. 写像 f は全射でありかつ単射であるとき, **全単射**であるという.

例 7.10 (1) $f : \mathbb{N} \longrightarrow \mathbb{Z}$ を $f(n) = 2n$ とすると, 単射であるが全射ではない. なぜならば, $n \neq m$ とすると, $2n \neq 2m$, 従って $f(n) \neq f(m)$ となり単射である. しかし, 1 に対して $f(n) = 2n = 1$ となる自然数 n は存在しない.

(2) $\mathbb{N}$ の元を奇数と偶数に分けて, $n = 2m+1$ と $n = 2m+2$ $(m = 0, 1, 2, \ldots)$ と書き表す. $f : \mathbb{N} \longrightarrow \mathbb{Z}$ を $f(2m+2) = -m$, $f(2m+1) = m+1$ と定めると, f は全単射となる.

全射や単射の条件は以下のように言い換えられる.

命題 7.11 写像 $f : X \longrightarrow Y$ に対して,

(1) f が全射であるための必要十分条件は $f(X) = Y$ が成り立つことである.

(2) f が単射であるための必要十分条件は

$$\text{任意の } x, x' \in X \text{ に対して } f(x) = f(x') \text{ ならば } x = x'$$

が成り立つことである.

証明 (1)f が全射であると仮定する. $f(X) \subset Y$ は写像であればいつでも成り立つので, $f(X) \supset Y$ を示せば良い. 任意の $y \in Y$ に対して, f が全射なので,

$y = f(x)$ となる $x \in X$ が存在する．従って，$y \in f(X)$ となり，$f(X) \supset Y$ が成立する．逆に，$f(X) \supset Y$ が成り立つとすると，任意の $y \in Y$ について $y \in f(X)$ が成り立つので，$y = f(x)$ となる $x \in X$ が存在することを意味していて，f は全射となる．

(2) f が単射であると言うことの定義は

$$x \neq x' \text{ ならばつねに } f(x) \neq f(x')$$

となる事なので，(2) の条件はこの命題の対偶命題である．□

写像 $f : X \longrightarrow Y$ を全単射とする．任意の元 $y \in Y$ に対して，f が全射なので，$y = f(x)$ なる元 $x \in X$ が必ず存在する．さらに f が単射なのでこのような $x \in X$ は唯 1 つだけである．つまり，Y の各元 y に対して，$y = f(x)$ と言う対応規則で定まる X の元 x が唯 1 つ存在する．従って，y に対して，この x を対応させることにより，Y から X への写像が定まる．この写像を f の**逆写像**といい，$f^{-1} : Y \longrightarrow X$ と表す．ここで注意することは，逆写像は全単射に対してだけ定義される写像である．定義から，逆写像の対応規則 $x = f^{-1}(y)$ は $y = f(x)$ と同値である．

問 11　$m \times n$ 行列 A によって定義される 1 次写像 $f_A : \mathbb{R}^n \longrightarrow \mathbb{R}^m$ がそれぞれ全射，単射，全単射となるために行列 A がみたすべき条件を求めよ．また，f_A が全単射のときにその逆写像を求めよ．

ここで，以下の命題が成り立つ．

命題 7.12　写像 $f : X \longrightarrow Y$ が全単射ならば，次が成り立つ：

(1) $f^{-1} \circ f = 1_X$, $f \circ f^{-1} = 1_Y$ である．

(2) f の逆写像 $f^{-1} : Y \longrightarrow X$ は全単射である．

証明　(1) 任意の $x \in X$ に対して，$y = f(x) \in Y$ とおくと，この事は $x = f^{-1}(y)$ を意味している．従って，$f^{-1} \circ f(x) = f^{-1}(f(x)) = f^{-1}(y) = x = 1_X(x)$ が成

り立つ．故に，$f^{-1} \circ f = 1_X$ である．逆に，任意の $y \in Y$ に対して $x = f^{-1}(y)$ とすると，$y = f(x)$ を意味している．従って，$f \circ f^{-1}(y) = f(f^{-1}(y)) = f(x) = y = 1_Y(y)$ である．

(2) 任意の $x \in X$ に対して，$y \in Y$ を $y = f(x)$ と取ると，定義から $x = f^{-1}(y)$ である．この事は，f^{-1} は全射であることを意味している．次に，$f^{-1}(x) = f^{-1}(x')$ とする．この時，(1) より，$x = f \circ f^{-1}(x) = f(f^{-1}(x)) = f(f^{-1}(x')) = f \circ f^{-1}(x') = x'$ となり，単射でもある．□

命題 7.13　写像 $f : X \longrightarrow Y$, $g : Y \longrightarrow X$ に対して，$f \circ g = 1_Y$ ならば，f は全射で g は単射である．従って，$f \circ g = 1_Y$, $g \circ f = 1_X$ が成り立てば f, g ともに全単射である．さらに，$g = f^{-1}$ となる．

証明　任意の $y \in Y$ に対して，$x \in X$ を $x = g(y)$ と取ると $y = 1_Y(y) = f \circ g(y) = f(g(y)) = f(x)$ となり，f は全射である．次に，$g(y) = g(y')$ とすると，$y = 1_Y(y) = f \circ g(y) = f(g(y)) = f(g(y')) = f \circ g(y') = 1_Y(y') = y'$ となり，g は単射である．従って，$f \circ g = 1_Y$, $g \circ f = 1_X$ が成り立つと f, g ともに全単射となり，f に逆写像 f^{-1} が存在する．一方前命題より，$f \circ f^{-1} = 1_Y$ が成り立つ．従って，任意の $y \in Y$ に対して，$f(g(y)) = y = f(f^{-1}(y))$ が成り立つ．今，f は単射なので，$g(y) = f^{-1}(y)$ となり，$g = f^{-1}$ が成り立つ．□

7.2　幾何学と変換群

7.2.1　変換

集合 X 上の**変換**とは，写像 $f : X \longrightarrow X$ の事とする．ここで，この変換の概念と図形の数学である幾何学がいかに結びつくかを解説する．そのために，X を平面 $\mathbb{R}^2$ としてその上の図形や変換を考える．今，平面 $\mathbb{R}^2$ 上の 3 角形において，2 等辺 3 角形と正 3 角形を比べると正 3 角形の方が**より対称的**であると言うことができる．この事実を正確に表現するために，一般次元の空間とその上の変換について，幾つかの性質を解説する．n 次数ベクトル空間 $\mathbb{R}^n$ が n 次元**ユークリッド空間**であるとは 2 点 $\boldsymbol{x} = (x_1, \dots, x_n), \boldsymbol{y} = (y_1, \dots, y_n)$ に対して，$\boldsymbol{x}$ と $\boldsymbol{y}$ の間の距離が

$$d(\boldsymbol{x}, \boldsymbol{y}) = \sqrt{(x_1 - y_1)^2 + \cdots + (x_n - y_n)^2}$$

で与えられるときとする．この距離は $\mathbb{R}^n$ 上内積によって表現される．$\mathbb{R}^n$ のベクトル $\boldsymbol{x}$ と $\boldsymbol{y}$ の**標準内積**は

$$(\boldsymbol{x}, \boldsymbol{y}) = x_1 y_1 + \cdots + x_n y_n$$

と定義される．このとき，$(\boldsymbol{x}, \boldsymbol{x}) = x_1^2 + \cdots + x_n^2 \geq 0$ なので，$\boldsymbol{x}$ の**ノルム**を $\|\boldsymbol{x}\| = \sqrt{(\boldsymbol{x}, \boldsymbol{x})}$ と定める．このとき，定義から

$$d(\boldsymbol{x}, \boldsymbol{y}) = \|\boldsymbol{x} - \boldsymbol{y}\| = \sqrt{(\boldsymbol{x} - \boldsymbol{y}, \boldsymbol{x} - \boldsymbol{y})}$$

が成り立つ．n 次元ユークリッド空間とは，言い換えると標準内積を考えた数ベクトル空間 $\mathbb{R}^n$ のことである．ユークリッド空間には角度の概念が定まる．高校までの数学では，通常ベクトルのなす角が先に定義されていてその後で，内積を角度を用いて表してきた．しかし，ここでは，内積が先に与えられるのである．線形代数の教科書（[2]）では，一般の内積に対して，**シュヴァルツの不等式**

$$|(\boldsymbol{x}, \boldsymbol{y})| \leq \|\boldsymbol{x}\|\|\boldsymbol{y}\| \quad (\text{等号成立} \Leftrightarrow \boldsymbol{x}, \boldsymbol{y} \text{ が 1 次従属})$$

が証明されている（ここでは，省略）．この不等式は言い換えると

$$-1 \leq \frac{(\boldsymbol{x}, \boldsymbol{y})}{\|\boldsymbol{x}\|\|\boldsymbol{y}\|} \leq 1$$

となるので，

$$(\boldsymbol{x}, \boldsymbol{y}) = \|\boldsymbol{x}\|\|\boldsymbol{y}\| \cos\theta$$

となる $0 \leq \theta < \pi$ が唯 1 つ存在する．この θ を $\boldsymbol{x}, \boldsymbol{y}$ の**なす角**と言う．

ユークリッド幾何学において重要な変換は**合同変換**である. 合同変換の概念はすでに第 2 章において導入されているが, ここではより一般の形から始めてみる. 変換 $f:\mathbb{R}^n \longrightarrow \mathbb{R}^n$ が**合同変換**であるとは, f が任意の 2 点間の距離を変えないこととする. 言い換えると, 任意のベクトル $\boldsymbol{x}, \boldsymbol{y} \in \mathbb{R}^n$ に対して,

$$d(f(\boldsymbol{x}), f(\boldsymbol{y})) = d(\boldsymbol{x}, \boldsymbol{y})$$

を満たすことである. いま, $n=2$ の場合, ユークリッド平面 $\mathbb{R}^2$ 上の合同変換としては, 平行移動, 平面内の直線に関する鏡映, 1 点の周りの回転, 恒等写像 $1_{\mathbb{R}^2}$ などがある. ここで, 2 等辺 3 角形 $\triangle \mathrm{A}_1\mathrm{A}_2\mathrm{A}_3$ (図 7.1) を考える.

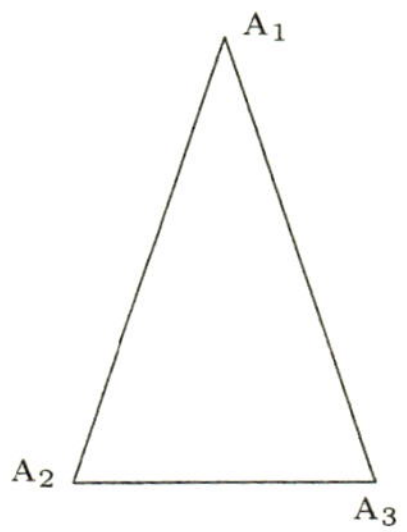

図 7.1　2 等辺 3 角形 $\triangle \mathbf{A}_1\mathbf{A}_2\mathbf{A}_3$

この 2 等辺 3 角形を不変にするすべての合同変換を求めるという問題を考えてみると, すぐ気がつくものとして

(1) 点 A_1 と辺 $\mathrm{A}_2\mathrm{A}_3$ の中点を通る軸に関する鏡映 ϕ_1.

(2) 恒等変換 $1_{\mathbb{R}^2}$.

の 2 種類が考えられる. さらに, この 2 つから合成で新たな合同変換を作ろうとしても, $\phi_1 \circ \phi_1 = 1_{\mathbb{R}^2}$, $1_{\mathbb{R}^2} \circ \phi_1 = \phi_1 \circ 1_{\mathbb{R}^2} = \phi_1$ となり, 新たなものは作る事が出来ない. このように考えると, この 2 等辺 3 角形を不変にする合同変換はこの 2 種類しかないように見える. 次に正 3 角形 $\triangle A_1A_2A_3$ (図 7.2) を考える.

この場合, この正 3 角形を不変にする合同変換として以下のものが考えられる.

(1) 点 A_1 と辺 $\mathrm{A}_2\mathrm{A}_3$ の中点を通る軸に関する鏡映 ϕ_1.

(2) 点 A_2 と辺 $\mathrm{A}_3\mathrm{A}_1$ の中点を通る軸に関する鏡映 ϕ_2.

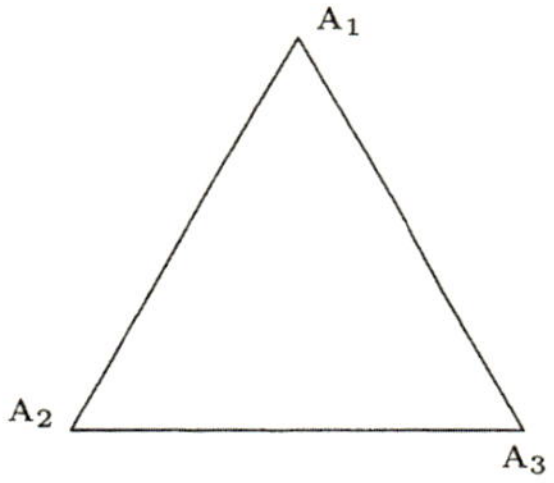

図 7.2　正 3 角形 $\triangle A_1A_2A_3$

(3) 点 A_3 と辺 A_1A_2 の中点を通る軸に関する鏡映 ϕ_3.

(4)3 角形の重心の周りの $2\pi/3 = (120°)$ の回転 ψ_1.

(5)3 角形の重心の周りの $4\pi/3 = (240°)$ の回転 ψ_2.

(6) 恒等変換 $1_{\mathbb{R}^2}(= 6\pi/3 = 360°$ の回転と同じ).

これらの変換の合成は,

$\phi_1 \circ \phi_1 = 1_{\mathbb{R}^2}$, $\phi_2 \circ \phi_2 = 1_{\mathbb{R}^2}$, $\phi_3 \circ \phi_3 = 1_{\mathbb{R}^2}$, $\psi_1 \circ \psi_1 = \psi_2$, $\psi_2 \circ \psi_2 = \psi_1$

$1_{\mathbb{R}^2} \circ 1_{\mathbb{R}^2} = 1_{\mathbb{R}^2}$, $1_{\mathbb{R}^2} \circ \phi_i = \phi_i$, $1_{\mathbb{R}^2} \circ \psi_i = \psi_i$ $(i = 1, 2, 3)$, $\phi_2 \circ \phi_1 = \psi_2$ となる.

問 12　すべての場合の合成を調べて, 以下の表を完成させよ.

	$1_{\mathbb{R}^2}$	ϕ_1	ϕ_2	ϕ_3	ψ_1	ψ_2
$1_{\mathbb{R}^2}$	$1_{\mathbb{R}^2}$	ϕ_1	ϕ_2	ϕ_3	ψ_1	ψ_2
ϕ_1	ϕ_1	$1_{\mathbb{R}^2}$	ψ_1			
ϕ_2	ϕ_2	ψ_2	$1_{\mathbb{R}^2}$			
ϕ_3	ϕ_3			$1_{\mathbb{R}^2}$		
ψ_1	ψ_1				ψ_2	
ψ_2	ψ_2					ψ_1

ただし, 表の意味は

	b
a	$a \circ b$

を意味するものとする．

2 等辺 3 角形の場合と正 3 角形の場合の，それぞれを不変にするすべての合同変換がこれらで尽くされる事がわかれば，2 等辺 3 角形を不変にする合同変換の数は 2 個であり，正 3 角形を不変にする合同変換の数は 6 個となり，さらに

$$\{2\text{ 等辺 }3\text{ 角形を不変にする合同変換}\} \subset \{\text{正 }3\text{ 角形を不変にする合同変換}\}$$

と言う関係がある．この事は，より対称的な正 3 角形の方がその図形を不変にする合同変換の数が（実質的に）多いことを示唆している．ある図形がもう 1 つの図形より対称的であることを**対称性が高い**と言うと，対称性の高さは，それを不変にする合同変換の多さで計ることが出来そうである．

2 等辺 3 角形と正 3 角形を不変にする合同変換が実際に上記の物しかないことを示すために，合同変換の性質を詳しく調べて見る．変換 $f;\mathbb{R}^n \longrightarrow \mathbb{R}^n$ が **1 次変換 (線形変換)** であるとは，

(1) 任意の $\boldsymbol{x}, \boldsymbol{y} \in \mathbb{R}^n$ に対して，$f(\boldsymbol{x}+\boldsymbol{y}) = f(\boldsymbol{x}) + f(\boldsymbol{y})$,

(2) 任意の $\boldsymbol{x} \in \mathbb{R}^n$ とスカラー $\lambda \in \mathbb{R}$ に対して，$f(\lambda\boldsymbol{x}) = \lambda f(\boldsymbol{x})$

を満たす事である． ここで，$\mathbb{R}^n$ の標準基底 $\boldsymbol{e}_i = {}^t(0,\ldots,0,\overset{i}{1},0\ldots,0)$, $(i = 1,2,\ldots,n)$ を考えると，$\boldsymbol{x} = {}^t(x_1,x_2,\ldots,x_n) = x_1\boldsymbol{e}_1 + x_2\boldsymbol{e}_2 + \cdots + x_n\boldsymbol{e}_n$ なので $f(\boldsymbol{x}) = x_1 f(\boldsymbol{e}_1) + x_2 f(\boldsymbol{e}_2) + \cdots + x_n f(\boldsymbol{e}_n)$ となる．従って，$\boldsymbol{a}_i = {}^t(a_{i1}, a_{i2}, \ldots, a_{in})$ とおくと，

$$f(\boldsymbol{x}) = x_1\boldsymbol{a}_1 + x_2\boldsymbol{a}_2 + \cdots + x_n\boldsymbol{a}_n = \begin{pmatrix} a_{11} & a_{12} & \cdots & a_{1n} \\ \vdots & \vdots & \ddots & \vdots \\ a_{n1} & a_{n2} & \cdots & a_{nn} \end{pmatrix} \begin{pmatrix} x_1 \\ \vdots \\ x_n \end{pmatrix}$$

が成り立つ．即ち，$f:\mathbb{R}^n \longrightarrow \mathbb{R}^n$ が 1 次変換ならば，n 次正方行列 A が存在して，$f(\boldsymbol{x}) = A\boldsymbol{x}$ と書くことが出来る．言い換えれば，$\mathbb{R}^n$ 上の 1 次変換とは，n 次正方行列 A に対して，例 7.8 で与えた写像 f_A の事である．

以上の準備の下で，原点 $\mathbf{0}$ を保つ合同変換を求めてみる． f を合同変換で

$f(\mathbf{0})=\mathbf{0}$ を満たすものとする.

$$\|f(\boldsymbol{x})-f(\boldsymbol{y})\|=d(f(\boldsymbol{x}),f(\boldsymbol{y}))=d(\boldsymbol{x},\boldsymbol{y})=\|\boldsymbol{x}-\boldsymbol{y}\| \tag{7.1}$$

であり, また

$$\|f(\boldsymbol{x})\|=d(f(\boldsymbol{x}),\mathbf{0})=d(f(\boldsymbol{x}),f(\mathbf{0}))=d(\boldsymbol{x},\mathbf{0})=\|\boldsymbol{x}\| \tag{7.2}$$

となるから f はノルムを変えない.

問 13　ベクトル $\boldsymbol{x},\boldsymbol{y}$ に対して,

$$\|\boldsymbol{x}+\boldsymbol{y}\|^2+\|\boldsymbol{x}-\boldsymbol{y}\|^2=2(\|\boldsymbol{x}\|^2+\|\boldsymbol{y}\|^2), \tag{7.3}$$

$$(\boldsymbol{x},\boldsymbol{y})=\frac{1}{4}(\|\boldsymbol{x}+\boldsymbol{y}\|^2-\|\boldsymbol{x}-\boldsymbol{y}\|^2) \tag{7.4}$$

が成り立つことを証明せよ.

(7.3) より,

$$\begin{aligned}\|f(\boldsymbol{x})+f(\boldsymbol{y})\|^2 &= 2(\|f(\boldsymbol{x})\|^2+\|f(\boldsymbol{y})\|^2)-\|f(\boldsymbol{x})-f(\boldsymbol{y})\|^2\\ &= 2(\|\boldsymbol{x}\|^2+\|\boldsymbol{y}\|^2)-\|\boldsymbol{x}-\boldsymbol{y}\|^2=\|\boldsymbol{x}+\boldsymbol{y}\|^2 \end{aligned} \tag{7.5}$$

従って,

$$\|f(\boldsymbol{x})-f(\boldsymbol{y})\|^2=\|f(\boldsymbol{x})+f(-\boldsymbol{y})\|^2=\|\boldsymbol{x}-\boldsymbol{y}\|^2 \tag{7.6}$$

となり, (7.4) から,

$$\begin{aligned}(f(\boldsymbol{x}),f(\boldsymbol{y})) &= \frac{1}{4}(\|f(\boldsymbol{x})+f(\boldsymbol{y})\|^2-\|f(\boldsymbol{x})-f(\boldsymbol{y})\|^2)\\ &= \frac{1}{4}(\|\boldsymbol{x}+\boldsymbol{y}\|^2-\|\boldsymbol{x}-\boldsymbol{y}|^2)=(\boldsymbol{x},\boldsymbol{y}) \end{aligned} \tag{7.7}$$

となり, 内積を保存することが解り, 従って, 2 つのベクトルの成す角も保存す

る．つぎに，

$$
\begin{aligned}
&\|f(\boldsymbol{x}+\boldsymbol{y})-(f(\boldsymbol{x})+f(\boldsymbol{y}))\|^2\\
&=(f(\boldsymbol{x}+\boldsymbol{y})-(f(\boldsymbol{x})+f(\boldsymbol{y})),f(\boldsymbol{x}+\boldsymbol{y})-(f(\boldsymbol{x})+f(\boldsymbol{y})))\\
&=\|f(\boldsymbol{x}+\boldsymbol{y})\|^2+\|f(\boldsymbol{x})\|^2+\|f(\boldsymbol{y})\|^2\\
&-2(f(\boldsymbol{x}+\boldsymbol{y}),f(\boldsymbol{x}))-2(f(\boldsymbol{x}+\boldsymbol{y}),f(\boldsymbol{y}))+2(f(\boldsymbol{x}),f(\boldsymbol{y}))\\
&=\|\boldsymbol{x}+\boldsymbol{y}\|^2+\|\boldsymbol{x}\|^2+\|\boldsymbol{y}\|^2-2(\boldsymbol{x}+\boldsymbol{y},\boldsymbol{x})-2(\boldsymbol{x}+\boldsymbol{y},\boldsymbol{y})+2(\boldsymbol{x},\boldsymbol{y})\\
&=0 \qquad (7.8)
\end{aligned}
$$

なので，

$$f(\boldsymbol{x}+\boldsymbol{y})=f(\boldsymbol{x})+f(\boldsymbol{y}) \qquad (7.9)$$

が成り立つ．さらに，$a\in\mathbb{R}$ とベクトル $\boldsymbol{x}$ に対して，

$$
\begin{aligned}
\|f(a\boldsymbol{x})-af(\boldsymbol{x})\|^2 &= \|f(a\boldsymbol{x})\|^2+\|af(\boldsymbol{x})\|^2-2(f(a\boldsymbol{x}),af(\boldsymbol{x}))\\
&= \|a\boldsymbol{x}\|^2+a^2\|\boldsymbol{x}\|^2-2a(a\boldsymbol{x},\boldsymbol{x})=0 \qquad (7.10)
\end{aligned}
$$

となり，$f(a\boldsymbol{x})=af(\boldsymbol{x})$ が成り立つ．すなわち以下の定理が成り立つ．

定理 7.14　原点を保つ合同変換は 1 次変換である．

次に一般の合同変換 f を考えると，$h(\boldsymbol{x})=f(\boldsymbol{x})-f(\mathbf{0})$ と定めると

$$d(h(\boldsymbol{x}),h(\boldsymbol{y}))=\|h(\boldsymbol{x})-h(\boldsymbol{y})\|=\|f(\boldsymbol{x})-f(\boldsymbol{y})\|=\|\boldsymbol{x}-\boldsymbol{y}\|=d(\boldsymbol{x},\boldsymbol{y}) \qquad (7.11)$$

と $h(\mathbf{0})=f(\mathbf{0})-f(\mathbf{0})=\mathbf{0}$ となり，原点を保つ合同変換である．従って，定理 8.14 から h は合同 1 次変換となる．従って，

定理 7.15　任意の合同変換 f は合同 1 次変換 h と $f(\mathbf{0})$ だけの平行移動の和として表される．

ここで, $\boldsymbol{x} = {}^t(x_1, \ldots, x_n), \boldsymbol{y} = {}^t(y_1, \ldots, y_n)$ に対して, $(\boldsymbol{x}, \boldsymbol{y}) = {}^t\boldsymbol{x}\boldsymbol{y}$ なので, (6.14) より, n 次正方行列 A に対して,

$$(A\boldsymbol{x}, \boldsymbol{y}) = {}^t(A\boldsymbol{x})\boldsymbol{y} = ({}^t\boldsymbol{x}{}^tA)\boldsymbol{y} = {}^t\boldsymbol{x}({}^tA\boldsymbol{y}) = (\boldsymbol{x}, {}^tA\boldsymbol{y})$$

となる. $f = f_A$ が合同 1 次変換とすると, $(f(\boldsymbol{x}), f(\boldsymbol{y})) = (\boldsymbol{x}, \boldsymbol{y})$ なので $(\boldsymbol{x}, {}^tAA\boldsymbol{y}) = (A\boldsymbol{x}, A\boldsymbol{y}) = (\boldsymbol{x}, \boldsymbol{y}) = (\boldsymbol{x}, E\boldsymbol{y})$ が任意の $\boldsymbol{x}, \boldsymbol{y} \in \mathbb{R}^n$ に対して成立する.

問 14　A, B を n 次正方行列とする. 任意の $\boldsymbol{x}, \boldsymbol{y} \in \mathbb{R}^n$ に対して $(\boldsymbol{x}, A\boldsymbol{y}) = (\boldsymbol{x}, B\boldsymbol{y})$ が成り立つならば $A = B$ を示せ.

上問から, ${}^tAA = E$ が成り立ち, $A^{-1} = {}^tA$ となる. 言い換えると, A は**直交行列**である. このとき, $f = f_A$ は**直交変換**であると言う.

系 7.16　$\mathbb{R}^n$ の合同変換は直交変換と平行移動の和で書き表される.

2 次の直交行列や平面 $\mathbb{R}^2$ 上の合同変換に関しては第 2 章の 2.1.2 (1) 節および 2.2.4 節で述べられていて次が成り立つ.

命題 7.17　$\mathbb{R}^2$ の直交変換は, 原点の周りのある角度 θ の回転か原点の周りのある角度 θ 回転と x 軸に関する折り返しとの合成の 2 種類である.

これで平面 $\mathbb{R}^2$ 上の合同変換全体の様子が解ったので, 与えられた正 3 角形を不変にする合同変換を求めることが出来る.

定理 7.18　与えられた正 3 角形をそれ自身に重ねる平面上の合同変換は

$$\phi_1,\ \phi_2,\ \phi_3,\ \psi_1,\ \psi_2,\ 1_{\mathbb{R}^2}$$

のみである.

証明　ϕ を正 3 角形をそれ自身に重ねる合同変換とする.

(1) ϕ は頂点を頂点に写すことが解る.

何故ならば, 正 3 角形において, 2 つの頂点の距離は正 3 角形内の点の間の距離の最大値である. 合同変換によって 2 点間の距離は変わらないので最大値も変わらない. 従って, 頂点は頂点に写されることが解る.

(2) ϕ は正 3 角形の重心を重心に写すことが解る.

何故ならば, 重心は 3 つの頂点から等距離にあるので, 距離を保つ合同変換では重心は重心に写される.

今, 与えられた正 3 角形の重心が平面の原点にないとき, 平行移動によって重心を原点に移しても良い. そうすると, ϕ は原点を原点に写す合同変換なので回転か回転と x_1 軸に関する折り返しの合成である.

(3) ϕ が回転の場合は, 頂点を頂点に重ねる回転は $2\pi/3$, $4\pi/3$, $6\pi/3$ 回転の 3 通りしかない. それらは $\psi_1, \psi_2, 1_{\mathbb{R}^2}$ である.

(4) ϕ が回転と x_1 軸に関する折り返しの合成とすると, それはある軸（直線）g に関する鏡映である. 今 g 上にない頂点はこの鏡映で他の頂点に写る. この時, 正 3 角形の 3 個の頂点すべてが g 上にないとすると, ϕ が鏡映であることに矛盾する. 従って, 頂点のうち 1 つは g 上にある, このとき, g は対辺の中点をとおるので ϕ_i $(i = 1, 2, 3)$ のどれかになる. □

問 15　正 3 角形でない, 2 等辺 3 角形をそれ自身に重ねる, 平面上の合同変換は ϕ_1 と $1_{\mathbb{R}^2}$ のみである事を証明せよ.

7.2.2　変換群とエルランゲン目録

ここで, $f, g : \mathbb{R}^n \longrightarrow \mathbb{R}^n$ を合同変換とする. 定理 6.15 から, ある直交行列 A, B が存在して, $f(\boldsymbol{x}) = A\boldsymbol{x} + \boldsymbol{b}, g(\boldsymbol{x}) = B\boldsymbol{x} + \boldsymbol{c}$ と書かれることが解る. さらにこれらの合同変換を合成すると

$$f \circ g(\boldsymbol{x}) = f(g(\boldsymbol{x})) = f(B\boldsymbol{x} + \boldsymbol{c}) = A(B\boldsymbol{x} + \boldsymbol{c}) + \boldsymbol{b} = AB\boldsymbol{x} + (A\boldsymbol{c} + \boldsymbol{b})$$

となる. ここで,

$${}^t(AB)AB = ({}^tB\,{}^tA)AB = {}^tBIB = {}^tBB = E$$

なので, AB も直交行列となり, $f \circ g$ も合同変換である. 特に, $g(\boldsymbol{x}) = {}^tA\boldsymbol{x} - {}^tA\boldsymbol{b}$ とすると

$$f \circ g(\boldsymbol{x}) = A{}^tA\boldsymbol{x} + A(-{}^tA\boldsymbol{b}) + \boldsymbol{b} = I\boldsymbol{x} - E\boldsymbol{b} + \boldsymbol{b} = \boldsymbol{x}$$

となり, また同様に $g \circ f(\boldsymbol{x}) = \boldsymbol{x}$ も示す事が出来て, g は f の逆写像であることが解る. 従って,

$$I(\mathbb{R}^n) = \{f \mid f : \mathbb{R}^n \longrightarrow \mathbb{R}^n \ : \ \text{合同変換}\}$$

と定めると, この $I(\mathbb{R}^n)$ は以下の性質を持つ：

(0) 任意の $f, g \in I(\mathbb{R}^n)$ の合成 $f \circ g$ も $I(\mathbb{R}^n)$ に属する.

(1) (写像の合成の一般的性質から) 任意の $f, g, h \in I(\mathbb{R}^n)$ に対して, $f \circ (g \circ h) = (f \circ g) \circ h$ が成り立つ.

(2) 恒等変換 $1_{\mathbb{R}^n}$ は $I(\mathbb{R}^n)$ の元である. ここで, 任意の $f \in I(\mathbb{R}^n)$ に対して, $f \circ 1_{\mathbb{R}^n} = 1_{\mathbb{R}^n} \circ f = f$ と言う性質を持つ.

(3) 任意の $f \in I(\mathbb{R}^n)$ に対して, その逆変換 f^{-1} も $I(\mathbb{R}^n)$ に属する.

このような性質を持つ集合を**群**と呼ぶ. 即ち, 集合 G が群であるとは, G の 2 元 $g, h \in G$ に対して, G の元 $gh \in G$ が定まり, これを**積**と呼ぶと, 積は以下の 3 つの公理を満たす：

(1) すべての $f, g, h \in G$ に対して結合律 $(fg)h = f(gh)$ が成り立つ.

(2) ある元 $e \in G$ が存在して, すべての $g \in G$ に対し $ge = eg = g$ となる. この元 $e \in G$ を G の**単位元**と呼ぶ.

(3) 任意の $g \in G$ に対して, $gg^{-1} = g^{-1}g = e$ となる元 $g^{-1} \in G$ がある. 元 $g^{-1} \in G$ を g の**逆元**と呼ぶ.

群 G の部分集合 H が G の積で「ふたたび」群となるとき, H を G の**部分群**と呼ぶ.

問 16　群 G の部分集合 H が G の部分群であることと

「任意の $h, g \in H$ に対して, $h^{-1}g \in H$ となる」

と言う命題が成り立つ事は同値である事を示せ.

例 7.19　$I(\mathbb{R}^n)$ は変換の合成を積として, 群となる. さらに $\Delta(\mathbb{R}^2)$ をある正 3 角形を自分自身に重ねる平面上の合同変換全体とすると, $\Delta(\mathbb{R}^2)$ は $I(\mathbb{R}^2)$ の部分群である.

ここで, $\mathbb{R}^n$ 上の 1 次変換 $f : \mathbb{R}^n \longrightarrow \mathbb{R}^n$ がある正則行列 A とベクトル $\boldsymbol{b} \in \mathbb{R}^n$ によって, $f(\boldsymbol{x}) = A\boldsymbol{x} + \boldsymbol{b}$ と書き表されているとき, この f を**アフィン変換**と呼び, $A(\mathbb{R}^n)$ で $\mathbb{R}^n$ 上のアフィン変換全体の集合を表す.

問 17　$A(\mathbb{R}^n)$ は変換の合成を積として, 群となることを示せ.

$I(\mathbb{R}^n)$ の積は, 変換の合成だったので, $I(\mathbb{R}^n)$ は $A(\mathbb{R}^n)$ の部分群であることが解る.

一般に, 集合 X に対して,

$$G(X) = \{f \mid f : X \longrightarrow X \text{ 全単射}\}$$

と定めると, 変換の合成を積として群をなすことがわかる. 実際, 結合律は, 一般の写像の合成で成立している. また単位元は恒等変換 1_X であり, $f \in G(X)$ の逆元は逆変換 $f^{-1} \in G(X)$ である. この群 $G(X)$ を集合 X の**全変換群**と呼ぶ. X の**変換群**とは X の全変換群のある部分群のこととする. ここで, $A(\mathbb{R}^n)$ と $I(\mathbb{R}^n)$ はそれぞれ, $G(\mathbb{R}^n)$ の部分群となり, $A(\mathbb{R}^n)$ を $\mathbb{R}^n$ 上の**アフィン変換群**, $I(\mathbb{R}^n)$ を $\mathbb{R}^n$ 上の**合同変換群**と呼ぶ.

フェリックス・クラインは 1872 年の彼の教授就任講演において, 幾何学とは何かと言う考察について講演した. その内容は現在「**エルランゲン目録**」と呼ばれていて, 大まかな主張は以下のようにまとめられる：

エルランゲン目録：空間 X（例えば $\mathbb{R}^n$）と X の変換群 G が与えられたとする. X の部分集合（図形）の種々の性質のうちで G に属するすべての変換によって不変に保たれるものを研究することを **G に従属する X の幾何学**と呼び (X, G) と書く.

このエルランゲン目録の立場から, $(\mathbb{R}^n, A(\mathbb{R}^n))$ を $\mathbb{R}^n$ 上の **アフィン幾何学**, $(\mathbb{R}^n, I(\mathbb{R}^n))$ を $\mathbb{R}^n$ 上の **ユークリッド幾何学**と呼ぶ.

一方, 原点を保つアフィン変換は, 1 次変換 $f(\boldsymbol{x}) = A\boldsymbol{x}$ で逆変換 $f^{-1}(\boldsymbol{y}) = A^{-1}\boldsymbol{y}$ を持つものである. このような, 逆変換を持つ 1 次変換 $f : \mathbb{R}^n \longrightarrow \mathbb{R}^n$ を**正則 1 次変換**と呼ぶ. ここで

$$GL(\mathbb{R}^n) = \{f \mid f : \mathbb{R}^n \longrightarrow \mathbb{R}^n : \text{正則 1 次変換}\}$$

と表す. 1 次変換 $f : \mathbb{R}^n \longrightarrow \mathbb{R}^n$ はいつでも $f(\boldsymbol{x}) = A\boldsymbol{x} = f_A(\boldsymbol{x})$ と書くことができるが, この A は関係式

$$(f(\boldsymbol{e}_1), \ldots, f(\boldsymbol{e}_n)) = (\boldsymbol{e}_1, \ldots . \boldsymbol{e}_n)A$$

で定まる n 次正方行列である. このとき, 以下がなりたつ.

定理 7.20　1 次変換 f_A が正則変換であるための必要十分条件は A が正則行列となることである.

証明　定義から f が正則変換であることは, 逆変換 f^{-1} が存在することである. このとき $f^{-1} = f_B$ とすると, 関係式

$$(f^{-1}(\boldsymbol{e}_1), \ldots, f^{-1}(\boldsymbol{e}_n)) = (\boldsymbol{e}_1, \ldots, \boldsymbol{e}_n)B$$

が成り立つ. 今, 逆変換の定義から, $f \circ f^{-1} = 1_{\mathbb{R}^n}, f\ -1 \circ f = 1_{\mathbb{R}^n}$ なので,

$$\begin{aligned} AB &= E(AB) = (\boldsymbol{e}_1, \ldots, \boldsymbol{e}_n)(AB) \\ &= (f \circ f^{-1}(\boldsymbol{e}_1), \ldots, f \circ f^{-1}(\boldsymbol{e}_n)) = (\boldsymbol{e}_1, \ldots, \boldsymbol{e}_n) = E \end{aligned}$$

となる. 同様にして, $BA = E$ となり, 行列 A は逆行列 $A^{-1} = B$ を持つ. 逆に A を正則行列として, その逆行列 A^{-1} を考えると, $f_{A^{-1}}(\boldsymbol{y}) = (f_A)^{-1}$ となり, $f = f_A$ は正則変換である. □

ここで, 実 $m \times n$ 行列全体を $M(m, n, \mathbb{R})$ と表し, とくに n 次正方行列全体を $M(n, \mathbb{R})$ と表す. また $M(n, \mathbb{R})$ の部分集合

$$GL(n, \mathbb{R}) = \{A \in M(n, \mathbb{R}) \mid A \text{ は正則行列 }\}$$

とすると, $GL(n, \mathbb{R})$ は行列の積に関して群となることがわかる.

問 18　$GL(n, \mathbb{R})$ は行列の積に関して群となることを示せ.

また, 正方行列 A が正則である必要十分条件は $\det(A) \neq 0$ なので,

$$GL(n, \mathbb{R}) = \{A \in M(n, \mathbb{R}) \mid \det(A) \neq 0 \}$$

となる. さらに, 直交行列全体の集合を $O(n)$ と表すと, $O(n)$ は $GL(n, \mathbb{R})$ の部分群となることもわかる.

問 19　$O(n)$ は $GL(n, \mathbb{R})$ の部分群であることを示せ.

いままでの話から, 対応

$$\Phi : GL(\mathbb{R}^n) \longrightarrow GL(n, \mathbb{R}) \ ; \ \Phi(f_A) = A$$

は 1 対 1 の写像で

$$\Phi(f_A \circ f_B) = AB = \Phi(f_A)\Phi(f_B)$$

が成り立つことがわかる. 一般に G, H を群としてその間の写像 $\phi : G \longrightarrow H$ が**準同型写像**であるとは, 任意の元 $g_1, g_2 \in G$ に対して

$$\phi(g_1 g_2) = \phi(g_1)\phi(g_2)$$

を満たすことである. さらに, 準同型写像 $\phi : G \longrightarrow H$ が **同型写像**であるとは, ϕ が 1 対 1 でかつ全射であることとする. G から H への同型写像が存在するとき, G と H は **同型**であると言い, $G \cong H$ と書く. 従って, 以下が示されたことになる.

定理 7.21　$GL(\mathbb{R}^n)$ と $GL(n,\mathbb{R})$ は同型である.

一方, 直交変換 $f:\mathbb{R}^n \longrightarrow \mathbb{R}^n$ 全体の集合を $O(\mathbb{R}^n)$ と表すと, この集合も変換の合成に関して群となり, 従って $GL(\mathbb{R}^n)$ の部分群である. Φ を $O(\mathbb{R}^n)$ に制限した写像 $\Phi|O(\mathbb{R}^n)$ を考えると $O(\mathbb{R}^n)$ と直交行列全体の群 $O(n)$ は同型であることも解る.

7.3　平面上のユークリッド幾何とアフィン幾何

7.3.1　平面上の直線の標準形

最初にユークリッド幾何学 $(\mathbb{R}^2, I(\mathbb{R}^2))$ を考える. ユークリッド平面 $\mathbb{R}^2$ 内の直線は一般に方程式 $\ell: ax+by+c=0$, $((a,b)\neq(0,0))$ で書き表されたが, ヘッセの標準形に書き直すことにより, $\cos\theta x+\sin\theta y+c=0$ と言う方程式となる. ここで, 直交行列

$$A=\begin{pmatrix}\cos\theta & -\sin\theta\\ \sin\theta & \cos\theta\end{pmatrix}\in O(2)$$

による回転

$$\begin{pmatrix}x\\ y\end{pmatrix}=\begin{pmatrix}\cos\theta & -\sin\theta\\ \sin\theta & \cos\theta\end{pmatrix}\begin{pmatrix}X\\ Y\end{pmatrix}=\begin{pmatrix}\cos\theta X-\sin\theta Y\\ \sin\theta X+\cos\theta Y\end{pmatrix}$$

で変数変換すると, 直線の方程式は

$$\begin{aligned}\cos\theta x+\sin\theta y+c &= \cos\theta(\cos\theta X-\sin\theta Y)+\sin\theta(\sin\theta X+\cos\theta Y)+c\\ &= \cos^2\theta X+\sin^2\theta X+c=X+c\end{aligned}$$

となる. さらに, $X+c$ は平行移動

$$\begin{pmatrix}X\\ Y\end{pmatrix}=\begin{pmatrix}x\\ y\end{pmatrix}+\begin{pmatrix}-c\\ 0\end{pmatrix}$$

により, 方程式 $x=0$ に移される. 言い換えると以下の定理が成り立つ.

定理 7.22 ユークリッド平面 $\mathbb{R}^2$ 内の直線 $\ell : ax + by + c = 0$, $((a, b) \neq (0, 0))$ はある合同変換 $f : \mathbb{R}^2 \longrightarrow \mathbb{R}^2$ で直線 $\ell_0 : x = 0$ に移される.

ここで, $\ell_0 : x = 0$ を平面 $\mathbb{R}^2$ 上の直線の **標準形** と呼ぶ.

注意 12 クラインのエルランゲン目録に従うと, ユークリッド幾何学は合同変換で不変な性質を研究する数学なので, 一般の直線に関するユークリッド幾何学的性質はこの標準形 $\ell_0 : x = 0$ の性質を調べれば良いことになる. また, 合同変換群はアフィン変換群の部分群なので, アフィン幾何学による直線の標準形も $\ell_0 : x = 0$ に一致する.

7.3.2 2 次曲線のアフィン標準形

前述のように, 直線は非常に単純な図形であることがわかる. 直線は 1 次方程式で定まる平面上の図形であるが, では, 2 次方程式で定まる平面上の図形はどうであろうか？それは, **2 次曲線**であり, すでに第 4 章において, そのユークリッド幾何学的分類は解説されているので, ここでは, そのアフィン幾何学的分類について述べる. 第 4 章における 2 次曲線の分類では, 最初に 2 次曲線

$$\phi(x, y) \equiv ax^2 + 2hxy + by^2 + 2gx + 2fy + c = 0$$

を座標系の平行移動により, 1 次の項を消し

$$\psi(x, y) \equiv ax^2 + 2hxy + by^2 + c = 0$$

の形とする. さらに, 原点の周りの直交変換によって, 分類が完成した. この分類は平行移動と直交変換の合成で行われているので, 平面上のユークリッド幾何学の結果であると言える. この場合, 楕円の標準形は

$$\frac{x^2}{a^2} + \frac{y^2}{b^2} = 1$$

であるが, さらに

$$\begin{pmatrix} X \\ Y \end{pmatrix} = \begin{pmatrix} \frac{1}{a} & 0 \\ 0 & \frac{1}{b} \end{pmatrix} \begin{pmatrix} x \\ y \end{pmatrix} = \begin{pmatrix} \frac{x}{a} \\ \frac{y}{b} \end{pmatrix}$$

と言う変換を行うと, 楕円は

$$X^2 + Y^2 = 1$$

となる. 上の変換の行列は $GL(2, \mathbb{R})$ に属するので, 楕円はアフィン変換で円に移されると言うことができる. 同様にして, 任意の双曲線はアフィン変換で

$$X^2 - Y^2 = 1$$

に移すことが出来る. このように, $(\mathbb{R}^2, I(\mathbb{R}^2))$ では, 楕円や双曲線はその長軸と短軸の比の違いで区別できたが $(\mathbb{R}^2, A(\mathbb{R}^2))$ では, 楕円や双曲線はそれぞれ 1 種類しかないことになる. このように, アフィン変換群はユークリッド変換群より大きな群なので, より緩やかな分類となる. 2 次曲線のアフィン幾何学的分類結果は以下のようにまとめる事が出来る.

定理 7.23　2 次曲線

$$ax^2 + 2hxy + by^2 + 2fx + 2gy + c = 0$$

は, アフィン変換によって以下のものに移される（重ね合わせることができる）.

$x^2 + y^2 = 1$	楕円
$x^2 + y^2 = -1$	虚楕円
$x^2 + y^2 = 0$	1 点；虚の交わる 2 直線
$x^2 - y^2 = 1$	双曲線
$x^2 - y^2 = 0$	交わる 2 直線
$x^2 - y = 0$	放物線
$x^2 - p^2 = 0$	平行な 2 直線
$x^2 + p^2 = 0$	虚の平行な 2 直線
$x^2 = 0$	2 重直線

以上の表に現れる, 2 次曲線を **2 次曲線のアフィン標準形**と言う.

参考文献

(1) 泉屋, 上見, 石川, 三波, 陳, 西森,
『行列と連立一次方程式』, 共立出版, 1996 年

(2) 石川, 上見, 泉屋, 三波, 陳, 西森,
『線形写像と固有値』, 共立出版, 1996 年

(3) 井川俊彦,
『基礎解析幾何学』, 共立出版, 2005 年

(4) 石原繁, 竹村由也,
『解析幾何学』, 森北出版, 1993 年

(5) 本部均,
『解析幾何学』, 共立出版, 1955 年

(6) 矢野健太郎,
『解析幾何学』, 朝倉書店, 1961 年 (復刻版 2004 年),
『平面解析幾何学』, 裳華房, 1969 年 (復刻版 2007 年),
『立体解析幾何学』, 裳華房, 1970 年 (復刻版 2007 年)

索　引

[さ行]

[な行]

[ま行]

[や行]

[ら行]

[わ行]

著者紹介

竹　内　　伸　子（たけうち　のぶこ）
東京学芸大学教育学部 教授
東京都立大学大学院理学研究科数学専攻博士課程単位取得退学
博士 (理学)
東京学芸大学教育学部講師，同准教授を経て，現職

泉　屋　　周　一（いずみや　しゅういち）
北海道大学大学院理学研究院・理学院・理学部，
北海道大学数学連携研究センター 教授
北海道大学大学院理学研究科・博士後期課程中退
理学博士
奈良女子大学理学部助手，北海道大学理学部講師，
同助教授を経て，現職

村　山　　光　孝（むらやま　みつたか）
東京工業大学大学院理工学研究科数学専攻 准教授
大阪市立大学大学院理学研究科後期博士課程終了
理学博士
東京工業大学理学部助手を経て，現職

座標幾何学—古典的解析幾何学入門—

2008 年 6 月 4 日　第 1 刷発行
2025 年 4 月 4 日　第 7 刷発行

著　者　竹　内　伸　子
泉　屋　周　一
村　山　光　孝
発行人　戸　羽　節　文

検印
省略

発行所　株式会社　日科技連出版社
〒151-0051　東京都渋谷区千駄ヶ谷 1-7-4
渡貫ビル
電話　03-6457-7875

Printed in Japan　印刷・製本　株式会社リョーワ印刷

ISBN 978-4-8171-9268-4

URL http://www.juse-p.co.jp/